全国初级注册安全工程师职业资格考试辅导教材——

安全生产实务（道路运输安全）（2023版）

全国初级注册安全工程师职业资格考试试题分析小组　编

机 械 工 业 出 版 社

本书以初级注册安全工程师职业资格考试大纲为依据，与考试命题信息相结合，具有较强的针对性、实用性和可操作性。

本书包括安全生产管理、安全生产技术基础、道路运输安全技术、安全生产案例分析共四章内容。

本书既可作为2023年全国初级注册安全工程师职业资格考试的学习用书，也可作为指导安全生产管理和技术人员实际工作的参考资料。

关注微信公众号，随时随地手机做题。

加入QQ群，免费在线答疑。

临考前可获取预测试卷。

图书在版编目（CIP）数据

安全生产实务．道路运输安全：2023版/全国初级注册安全工程师职业资格考试试题分析小组编．—3版．—北京：机械工业出版社，2022.12

全国初级注册安全工程师职业资格考试辅导教材

ISBN 978-7-111-72036-2

Ⅰ.①安…　Ⅱ.①全…　Ⅲ.①公路运输－交通运输安全－资格考试－自学参考资料　Ⅳ.①X93

中国版本图书馆CIP数据核字（2022）第215861号

机械工业出版社（北京市百万庄大街22号　邮政编码100037）

策划编辑：张　晶　　　　责任编辑：张　晶　李宣敏

责任校对：薄萌钰　张　薇　封面设计：张　静

责任印制：刘　媛

涿州市京南印刷厂印刷

2023年1月第3版第1次印刷

184mm×260mm・13.5印张・376千字

标准书号：ISBN 978-7-111-72036-2

定价：59.00元

电话服务　　　　　　　　　　网络服务

客服电话：010-88361066　　机　工　官　网：www.cmpbook.com

010-88379833　　机　工　官　博：weibo.com/cmp1952

010-68326294　　金　　书　　网：www.golden-book.com

封底无防伪标均为盗版　　机工教育服务网：www.cmpedu.com

前言

自2002年我国注册安全工程师制度实施以来，安全生产形势发生了巨大变化，对注册安全工程师制度建设提出了新要求。2014年修订的《中华人民共和国安全生产法》确立了注册安全工程师的法律地位。2016年12月印发的《中共中央国务院关于推进安全生产领域改革发展的意见》明确要求完善注册安全工程师制度。2017年11月，国家安全生产监督管理总局联合人力资源和社会保障部印发了《注册安全工程师分类管理办法》，对注册安全工程师的分级分类、考试、注册、配备使用、职称对接、职责分工等做出了新规定。2019年1月，应急管理部、人力资源和社会保障部联合发布了《注册安全工程师职业资格制度规定》和《注册安全工程师职业资格考试实施办法》，这两个文件的施行对加强安全生产领域专业化队伍建设，防范遏制重特大生产安全事故发生，推动安全生产形势持续稳定好转具有重要意义。2019年4月，应急管理部办公厅印发了《中级注册安全工程师职业资格考试大纲》和《初级注册安全工程师职业资格考试大纲》，至此，注册安全工程师分专业考试正式实施。

《注册安全工程师职业资格制度规定》将注册安全工程师设置为高级、中级、初级三个级别，划分为煤矿安全、金属非金属矿山安全、化工安全、金属冶炼安全、建筑施工安全、道路运输安全、其他安全（不包括消防安全）七个专业类别。为了帮助广大参加初级注册安全工程师职业资格考试的考生复习考试，我们特组织具有较高理论水平和丰富实践经验的专家、学者精心编写了“全国初级注册安全工程师职业资格考试辅导教材”系列丛书。本套丛书秉承“以大纲为根本，以考点为主线，以例题为辅线，以通过为目的”的原则编写，具有较强的针对性、实用性和可操作性。

本套丛书共五册，分别为《安全生产法律法规》《安全生产实务（建筑施工安全）》《安全生产实务（化工安全）》《安全生产实务（道路运输安全）》《安全生产实务（其他安全）》。

本套丛书具有如下特点：

紧扣大纲、考点全面——本套丛书围绕初级注册安全工程师职业资格考试大纲进行考点分析，根据考试特点和考试需求进行充分研究，将考点系统化、精细化，帮助考生缩小复习范围，提高学习效率。

讲练结合、同步练习——本套丛书在知识点讲解中穿插典型题目，有利于帮助考生掌握考点，攻破难点，使考生在学习过程中对知识点能有深刻的理解和记忆。

在本套丛书的编写过程中，虽经反复推敲核实，仍难免有不妥之处，恳请广大读者提出宝贵意见。

最后，祝所有考生顺利通过考试。

编　者

目录

第一章　安全生产管理

学习要求

1）依据安全生产有关法律、法规、规章和标准，结合安全生产实际，拟定生产经营单位安全生产工作计划，起草安全生产规章制度、安全操作规程和安全技术措施计划。

2）根据安全生产工作有关要求，进行安全生产教育培训和安全生产检查，参与实施建设项目安全设施“三同时”，选用和管理劳动防护用品及各类消防器材，提出各生产环节安全生产事故预防控制措施。

3）根据生产经营单位的生产工艺、主要设备设施、作业环境和安全管理等动态变化情况，辨识作业场所及岗位存在的危险、有害因素，编制对策措施。

4）根据生产经营单位的生产实际情况，辨识生产场所和储存区的危险化学品重大危险源，完成申报工作，编制对策措施。

5）依据有关法规标准，掌握动火、高处作业、受限空间（有限空间）、临时用电等危险作业存在的主要风险及作业许可（审批）要求。

6）针对生产经营单位安全生产潜在的事故风险，参与编制本单位事故应急救援预案，策划应急演练，评估演练效果。

7）根据职业危害防治要求，辨识作业场所职业危害因素，制定典型职业危害的防治措施。

8）根据生产经营单位安全生产实际状况，参与策划安全生产标准化建设方案。

9）根据生产安全事故造成人身伤亡或者直接经济损失等情况，界定事故的等级。

10）根据生产安全事故起因物、引起事故的诱导性原因、致害物和伤害方式等特点，界定伤亡事故类型，分析事故的直接、间接原因。

11）根据生产安全事故发生特点，应用事故调查技术和方法，制定轻伤事故调查程序，编写轻伤事故调查报告。

12）根据生产安全事故实际情况，分析事故责任类型，编制事故防范措施，分析、排查、整改事故隐患。

第一节　安全生产管理基本理论

一、安全生产管理理念

安全生产管理是企业生产管理的重要组成部分，是一门综合性的系统科学。安全生产管理的对象是生产中一切人、物、环境的状态管理与控制，其是一种动态管理。安全生产管理主要是组织实施企业安全生产管理规划、指导、检查和决策，同时，又是保证生产处于最佳安全状态的根本环节。施工现场安全生产管理的内容大体可归纳为安全组织管理、场地与设施管理、行为控制和安全技术管理四个方面，分别对生产中的人、物、环境的行为与状态，进行具体的管理与控制。

为有效地将生产因素的状态控制好，安全生产管理的实施必须正确处理五种关系：

（1）安全与危险并存。安全与危险在同一事物的运动中是相互对立、相互依赖而存在的。因为有危险，才要进行安全生产管理，以防止危险发生。安全与危险并非是等量并存、平静相处。

随着事物的运动变化，安全与危险每时每刻都在变化，进行着此消彼长的斗争。事物的状态将向斗争的胜方倾斜。可见，在事物的运动中，都不会存在绝对的安全或危险。

保持生产的安全状态，必须采取多种措施，以预防为主，危险因素是完全可以控制的。

危险因素客观地存在于事物运动之中，是自然可知的，也是可控的。

(2) 安全与生产的统一。生产是人类社会存在和发展的基础。如果生产中人、物、环境都处于危险状态，则生产无法顺利进行。因此，安全是生产的客观要求，当生产完全停止，安全也就失去意义。就生产的目的性来说，组织好安全生产就是对国家、人民和社会最大的负责。

生产有了安全保障，才能持续、稳定发展。生产活动中事故频发，生产势必陷于混乱，甚至瘫痪状态。当生产与安全发生矛盾，危及职工生命或财产时，需要停下生产活动进行整治，消除危险因素后，生产形势才会变好。

(3) 安全与质量的包涵。从广义上看，质量包涵安全工作质量，安全概念也内涵着质量，两者交互作用，互为因果。安全第一，质量第一，两个第一并不矛盾。安全第一是从保护生产因素的角度提出的，而质量第一则是从关心产品成果的角度进行强调。安全为质量服务，质量需要安全保证。生产过程丢掉哪一头，都会陷于失控状态。

(4) 安全与速度互保。生产的蛮干、乱干，在侥幸中求得的快，缺乏真实与可靠，一旦酿成不幸，非但无速度可言，反而会延误时间。速度应以安全作保障，安全就是速度。我们应追求安全加速度，竭力避免安全减速度。

安全与速度成正比例关系。一味强调速度，置安全于不顾的做法，是极其有害的。当速度与安全发生矛盾时，暂时减缓速度，保证安全才是正确的做法。

(5) 安全与效益的兼顾。安全技术措施的实施，定会改善劳动条件，调动职工的积极性，焕发劳动热情，带来经济效益，使原来的投入得以补偿。从这个意义上说，安全与效益完全是一致的，安全促进了效益的增长。

在安全生产管理中，投入要适度、适当，精打细算，统筹安排，既要保证安全生产，又要经济合理，还要考虑力所能及。单纯为了省钱而忽视安全生产，或单纯追求不惜成本的盲目高标准，都不可取。

二、事故因果连锁理论

1. 海因里希因果连锁理论

最早提出事故因果连锁理论的是海因里希，他用该理论阐明了导致伤亡事故的各种因素之间，以及这些因素与伤害之间的关系。该理论的核心思想是：伤亡事故的发生不是一个孤立的事件，而是一系列原因事件相继发生的结果，即伤害与各原因之间具有连锁关系。

海因里希提出的事故因果连锁过程包括如下五种因素：

第一，遗传及社会环境（M）。遗传及社会环境是造成人的缺点的原因。遗传因素可能使人具有鲁莽、固执、粗心等对于安全来说属于不良的性格；社会环境可能妨碍人的安全素质培养，助长不良性格的发展。这种因素是因果链上最基本的因素。

第二，人的缺点（P）。由于遗传及社会环境因素所造成的人的缺点，是使人产生不安全行为或造成物的不安全状态的原因。这些缺点既包括诸如鲁莽、固执、易过激、轻率等性格上的先天缺陷，也包括诸如缺乏安全生产知识和技能等的后天不足。

第三，人的不安全行为或物的不安全状态（H）。这两者是造成事故的直接原因。海因里希认为，人的不安全行为是由于人的缺点而产生的，是造成事故的主要原因。

第四，事故（D）。事故是一种由于物体、物质或放射线等对人体发生作用，使人员受到或可能受到伤害的、出乎意料的、失去控制的事件。

第五，伤害（A）。其是指由事故直接产生的人身伤害。

上述事故因果连锁关系，可以用五块多米诺骨牌来形象地加以描述。如果第一块骨牌倒下（即第一个原因出现），则发生连锁反应，后面的骨牌相继被碰倒（相继发生）。

2. 现代因果连锁理论

博德在海因里希因果连锁理论的基础上，提出了与现代安全观点更加吻合的现代因果连锁理论。博德认为：事故的直接原因是人的不安全行为、物的不安全状态；间接原因包括个人因素及与工作有关的因素。根本原因是管理的缺陷，即管理上存在的问题或缺陷导致间接原因存在，间接原因的存在又导致直接原因存在，最终导致事故发生。博德的现代因果连锁理论同样有五个因素：

（1）管理缺陷。对于大多数企业来说，由于各种原因，完全依靠工程技术措施预防事故既不经济也不现实，只能通过完善安全管理工作，经过较大的努力，才能防止事故的发生。企业管理者必须认识到，只要生产没有实现本质安全化，就有发生事故及伤害的可能性，因此，安全管理是企业管理的重要一环。

（2）个人及工作条件的原因。个人原因包括缺乏安全知识或技能，行为动机不正确，生理或心理有问题等；工作条件原因包括安全操作规程不健全，设备、材料不合适，以及存在温度、湿度、粉尘、气体、噪声、照明、工作场地状况（如打滑的地面、障碍物、不可靠支撑物）等有害作业环境因素。只有找出并控制这些原因，才能有效地防止后续原因的发生，从而防止事故的发生。

（3）直接原因。人的不安全行为或物的不安全状态是事故的直接原因。这种原因是安全管理中必须重点加以追究的原因。但是，直接原因只是一种表面现象，是深层次原因的表征。在实际工作中，不能停留在这种表面现象上，而要追究其背后隐藏的管理上的缺陷原因，并采取有效的控制措施，从根本上杜绝事故的发生。

（4）事故。这里的事故被看作人体或物体与超过其承受阈值的能量接触，或人体与妨碍正常生理活动的物质的接触。因此，防止事故就是防止接触。可以通过对装置、材料、工艺等的改进来防止能量的释放，或者操作者提高识别和回避危险的能力，佩戴个人防护用具等来防止接触。

（5）损失。人员伤害及财物损坏统称为损失。人员伤害包括工伤、职业病、精神创伤等。在许多情况下，可以采取恰当的措施使事故造成的损失最大限度地减小。例如，对受伤人员进行迅速正确的抢救，对设备进行抢修以及平时对有关人员进行应急训练等。

三、事故频发倾向理论

事故频发倾向理论是阐述企业工人中存在着个别人容易发生事故的、稳定的、个人的内在倾向的一种理论。

对于发生事故次数较多、可能是事故频发倾向者的人，可以通过一系列的心理学测试来判别，也可以通过对日常工人行为的观察来发现事故频发倾向者。一般来说，具有事故频发倾向的人在进行生产操作时往往精神分散，注意力不能经常集中在操作上，因而不能适应迅速变化的外界条件。

典型例题

现代因果连锁理论是在（　　）的基础上提出来的。

A. 事故频发倾向理论　　B. 能量意外释放理论

C. 海因里希因果连锁理论　　D. 管理缺陷理论

【答案】C。

四、轨迹交叉理论

1. 轨迹交叉理论简介

轨迹交叉理论是一种从事故的直接和间接原因出发研究事故致因的理论。其基本思想是伤害事故是许多相互关联的事件顺序发展的结果。这些事件可分为人和物（包括环境）两个发展系列。当人的不安全行为和物的不安全状态在各自发展过程中，在一定时间、空间发生了接触，使能量逆流于人体时，伤害事故就会发生。而人的不安全行为和物的不安全状态之所以产生和发展，又是受多种因素作用的结果。

轨迹交叉理论是强调人的不安全行为和物的不安全状态相互作用的事故致因理论。在系统中，人的不安全行为是一种人为失误；物的不安全状态多为机械故障和物的不安全放置；人与物两系统一旦发生时间和空间上的轨迹交叉就会造成事故。

轨迹交叉理论把人、物两个系列看成两条事件链，两链的交叉点就是发生事故的“时空”。

在多数情况下，由于企业安全管理不善，使工人缺乏安全教育和训练，或者机械设备缺乏维护、检修以及安全装置不完善，导致人的不安全行为或者物的不安全状态。后者由起因物引发施害物，再与人的行动轨迹相交，构成了事故。

若加强安全教育和技术训练，进行科学的安全管理，从生理、心理和操作技能上控制不安全行为的产生，就是截断了导致伤亡事故发生的人这方面的事件链。

加强设备管理，提高机械设备的可靠性，增设安全装置、保险装置和信号装置以及自控安全闭锁设施，就是控制设备的不安全状态，截断了设备方面的事件链。关于物质的安全放置、安全储运、机动车的安全行驶等也是控制物的不安全状态。

轨迹交叉理论反映了绝大多数事故的情况。统计数字表明，80% 以上的事故既与人的不安全行为有关，也与物的不安全状态有关，因而从这个角度来看，如果采取相应措施，控制人的不安全行为或物的不安全状态，避免两者在某个时间、空间上交叉，就会在相当大的程度上控制事故的发生。这不失为一种极好的预防事故的思路，而且安全成本也会得到相应的降低。因而轨迹交叉理论对于指导事故的预防与控制，以及进行事故原因调查等工作都是一种极为有效的概念和方法。

当然，在人和物两大系列的运动中，两者往往是相互关联，互为因果，相互转化的。有时人的不安全行为促进事物的不安全状态的发展，或导致新的不安全状态的出现；而有时物的不安全状态也可以诱发人的不安全行为。因此，事故的发生并非简单地按人、物两条轨迹独立地运行，而是呈现较为复杂的因果关系。这也是轨迹交叉理论的理论缺陷之一。

2. 轨迹交叉理论的作用原理

轨迹交叉理论事故模型如图 1-1 所示。

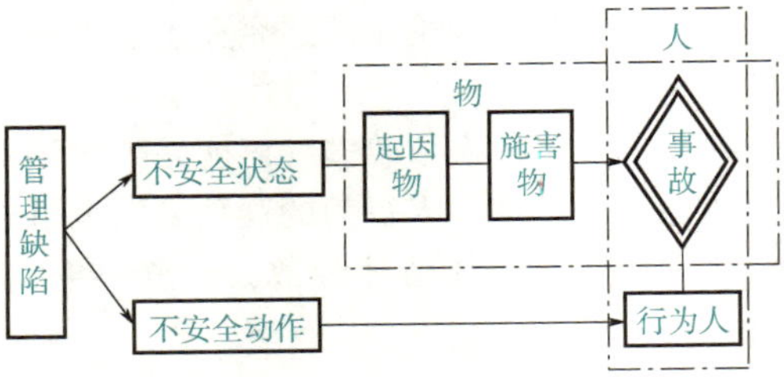

图 1-1　轨迹交叉理论事故模型

典型例题

例 1：某公司组织对供水系统进行安全检查，检查人员甲固执己见未听劝阻，在未佩戴防护用品的条件下进入阀门井，下井后即晕倒在该井中，最终因窒息死亡。事故调查发现，该公司未制定有限空间作业制度，阀门井在进行检查前已被污水污染，含有毒气体。下列有关该事故的说法中，符合轨迹交叉理论观点的是（　　）。

A. 违反安全规定和阀门井存在有毒气体共同作用导致事故发生

B. 阀门井受污染产生有毒气体是导致事故发生的主要原因

C. 甲性格偏执、不遵守规定是导致事故发生的根本原因

D. 该公司的有限空间作业制度缺失是导致事故发生的直接原因

【答案】A。

例 2：某铁路列车安装自动连接器之前，每年都有多名铁路工人因工作时精力不集中死于车辆连接作业，而装上自动连接器后，虽然偶尔有伤人事件发生，但死亡人数大幅下降。根据轨迹交叉理论，自动连接器的应用消除了（　　）。

A. 设计上的缺陷

B. 人的行为缺陷

C. 作业环境的缺陷

D. 管理上的缺陷

E. 使用上的缺陷

【答案】AB。

五、能量意外释放理论

能量意外释放理论从事故发生的物理本质出发，阐述了事故的连锁过程：由于管理失误引发的人的不安全行为和物的不安全状态及其相互作用，使不正常的或不希望的危险物质或能量释放，并转移到人体、设施，造成人员伤亡和（或）财产损失，事故可以通过减少能量和加强屏蔽来预防。能量意外释放理论描述的事故连锁示意图如图 1-2 所示。

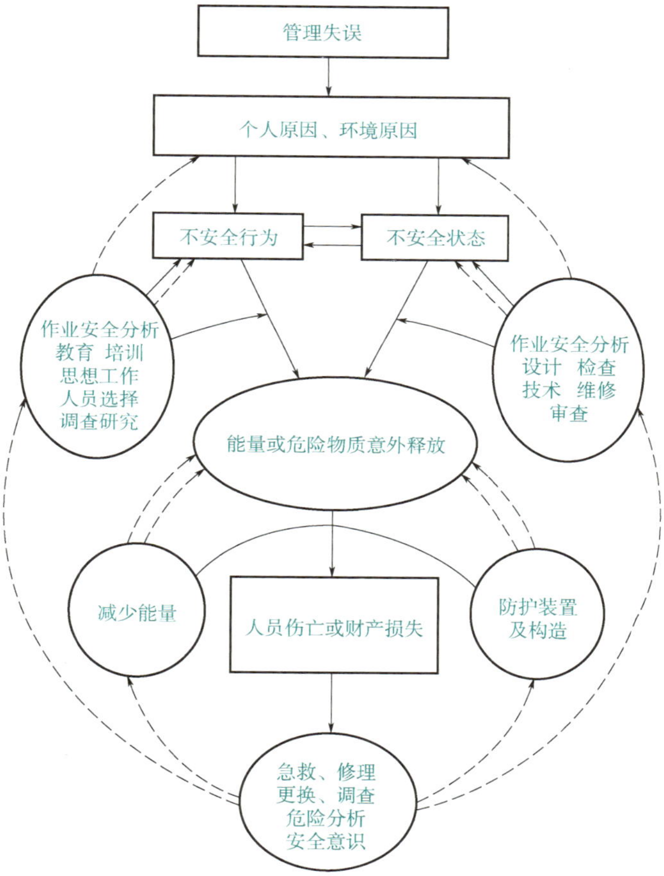

图 1-2　能量意外释放理论描述的事故连锁示意图

典型例题

某道路运输公司电气线路短路，引燃周围可燃物，燃烧产生的高温导致液氨储存设备和液氨管道发生物理爆炸，造成 121 人死亡，76 人受伤。事故调查表明，导致该起事故的原因有：电气线路短路、工人安全意识差、随意堆放可燃物、场站作业环境不良、安全出口不畅和安全生产规章制度不健全。为了预防此类事故再次发生，该公司采取了以下的安全技术措施，其中符合能量意外释放理论观点的措施是（　　）。

A. 健全安全生产规章制度，保持作业环境良好

B. 改善场站作业环境，疏通安全出口

C. 定期检查电气线路，增强员工的安全意识

D. 增强短路保护装置，提高液氨系统的可靠性

【答案】D。

六、系统安全理论

1. 系统安全理论的含义

系统安全是指在系统生命周期内应用系统安全工程和系统安全管理方法，辨识系统中的隐患，并采取有效的控制措施使其危险性最小，从而使系统在规定的性能、时间和成本范围内达到最佳的安全程度。系统安全是人们为解决复杂系统的安全性问题而开发、研究出来的安全理论、方法体系，是系统工程与安全工程完美结合的体现。

系统安全的基本原则是在一个新系统的构思阶段就必须考虑其安全性的问题，制定并执行安全工作规划（系统安全活动），属于事前分析和预先的防护，与传统的事后分析并积累事故经验的思路截然不同。系统安全活动贯穿于整个系统生命周期，直到系统报废为止。

2. 系统安全理论的观点

按照系统安全理论的观点，世界上不存在绝对安全的事物，任何人类活动中都潜伏着危险因素。能够造成事故的潜在危险因素称作危险源，它们是一些物的故障、人的失误、不良的环境因素等。某种危险源造成人员伤害或物质损失的可能性称作危险性，可以用危险度来度量。

典型例题

系统安全活动属于（　　）的防护，与传统的事后分析并积累事故经验的思路截然不同。系统安全活动贯穿于整个系统生命周期，直到系统报废为止。

A. 事前分析　　B. 事中分析

C. 事后分析　　D. 事前分析和事后分析结合

【答案】A。

七、安全生产管理原则

（一）系统原理运用的原则

系统原理主张运用系统的观点、理论和方法对管理活动进行系统分析，以达到管理的优化目标。任何社会组织都是由人、物、信息组成的系统，任何管理都是对系统的管理。运用系统原理应遵循下列原则：

（1）整分合原则。整分合原则的基本要求是充分发挥各要素的潜力，提高企业的整体功能，即首先要从整体功能和整体目标出发，对管理对象有一个全面的了解和谋划；其次，要在整体规划下实行明确的、必要的分工或分解；最后，在分工或分解的基础上，建立内部横向联系或协作，使系统协调配合、综合平衡地运行。整分合原则要求企业管理者在制定整体目标和进行宏观决策时，必须将安全生产纳入其中，在考虑资金、人员和体系时，都必须将安全生产作为一项重要内容考虑。

（2）反馈原则。反馈是反馈控制论和系统论的基本概念之一，是指控制过程中对控制机构的反作用。反馈普遍存在于各种系统之中，也是管理中的一种普遍现象，是管理系统达到预期目标的主要条件。由于负反馈可以抵消外界因素的干扰，维持系统的稳定性，因此，为了使系统做合乎目的的运动，一般均采用负反馈。

（3）封闭原则。封闭就是把管理手段、管理过程等加以分割，使各部分、各环节相对独立，各行其是，充分发挥自己的功能；然而又互相衔接，互相制约，并且首尾相连，形成一条封闭的管理链。对于企业管理，管理系统的组织结构体系必须是封闭的，管理法规的建立和实施也必须封闭。

（4）动态相关性原则。动态相关性原则是指任何企业管理系统的正常运转，不仅要受到系统本身条件的限制和制约，还要受到其他有关系统的影响和制约，并随着时间、地点以及人们的不同努力程度而发生变化。如果管理系统的各要素都处于静止状态，就不会发生事故。

（二）人本原理运用的原则

人本原理就是以人为本的原理，它要求人们在管理活动中坚持一切以人为核心，以人的权利为根本，强调人的主观能动性，力求实现人的全面、自由发展。其实质就是充分肯定人在管理活动中的主体地位和作用。运用人本原理应遵循下列原则：

（1）激励原则。激励-保健因素理论是美国的行为科学家弗雷德里克·赫茨伯格（Fredrick Herzberg）提出来的，又称双因素理论。这是激励原则的理论根源。他告诉我们，满足人类各种需求产生的效果通常是不一样的。物质需求的满足是必要的，没有它会导致不满；但是仅仅满足物质需求还远远不够，即使获得满足，它的作用往往是很有限的，不能持久。要调动人的积极性，不仅要注意物质利益和工作条件等外部因素，更重要的是要从精神上给予鼓励，使员工从内心情感上真正得到满足。

（2）行为原则。运用行为科学原理，根据人的行为规律来进行有效的管理，这就是管理的行为原则。行为是指人们所表现出来的各种动作，它是人们思想、感情、动机、思维能力等因素的综合反映。

（3）能级原则。所谓能级原则是指根据人的能力大小，赋予相应的权力和责任，使组织的每一个人都各司其职，以此来保持和发挥组织的整体效用。

（4）动力原则。现代管理学理论总结了三个方面的动力来源：物质动力、精神动力、信息动力。物质动力是指管理系统中员工获得的经济利益以及组织内部的分配机制和激励机制；精神动力包括革命的理想、事业的追求、高尚的情操、理论或学术研究、科技或目标成果的实现等，特别是人生观、道德观的动力作用，将能够影响人的终生；为员工提供大量的信息，通过信息资料的收集、分析与整理，得出科学成果，创造社会效益，使人产生成就感，这就是信息动力的体现。

（三）预防原理运用的原则

预防，本质是在有可能发生意外人身伤害或健康损害的场合，采取事前的措施，防止伤害的发生。预防与善后是安全管理的两种工作方法。善后是针对事故发生以后所采取的措施和进行的处理工作，在这种情况下，无论处理工作如何完善，事故造成的伤害和损失已经发生，这种完善也只能是相对的。显然，预防的工作方法是主动的、积极的，是安全管理应该采取的主要方法。

安全管理以预防为主，其基本出发点源自生产过程中的事故是能够预防的观点。除了自然灾害以外，凡是由于人类自身的活动而造成的危害，总有其产生的因果关系，探索事故的原因，采取有效的对策，原则上，就能够预防事故的发生。预防原理运用的原则包括：

（1）偶然损失原则。事故所产生的后果（人员伤亡、健康损害、物质损失等），以及后果的大小，都是随机的，也是难以预测的。反反复复发生的同一类事故，并不一定会产生相同的后果，这就是事故损失的偶然性。根据事故损失的偶然性，可得到安全管理上的偶然损失原则，即无论事故是否造成了损失，为了防止事故损失的发生，唯一的办法是防止事故再次发生。这个原则强调，在安全管理实践中，一定要重视各类事故，包括险肇事故，只有连险肇事故都控制住，才能真正防止事故损失的发生。

（2）因果关系原则。因果，即原因和结果。因果关系就是事物之间存在着一事物是另一事物发生原因的这种关系。事故是许多因素互为因果连续发生的最终结果。一个因素是前一因素的结果，而又是后一因素的原因，环环相扣，导致事故的发生。事故的因果关系决定了事故发生的必然性，即事故因素及其因果关系的存在决定了事故或迟或早必然要发生。掌握事故的因果关系，截断事故因素的环链，就消除了事故发生的必然性，就可能防止事故的发生。从事故的因果关系中认识必然性，发现事故发生的规律性，变不安全条件为安全条件，把事故消灭在早期起因阶段，这就是因果关系原则。

（3）3E 原则。针对造成人的不安全行为和物的不安全状态的主要原因，可以采取三种防止对策，即技术、教育和法制对策。这三种对策就是3E 原则。技术对策是运用工程技术手段消除生产设施设备的不安全因素，改善作业环境条件，完善防护与报警装置，实现生产条件的安全和卫生。教育对策是提供各种层次的、各种形式和内容的教育及训练，使职工牢固树立“安全第一”的思想，掌握安全生产所必需的知识和技能。法制对策是利用法律、规程、标准以及规章制度等必要的强制性手段约束人们的行为，从而达到消除不重视安全、违章作业等现象的目的。在应用3E 原则时，应该针对人的不安全行为和物的不安全状态的四种原因，综合地、灵活地运用这三种对策，不要片面强调其中某一种对策。具体改进的顺序是：首先是工程技术措施，然后是教育训练，最后才是法制。

（4）本质安全化原则。本质安全化原则来源于本质安全化理论。所谓本质上实现安全化（本质安全化）指的是：设备、设施或技术工艺具有内在的、能够从根本上防止事故发生的功能，具体地讲，包含三个方面的内容：

1）失误—安全功能，指操作者即使操纵失误也不会发生事故和伤害，或者说设备、设施具有自动防止人的不安全行为的功能。

2）故障—安全功能，指设备、设施发生故障或损坏时还能暂时维持正常工作或自动转变为安全状态。

3）上述两种安全功能应该是设备、设施本身固有的，即在它们的规划设计阶段就被纳入其中，而不是事后补偿的。

本质安全化是安全管理预防原理的根本体现，也是安全管理的最高境界，实际上目前还很难做到，但是应该坚持这一原则。本质安全化的含义也不仅局限于设备、设施的本质安全化，而应扩展到诸如新建工程项目，交通运输，新技术、新工艺、新材料的应用，甚至包括人们的日常生活等各个领域中。

（四）强制原理运用的原则

一般来说，管理均带有一定的强制性。管理是管理者对被管理者施加作用和影响，并要求被管理者服从其意志，满足其要求，完成其规定的任务，这显然带有强制性。不强制便不能有效地抑制被管理者的无拘个性，将其调动到符合整体管理利益和目的的轨道上来。强制，就是无需做很多的思想工作来统一认识、讲清道理，被管理者必须绝对服从，不必经被管理者同意便可采取控制行动。与强制原理有关的原则有：

（1）安全第一原则。安全第一原则可以说是安全管理的基本原则，也是我国安全生产方针的重要内容。贯彻安全第一原则，就是要求一切经济部门和生产企业的领导者要高度重视安全，把安全工作当作头等大事来抓，要把保证安全作为完成各项任务、做好各项工作的前提条件。在计划、布置、实施各项工作时首先想到安全，预先采取措施，防止事故发生。该原则强调，必须把安全生产作为衡量企业工作好坏的一项基本内容，作为一项有“否决权”的指标，不安全不准进行生产。坚持安全第一原则，就要建立健全各级安全生产责任制，从组织上、思想上、制度上切实把安全工作摆在首位，常抓不懈，形成“标准化、制度化、经常化”的安全工作体系。

（2）监督原则。为了促使各级生产管理部门严格执行安全法律、法规、标准和规章制度，保护职工的安全与健康，实现安全生产，必须授权专门的部门和人员行使监督、检查和惩罚的职责，以揭露安全工作中的问题，督促问题的解决，追究和惩戒违章失职行为，这就是安全管理的监督原则。安全管理带有较多的强制性，只要求执行系统自动贯彻实施安全法规，而缺乏强有力的监督系统去监督执行，则法规的强制威力是难以发挥的。随着社会主义市场经济的发展，企业成为自主经营、自负盈亏的独立法人，国家与企业、企业经营者与职工之间的利益差别，在安全管理方面也会有所体现。它表现为生产与安全、效益与安全、局部效益与社会效益、眼前利益与长远利益的矛盾。企业经营者往往容易片面追求质量、利润、产量等，而忽视职工的安全与健康。在这种情况下，必须建立专门的监督机构，配备合格的监督人员，赋予必要的强制权力，以保证其履行监督职责，才能保证安全管理工作落到实处。

典型例题

某企业新一届领导班子运用现代企业管理理念，在制定总体目标和进行宏观决策时，将安全生产作为一项重要内容纳入顶层设计，将安全生产总体目标进行了逐级布置，这种做法符合安全生产管理原理中的（　　）。

A. 行为原则　　B. 整分合原则　　C. 因果关系原则　　D. 能级原则

【答案】B。

第二节　安全生产规章制度

一、综合安全管理制度

综合安全管理制度如图 1-3 所示。

图 1-3　综合安全管理制度

典型例题

按照安全系统工程和人机工程原理建立的安全生产规章制度体系，一般将规章制度分为四类，安全风险分级管控和隐患排查治理双重预防工作制度属于安全生产规章制度的（　　）。

A. 综合安全管理制度　　B. 人员安全管理制度

C. 设备设施安全管理制度　　D. 环境安全管理制度

【答案】A。

二、人员安全管理制度

人员安全管理制度如图 1-4 所示。

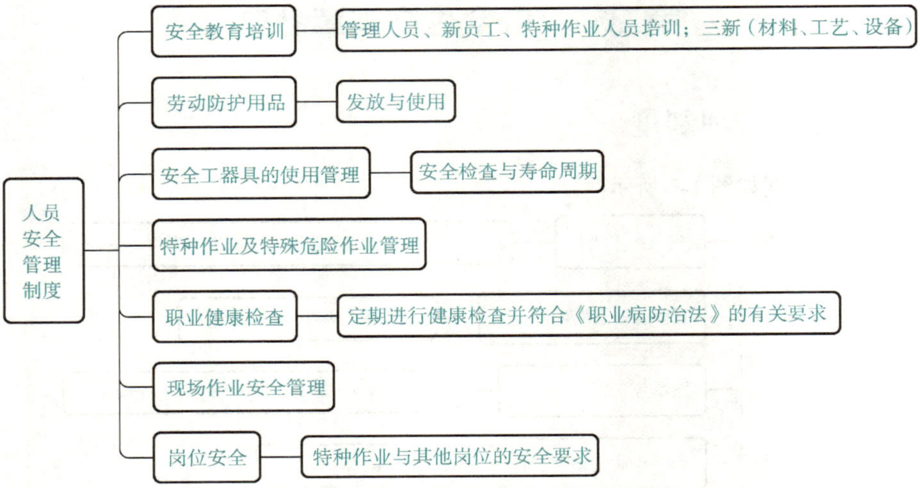

图 1-4　人员安全管理制度

典型例题

某公司为了提高安全生产管理水平，成立工作组对公司的安全生产规章制度进行系统梳理，按照安全系统和人机工程原理健全安全生产规章制度体系。为了完成这项工作，工作组召开会议进行了专题研究。关于各项管理制度分类的说法，正确的是（　　）。

A. 安全标志管理制度属于综合安全管理制度

B. 安全工器具的使用管理制度属于人员安全管理制度

C. 安全设施和费用管理制度属于设备设施安全管理制度

D. 现场作业安全管理制度属于环境安全管理制度

【答案】B。

三、设备设施安全管理制度

设备设施安全管理制度如图 1-5 所示。

典型例题

下列安全生产规章制度，属于设备设施安全管理制度的有（　　）。

A. "三同时"制度　　B. 安全标志管理制度

C. 定期检测、检验制度　　　　D. 安全工器具的使用管理制度

E. 安全操作规程

【答案】ACE。

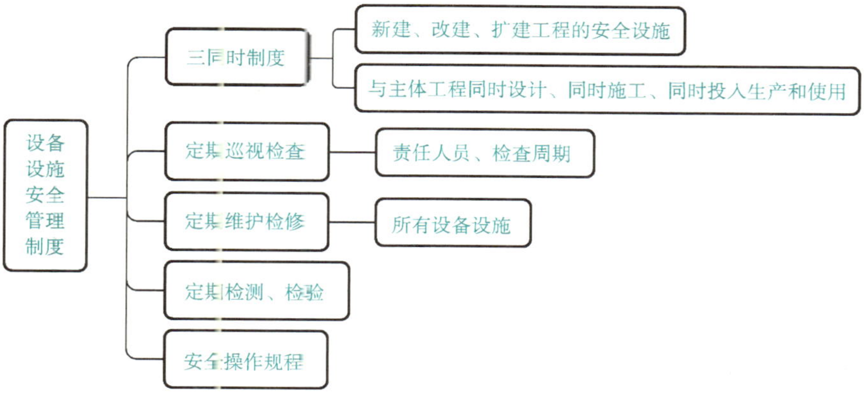

图 1-5　设备设施安全管理制度

四、环境安全管理制度

环境安全管理制度如图 1-6 所示。

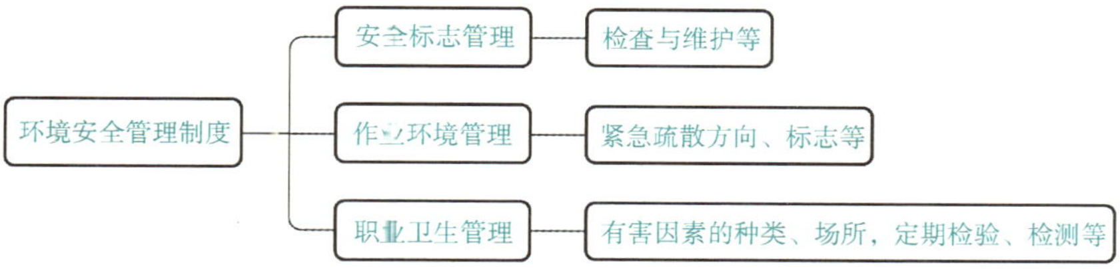

图 1-6　环境安全管理制度

典型例题

某集团公司安全管理人员对所属的一家危险化学品货物储运公司进行现场检查时发现，现场安全标志欠缺，几处人员紧急疏散通道标志模糊不清，进一步检查发现安全标志的管理制度比较笼统，缺乏可操作性。根据检查情况，该危险化学品货物储运公司应当完善的制度是（　　）。

A. 例行安全工作制度　　　　B. 设备设施安全管理制度

C. 人员安全管理制度　　　　D. 环境安全管理制度

【答案】D。

第三节　安全操作规程和安全技术措施

一、安全操作规程

安全操作规程是为了保证安全生产而制定的，操作者必须遵守的操作活动规则。它是根据企业的生产性质、机器设备的特点和技术要求，结合具体情况及群众经验制定出的安全操作守则。

安全操作规程是规定操作过程该干什么，不该干什么，或设备应该处于什么样的状态，是操

作人员正确操作设备的依据，是保证设备安全运行的规范，对提高设备可利用率，防止故障和事故发生，延长设备使用寿命等起着重要作用。

安全操作规程包括设备安全管理规程、设备安全技术要求和操作过程规定。设备安全管理规程主要是对设备使用过程中的维修保养、安全检查、安全检测和档案管理等的规定；设备安全技术要求是对设备应处于什么样的技术状态所做的规定；操作过程规定是对操作程序、过程安全要求的规定，是岗位安全操作规程的核心。

典型例题

安全操作规程包括设备安全管理规程、设备安全技术要求和（　　）。

A. 操作过程规定　　B. 维修保养规程

C. 安全检测规程　　D. 档案管理规定

【答案】A。

二、安全技术措施分类

1. 防止事故发生的安全技术

（1）消除危险源。消除系统中的危险源可以从根本上防止事故发生。但是，系统安全的一个重要观点是，人们不可能彻底消除所有的危险源，只能有选择地消除几种特定的危险源。一般来说，当某种危险源的危险性较高时，应该首先考虑能否采取措施消除它。可以通过选择恰当的生产工艺、技术、设备，合理的设计、结构形式或合适的原材料来彻底消除某种危险源。例如：

1）用压气或液压系统代替电力系统，防止发生电气事故。

2）用液压系统代替压气系统，避免压力容器、管路破裂造成冲击波。

3）用不燃性材料代替可燃性材料，防止发生火灾。

（2）限制能量或危险物质。受实际技术、经济条件的限制，有些危险源不能被彻底根除，这时应该设法限制它们拥有的能量或危险物质的量，降低其危险性：

1）减少能量或危险物质的量。

2）防止能量蓄积。能量蓄积会使危险源拥有的能量增加，从而增加发生事故和造成损失的危险性。采取措施防止能量蓄积，可以避免能量意外的突然释放。

3）安全地释放能量。在可能发生能量蓄积或能量意外释放的场合，人为地开辟能量泄放渠道，安全地释放能量。

（3）隔离。预防事故发生的隔离措施有分离和屏蔽两种。前者是指时间上或空间上的分离，防止一旦相遇则可能产生或释放能量或危险物质的物质相遇；后者是指利用物理的屏蔽措施局限、约束能量或危险物质。一般说来，屏蔽较分离更可靠，因而得到广泛应用。

（4）故障—安全设计。故障—安全设计通过精心的技术设计，使得系统、设备发生故障时处于低能量状态，可以防止能量意外释放。例如，电气系统中的熔断器就是典型的故障—安全设计，当系统过负荷时熔断器熔断，把电路断开从而保证安全。尽管故障—安全设计是一种有效的安全技术措施，但考虑到故障—安全设计本身可能因故障而不起作用，所以选择安全技术措施时不应该优先采用。

（5）减少故障和失误。物的故障和人的失误在事故致因中属于主要因素，因此应该努力减少故障和失误的发生。一般来说，可以通过增加安全系数、提升可靠性或设置安全监控系统来减少物的故障。可以从技术措施和管理措施两方面采取防止人的失误措施，一般地，技术措施比管理措施更有效。常用的防止人的失误的技术措施有用机器代替人操作、采用冗余系统、耐失误设计、警告以及良好的人、机、环境匹配等。

2. 避免或减少事故损失的安全技术

避免或减少事故损失的安全技术的基本出发点是防止意外释放的能量达及人或物，或者减轻其对人和物的作用。事故后如果不能迅速控制局面，则事故规模有可能进一步扩大，甚至引起二次事故而释放出更多的能量或危险物质。在事故发生前就应该考虑到采取避免或减少事故损失的技术措施。

常用的避免或减少事故损失的安全技术有隔离、个体防护、薄弱环节、避难与援救等。

（1）隔离。作为避免或减少事故损失的隔离，其作用在于把被保护的人或物与意外释放的能量或危险物质隔开。隔离措施有远离、封闭和缓冲三种。

（2）个体防护。实际上，个体防护也是一种隔离措施，它把人体与意外释放的能量或危险物质隔离开。

（3）薄弱环节。利用事先设计好的薄弱环节使事故能量按人们的意图释放，防止能量作用于被保护的人或物。一般地，设计的薄弱部分即使破坏了，却是以较小的损失避免了大的损失。因此，这种安全技术又称接受微小损失。常见的薄弱环节有：①锅炉上的易熔塞。当锅炉里的水降低到一定水平时，易熔塞温度就会升高并熔化，使锅炉内的蒸汽泄放从而防止锅炉爆炸。②电路中的熔断器、驱动设备上的安全连接件等。

（4）避难与救援。事故发生后应该努力采取措施控制事态的发展，但是，当判明事态已经发展到不可控制的地步时，则应迅速避难，撤离危险区。为了满足事故发生时的应急需要，在厂区布置、建筑物设计和交通设施设计中，要充分考虑一旦发生事故时的人员避难和救援问题。具体地，要考虑的问题有：①采取隔离措施保护人员，如设置避难空间等；②使人员能迅速撤离危险区域，如规定撤退路线、设置安全出口和应急输送等；③如果危险区域里的人员无法逃脱的话，能够被援救人员搭救。

典型例题

例 1：某建设企业为提高现场安全文明施工水平，推进安全生产标准化建设，采取了一系列安全技术措施和安全管理措施。下列措施中，属于防止事故发生的安全技术措施是（　　）。

A. 严格安全技术交底，执行“三宝”“四口”制度

B. 设置醒目安全标语，临街建筑物的护身板上设置红色标志灯

C. 机械设备均安装安全防护装置，提升机安装防过顶、防坠保护装置

D. 特殊工种均持有上级主管单位考核的合格证，一律持证上岗

【答案】C。

例 2：某企业夜班生产期间，工人正在对不合格的产品进行回溶操作。张某将回溶容积槽盖板去掉，用挡鼠板横置在容积槽口上作为“踏板”使用，由于临时“踏板”未固定，操作过程发生滑动致使张某跌入容积槽中，左小腿被运转的螺杆泵卷入。该企业为了避免此类事故再次发生，制定了相应的整改措施。下列整改措施中，属于防止事故发生的安全技术措施是（　　）。

A. 完善产品回溶操作规程

B. 加强个体防护

C. 在容积槽上安装回溶扣

D. 制定并严格落实执行管理制度

【答案】C。

三、安全技术措施计划

1. 安全技术措施计划的含义

安全技术措施计划（即劳动保护措施计划）是企业为了保护职工在生产过程中的安全和健康，在本年度或一定时期内根据需要而确定的改善劳动条件的项目和措施。过去，安全技术措施

计划是企业生产财务计划的主要内容，现在是企业综合计划即生产、经营、财务计划的组成部分。

2. 编制安全技术措施计划的原则

（1）安全技术措施计划应纳入企业生产经营财务计划中。企业生产经营财务计划是企业的整体计划，企业在编制生产经营财务计划时，要编制安全技术措施计划，并将安全技术措施计划纳入生产经营财务计划中。重大计划项目应纳入企业长远规划之中。这充分体现了安全与生产的统一。

安全技术措施计划的编制要纳入企业议事日程，由企业主管厂长负责。同时要充分发挥工人的作用，成立有领导干部、技术人员和工人参加的“三结合”小组。安全管理专职机构负责具体事宜。

（2）要从实际出发。安全技术措施计划的内容既要使企业劳动条件符合国家法规和标准的要求，将确实需要改善的项目列入计划，又要结合企业生产、技术设备状况和发展以及人力、财力、物力的实际，做到既要花钱少又要效果好，讲求实效，防止“贪大求洋”。

（3）区别轻重缓急，突出治理重点。对危害严重、危害区域大、涉及人员多的问题，要集中人、财、物力优先解决；对因技术经济条件一时解决不了的，要制定规划、分阶段治理。要做到企业劳动条件年年有改善。

（4）与技术改造、技术革新、工艺改造相结合。在尘、毒、噪声的治理中，往往由于原有设备陈旧、工艺设计不合理，使治理措施很难达到根治的效果。因此，应抓住工艺改革、设备改造和技术革新的良好时机，从根本上消除尘、毒、噪声产生的根源，达到事半功倍的效果。

（5）尽可能应用现代化技术和方法。要大力推广以无毒代有毒、以低毒代高毒的生产工艺和方法。尽可能采用机械化、自动化控制和操作，减轻工人劳动强度。

3. 编制安全技术措施计划的依据和内容

编制安全措施计划的依据是：①党中央、国务院发布的有关安全生产的方针政策、法律法规等；②国务院所属各部委与地方人民政府发布的行政法规和技术标准；③在安全卫生检查中发现尚未解决的问题；④因生产发展需要所应采取的安全技术与劳动卫生技术措施；⑤安全技术革新的项目和职工提出的合理化建议。

安全技术措施计划应包括内容：①措施名称及所在车间；②目前安全生产状况及拟定采取的措施；③所需资金、设备、材料及来源；④项目完成后的预期效果；⑤设计施工单位或负责人；⑥开工及竣工日期。

4. 安全技术措施计划的编制方法

编制方法如图 1-7 所示。

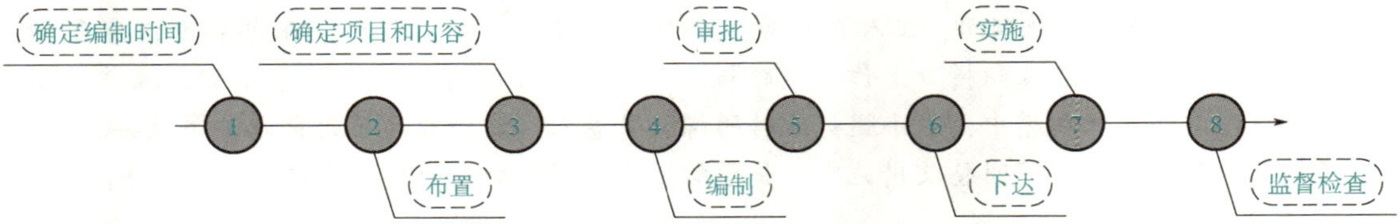

图 1-7　安全技术措施计划编制方法

典型例题

某企业编制了安全技术措施计划，其中，为现场接触尘毒作业人员设置淋浴室和更衣室属于安全技术措施计划中的（　　）。

A. 辅助措施　　B. 安全技术措施

C. 卫生技术措施　　D. 安全宣传教育措施

【答案】A。

第四节　安全生产教育培训

一、安全生产教育培训基本规定

《中华人民共和国安全生产法》（以下简称《安全生产法》）第二十七条规定，生产经营单位的主要负责人和安全生产管理人员必须具备与本单位所从事的生产经营活动相应的安全生产知识和管理能力。

危险物品的生产、经营、储存、装卸单位以及矿山、金属冶炼、建筑施工、运输单位的主要负责人和安全生产管理人员，应当由主管的负有安全生产监督管理职责的部门对其安全生产知识和管理能力考核合格。考核不得收费。

危险物品的生产、储存、装卸单位以及矿山、金属冶炼单位应当有注册安全工程师从事安全生产管理工作。鼓励其他生产经营单位聘用注册安全工程师从事安全生产管理工作。注册安全工程师按专业分类管理，具体办法由国务院人力资源和社会保障部门、国务院应急监督管理部门会同国务院有关部门制定。

《安全生产法》第二十八条规定，生产经营单位应当对从业人员进行安全生产教育和培训，保证从业人员具备必要的安全生产知识，熟悉有关的安全生产规章制度和安全操作规程，掌握本岗位的安全操作技能，了解事故应急处理措施，知悉自身在安全生产方面的权利和义务。未经安全生产教育和培训合格的从业人员，不得上岗作业。

生产经营单位使用被派遣劳动者的，应当将被派遣劳动者纳入本单位从业人员统一管理，对被派遣劳动者进行岗位安全操作规程及安全操作技能的教育和培训。劳务派遣单位应当对被派遣劳动者进行必要的安全生产教育和培训。

生产经营单位应当建立安全生产教育和培训档案，如实记录安全生产教育和培训的时间、内容、参加人员以及考核结果等情况。

《安全生产法》第二十九条规定，生产经营单位采用新工艺、新技术、新材料或者使用新设备，必须了解、掌握其安全技术特性，采取有效的安全防护措施，并对从业人员进行专门的安全生产教育和培训。

《安全生产法》第三十条规定，生产经营单位的特种作业人员必须按照国家有关规定经专门的安全作业培训，取得相应资格，方可上岗作业。

特种作业人员的范围由国务院应急管理部门会同国务院有关部门确定。

《安全生产法》第五十八条规定，从业人员应当接受安全生产教育和培训，掌握本职工作所需的安全生产知识，提高安全生产技能，增强事故预防和应急处理能力。

典型例题

某道路交通企业，由于业务范围扩大，从某职业学院招聘实习生20名，接收某公司劳务派遣人员15名，由该企业人事部门负责培训工作。关于培训教育的说法，正确的是（　　）。

A. 实习生和劳务派遣人员班组级教育培训由所在班组组织实施

B. 招聘的实习生实习期间要单独上岗作业，提高岗位操作水平

C. 实习生和劳务派遣人员的初次安全培训时间不得少于20学时

D. 实习期满的人员每年复审培训时间不得少于8学时

【答案】A。

二、对主要负责人、安全生产管理人员的安全教育培训

1. 初次培训的主要内容

《生产经营单位安全培训规定》第七条规定，生产经营单位主要负责人安全培训应当包括下列内容：

（1）国家安全生产方针、政策和有关安全生产的法律、法规、规章及标准。

（2）安全生产管理基本知识、安全生产技术、安全生产专业知识。

（3）重大危险源管理、重大事故防范、应急管理和救援组织以及事故调查处理的有关规定。

（4）职业危害及其预防措施。

（5）国内外先进的安全生产管理经验。

（6）典型事故和应急救援案例分析。

（7）其他需要培训的内容。

《生产经营单位安全培训规定》第八条规定，生产经营单位安全生产管理人员安全培训应当包括下列内容：

（1）国家安全生产方针、政策和有关安全生产的法律、法规、规章及标准。

（2）安全生产管理、安全生产技术、职业卫生等知识。

（3）伤亡事故统计、报告及职业危害的调查处理方法。

（4）应急管理、应急预案编制以及应急处置的内容和要求。

（5）国内外先进的安全生产管理经验。

（6）典型事故和应急救援案例分析。

（7）其他需要培训的内容。

2. 培训时间

《生产经营单位安全培训规定》第九条规定，生产经营单位主要负责人和安全生产管理人员初次安全培训时间不得少于 32 学时；每年再培训时间不得少于 12 学时。

煤矿、非煤矿山、危险化学品、烟花爆竹、金属冶炼等生产经营单位主要负责人和安全生产管理人员初次安全培训时间不得少于 48 学时；每年再培训时间不得少于 16 学时。

典型例题

例 1：《生产经营单位安全培训规定》中规定，生产经营单位主要负责人和安全生产管理人员初次安全培训时间不得少于（　　）学时。

A. 12　　B. 24　　C. 32　　D. 48

【答案】C。

例 2：某集团公司受疫情影响，传统业务受到冲击，对现有业务进行重组整合，于 2020 年 2 月成立了集团子公司甲企业，任命张某为甲企业总经理，任命赵某为甲企业生产副总经理，并于同年 3 月安排两人参加属地应急管理部门组织的安全生产培训，均取得了上岗资格证书。2021 年，为了加强安全生产管理，甲企业任命王某和李某为安全管理人员，其中王某从集团总部调入，持有中级注册安全工程师职业资格证书，李某为刚毕业大学生。关于甲企业主要负责人和安全管理人员 2021 年度安全生产培训时间的说法，正确的是（　　）。

A. 张某培训时间不得少于 16 学时　　B. 王某培训时间不得少于 16 学时

C. 李某培训时间不得少于 36 学时　　D. 赵某培训时间不得少于 12 学时

【答案】D。

三、对特种作业人员的安全教育培训

1. 基本规定

《特种作业人员安全技术培训考核管理规定》第五条规定，特种作业人员必须经专门的安全技术培训并考核合格，取得中华人民共和国特种作业操作证（以下简称特种作业操作证）后，方可上岗作业。

《特种作业人员安全技术培训考核管理规定》第六条规定，特种作业人员的安全技术培训、考核、发证、复审工作实行统一监管、分级实施、教考分离的原则。

2. 培训

《特种作业人员安全技术培训考核管理规定》第九条规定，特种作业人员应当接受与其所从事的特种作业相应的安全技术理论培训和实际操作培训。

已经取得职业高中、技工学校及中专以上学历的毕业生从事与其所学专业相应的特种作业，持学历证明经考核发证机关同意，可以免予相关专业的培训。

跨省、自治区、直辖市从业的特种作业人员，可以在户籍所在地或者从业所在地参加培训。

3. 复审

《特种作业人员安全技术培训考核管理规定》第十九条规定，特种作业操作证有效期为 6 年，在全国范围内有效。特种作业操作证由安全监管总局统一式样、标准及编号。

《特种作业人员安全技术培训考核管理规定》第二十一条规定，特种作业操作证每 3 年复审 1 次。特种作业人员在特种作业操作证有效期内，连续从事本工种 10 年以上，严格遵守有关安全生产法律法规的，经原考核发证机关或者从业所在地考核发证机关同意，特种作业操作证的复审时间可以延长至每 6 年 1 次。

《特种作业人员安全技术培训考核管理规定》第二十三条规定，特种作业操作证申请复审或者延期复审前，特种作业人员应当参加必要的安全培训并考试合格。安全培训时间不少于 8 个学时，主要培训法律、法规、标准、事故案例和有关新工艺、新技术、新装备等知识。

《特种作业人员安全技术培训考核管理规定》第二十四条规定，申请复审的，考核发证机关应当在收到申请之日起 20 个工作日内完成复审工作。复审合格的，由考核发证机关签章、登记，予以确认；不合格的，说明理由。申请延期复审的，经复审合格后，由考核发证机关重新颁发特种作业操作证。

《特种作业人员安全技术培训考核管理规定》第二十六条规定，再复审、延期复审仍不合格，或者未按期复审的，特种作业操作证失效。

典型例题

根据《特种作业人员安全技术培训考核管理规定》的内容，特种作业操作证（　　）复审 1 次。

A. 每年　　B. 每 2 年　　C. 每 3 年　　D. 每 4 年

【答案】C。

四、对其他从业人员的安全教育培训

（一）培训内容

1. 新员工上岗前的三级安全教育

《生产经营单位安全培训规定》第十四条规定，厂（矿）级岗前安全培训内容应当包括：

（1）本单位安全生产情况及安全生产基本知识。

（2）本单位安全生产规章制度和劳动纪律。

（3）从业人员安全生产权利和义务。

（4）有关事故案例等。

《生产经营单位安全培训规定》第十五条规定，车间（工段、区、队）级岗前安全培训内容应当包括：

（1）工作环境及危险因素。

（2）所从事工种可能遭受的职业伤害和伤亡事故。

（3）所从事工种的安全职责、操作技能及强制性标准。

（4）自救、互救、急救方法，疏散和现场紧急情况的处理。

（5）安全设备设施、个人防护用品的使用和维护。

（6）本车间（工段、区、队）安全生产状况及规章制度。

（7）预防事故和职业危害的措施及应注意的安全事项。

（8）有关事故案例。

（9）其他需要培训的内容。

《生产经营单位安全培训规定》第十六条规定，班组级岗前安全培训内容应当包括：

（1）岗位安全操作规程。

（2）岗位之间工作衔接配合的安全与职业卫生事项。

（3）有关事故案例。

（4）其他需要培训的内容。

2. 调整工作岗位或离岗后重新上岗安全教育培训

《生产经营单位安全培训规定》第十七条规定，从业人员在本生产经营单位内调整工作岗位或离岗一年以上重新上岗时，应当重新接受车间（工段、区、队）和班组级的安全培训。

生产经营单位采用新工艺、新技术、新材料或者使用新设备时，应当对有关从业人员重新进行有针对性的安全培训。

（二）培训时间

《生产经营单位安全培训规定》第十三条规定，生产经营单位新上岗的从业人员，岗前培训时间不得少于24学时。

煤矿、非煤矿山、危险化学品、烟花爆竹、金属冶炼等生产经营单位新上岗的从业人员安全培训时间不得少于72学时，每年再培训的时间不得少于20学时。

典型例题

某公司员工甲在离岗一年半后又回到原工作岗位继续工作。在复岗前甲需要接受（　　）安全教育培训。

A. 公司级、车间级、班组级　　B. 车间级、班组级

C. 车间级　　D. 班组级

【答案】B。

第五节 安全生产检查与隐患排查治理

一、安全生产检查

1. 安全生产检查的含义

安全生产检查是生产经营单位根据生产特点，对劳动过程中的安全进行经常性的、突击性的或者专业性的检查活动，其检查内容主要概括为查思想、查制度、查措施、查设备设施、查教育、查工作环境、查操作行为、查防护用品的使用、查伤亡事故的处理等。

2. 安全生产检查的目的

安全生产检查是清除隐患、防止事故、改善劳动条件的重要手段，是企业安全生产管理工作的一项重要内容。通过安全生产检查可以发现企业及生产过程中的危险因素，以便有计划地采取措施，保证安全生产。

3. 安全生产检查的方式

安全生产检查的方式包括：安全执法检查；企业定期安全大检查；专业性安全大检查；季节性安全大检查；验收性安全大检查；班前班后安全检查；经常性安全检查；职工代表安全检查；工地巡回安全检查；工地“达标”安全检查；节假日安全检查；综合性安全检查。

4. 安全生产检查的主要内容

（1）软件系统检查：

1）查思想。检查各级管理人员对安全生产的认识，对安全生产方针、政策、法律、规程的理解和贯彻的情况。

2）查管理。检查安全管理工作的实施情况，如安全生产责任制、各项规章制度和档案是否健全，安全教育、安全技术措施、伤亡事故管理的实施情况。

3）查隐患。通过检查劳动条件、生产设备、安全卫生设施是否符合要求以及职工在生产中是否存在不安全行为和事故隐患。

4）查事故处理。对发生的事故车间是否及时报告、认真调查、严肃处理；是不是按“四不放过”（事故原因没有查清楚不放过；事故责任者没有处理不放过；广大职工没有受到教育不放过；防范措施没有落实不放过）的要求处理事故；有没有采取有效措施，防止类似事故重复发生。

（2）硬件系统检查：

1）查生产设备、查辅助设施、查安全设施、查作业环境。

2）查危险性大、事故危害大的生产系统、部位、装置、设备。

3）对非矿山企业要求强制性检查。

4）对矿山企业要求强制性检查。

典型例题

安全生产检查具体内容应本着突出重点的原则进行确定，对于危险性大，危害大的生产系统、装置、设备、环境等应加强检查。为了切实做好安全检查工作，国家出台了有关规定。对非矿山企业，下列属于国家有关规定要求强制性检查的项目是（　　）。

A. 电器安全保护装置　　B. 防尘口罩或面罩

C. 作业场所的高温　　D. 防噪声耳塞耳罩

【答案】C。

二、隐患排查治理

1. 安全生产事故隐患的含义及分类

《安全生产事故隐患排查治理暂行规定》（国家安全生产监督管理总局令第 16 号）第三条规定，安全生产事故隐患（以下简称事故隐患）是指生产经营单位违反安全生产法律、法规、规章、标准、规程和安全生产管理制度的规定，或者因其他因素在生产经营活动中存在可能导致事故发生的物的危险状态、人的不安全行为和管理上的缺陷。

事故隐患分为一般事故隐患和重大事故隐患。一般事故隐患是指危害和整改难度较小，发现后能够立即整改排除的隐患。重大事故隐患是指危害和整改难度较大，应当全部或者局部停产停业，并经过一定时间整改治理方能排除的隐患，或者因外部因素影响致使生产经营单位自身难以排除的隐患。

2. 生产经营单位的职责

《安全生产事故隐患排查治理暂行规定》第七条～第十八条规定，生产经营单位包括以下职责：

（1）生产经营单位应当依照法律、法规、规章、标准和规程的要求从事生产经营活动。严禁非法从事生产经营活动。

（2）生产经营单位是事故隐患排查、治理和防控的责任主体。生产经营单位应当建立健全事故隐患排查治理和建档监控等制度，逐级建立并落实从主要负责人到每个从业人员的隐患排查治理和监控责任制。

（3）生产经营单位应当保证事故隐患排查治理所需的资金，建立资金使用专项制度。

（4）生产经营单位应当定期组织安全生产管理人员、工程技术人员和其他相关人员排查本单位的事故隐患。对排查出的事故隐患，应当按照事故隐患的等级进行登记，建立事故隐患信息档案，并按照职责分工实施监控治理。

（5）生产经营单位应当建立事故隐患报告和举报奖励制度，鼓励、发动职工发现和排除事故隐患，鼓励社会公众举报。对发现、排除和举报事故隐患的有功人员，应当给予物质奖励和表彰。

（6）生产经营单位将生产经营项目、场所、设备发包、出租的，应当与承包、承租单位签订安全生产管理协议，并在协议中明确各方对事故隐患排查、治理和防控的管理职责。生产经营单位对承包、承租单位的事故隐患排查治理负有统一协调和监督管理的职责。

（7）安全监管监察部门和有关部门的监督检查人员依法履行事故隐患监督检查职责时，生产经营单位应当积极配合，不得拒绝和阻挠。

（8）生产经营单位应当每季、每年对本单位事故隐患排查治理情况进行统计分析，并分别于下一季度 15 日前和下一年 1 月 31 日前向安全监管监察部门和有关部门报送书面统计分析表。统计分析表应当由生产经营单位主要负责人签字。

对于重大事故隐患，生产经营单位除依照相应规定报送外，应当及时向安全监管监察部门和有关部门报告。重大事故隐患报告内容应当包括：

1）隐患的现状及其产生原因。

2）隐患的危害程度和整改难易程度分析。

3）隐患的治理方案。

（9）对于一般事故隐患，由生产经营单位（车间、分厂、区队等）负责人或者有关人员立即组织整改。

对于重大事故隐患，由生产经营单位主要负责人组织制定并实施事故隐患治理方案。重大事故隐患治理方案应当包括以下内容：

1）治理的目标和任务。

2）采取的方法和措施。

3）经费和物资的落实。

4）负责治理的机构和人员。

5）治理的时限和要求。

6）安全措施和应急预案。

（10）生产经营单位在事故隐患治理过程中，应当采取相应的安全防范措施，防止事故发生。事故隐患排除前或者排除过程中无法保证安全的，应当从危险区域内撤出作业人员，并疏散可能危及的其他人员，设置警戒标志，暂时停产停业或者停止使用；对暂时难以停产或者停止使用的相关生产储存装置、设施、设备，应当加强维护和保养，防止事故发生。

（11）生产经营单位应当加强对自然灾害的预防。对于因自然灾害可能导致事故灾难的隐患，应当按照有关法律、法规、标准和本规定的要求排查治理，采取可靠的预防措施，制定应急预案。在接到有关自然灾害预报时，应当及时向下属单位发出预警通知；发生自然灾害可能危及生产经营单位和人员安全的情况时，应当采取撤离人员、停止作业、加强监测等安全措施，并及时向当地人民政府及其有关部门报告。

（12）地方人民政府或者安全监管监察部门及有关部门挂牌督办并责令全部或者局部停产停业治理的重大事故隐患，治理工作结束后，有条件的生产经营单位应当组织本单位的技术人员和专家对重大事故隐患的治理情况进行评估；其他生产经营单位应当委托具备相应资质的安全评价机构对重大事故隐患的治理情况进行评估。

经治理后符合安全生产条件的，生产经营单位应当向安全监管监察部门和有关部门提出恢复生产的书面申请，经安全监管监察部门和有关部门审查同意后，方可恢复生产经营。申请报告应当包括治理方案的内容、项目和安全评价机构出具的评价报告等。

3. 监督管理

《安全生产事故隐患排查治理暂行规定》第十九条~第二十三条规定，安全监管监察部门的监督管理包括以下内容：

（1）安全监管监察部门应当指导、监督生产经营单位按照有关法律、法规、规章、标准和规程的要求，建立健全事故隐患排查治理等各项制度。

（2）安全监管监察部门应当建立事故隐患排查治理监督检查制度，定期组织对生产经营单位事故隐患排查治理情况开展监督检查；应当加强对重点单位的事故隐患排查治理情况的监督检查。对检查过程中发现的重大事故隐患，应当下达整改指令书，并建立信息管理台账。必要时，报告同级人民政府并对重大事故隐患实行挂牌督办。

安全监管监察部门应当配合有关部门做好对生产经营单位事故隐患排查治理情况开展的监督检查，依法查处事故隐患排查治理的非法和违法行为及其责任者。

安全监管监察部门发现属于其他有关部门职责范围内的重大事故隐患的，应该及时将有关资料移送有管辖权的有关部门，并记录备查。

（3）已经取得安全生产许可证的生产经营单位，在其被挂牌督办的重大事故隐患治理结束前，安全监管监察部门应当加强监督检查。必要时，可以提请原许可证颁发机关依法暂扣其安全生产许可证。

（4）安全监管监察部门应当会同有关部门把重大事故隐患整改纳入重点行业领域的安全专项整治中加以治理，落实相应责任。

（5）对挂牌督办并采取全部或者局部停产停业治理的重大事故隐患，安全监管监察部门收到生产经营单位恢复生产的申请报告后，应当在10日内进行现场审查。审查合格的，对事故隐患进行核销，同意恢复生产经营；审查不合格的，依法责令改正或者下达停产整改指令。对整改无望或者生产经营单位拒不执行整改指令的，依法实施行政处罚；不具备安全生产条件的，依法提请县级以上人民政府按照国务院规定的权限予以关闭。

典型例题

某货运公司在开展安全生产专项隐患排查活动后，总经理安排生产技术部牵头对发现的重大事故隐患制定治理方案。在方案评审过程中，总经理听取了“治理的目标和任务”“采取的方法和措施”“经费和物资的落实”“负责治理的机构和人员”“治理的时限和要求”几部分内容的汇报后，对方案的完整性提出质疑。上述方案缺少的重要内容是（　　）。

A. 检测检验和验收要求　　B. 备案的程序和时限规定

C. 第三方评审及报告　　D. 安全措施和应急预案

【答案】D。

第六节　建设项目安全实施“三同时”管理

一、“三同时”的含义

《安全生产法》第三十一条规定，生产经营单位新建、改建、扩建工程项目（以下统称建设项目）的安全设施，必须与主体工程同时设计、同时施工、同时投入生产和使用。安全设施投资应当纳入建设项目概算。

《建设项目安全设施“三同时”监督管理办法》第三条规定，建设项目安全设施，是指生产经营单位在生产经营活动中用于预防生产安全事故的设备、设施、装置、构（建）筑物和其他技术措施的总称。

典型例题

《安全生产法》规定，生产经营单位新建、改建、扩建工程项目的安全设施，必须与主体工程（　　）。

A. 同时设计、同时施工、同时验收

B. 同时设计、同时施工、同时投入生产和使用

C. 同时招标、同时施工、同时投入生产和使用

D. 同时设计、同时招标、同时投入生产和使用

【答案】B。

二、监管责任

《建设项目安全设施“三同时”监督管理办法》第五条规定，国家安全生产监督管理总局对全国建设项目安全设施“三同时”实施综合监督管理，并在国务院规定的职责范围内承担有关建设项目安全设施“三同时”的监督管理。

县级以上地方各级安全生产监督管理部门对本行政区域内的建设项目安全设施“三同时”实施综合监督管理，并在本级人民政府规定的职责范围内承担本级人民政府及其有关主管部门审批、核准或者备案的建设项目安全设施“三同时”的监督管理。

跨两个及两个以上行政区域的建设项目安全设施“三同时”由其共同的上一级人民政府安全生产监督管理部门实施监督管理。

上一级人民政府安全生产监督管理部门根据工作需要，可以将其负责监督管理的建设项目安

全设施"三同时"工作委托下一级人民政府安全生产监督管理部门实施监督管理。

典型例题

依据《建设项目安全设施"三同时"监督管理办法》，跨两个及两个以上行政区域的建设项目安全设施"三同时"由（　　）实施监督管理。

A. 最先受理的人民政府安全生产监督管理部门

B. 最后受理的人民政府安全生产监督管理部门

C. 各自的本级人民政府安全生产监督管理部门分别管理

D. 其共同的上一级人民政府安全生产监督管理部门

【答案】D。

三、建设项目安全设施设计审查

《建设项目安全设施"三同时"监督管理办法》第十条规定，生产经营单位在建设项目初步设计时，应当委托有相应资质的设计单位对建设项目安全设施同时进行设计，编制安全设施设计。

《建设项目安全设施"三同时"监督管理办法》第十一条规定，建设项目安全设施设计应当包括下列内容：

（1）设计依据。

（2）建设项目概述。

（3）建设项目潜在的危险、有害因素和危险、有害程度及周边环境安全分析。

（4）建筑及场地布置。

（5）重大危险源分析及检测监控。

（6）安全设施设计采取的防范措施。

（7）安全生产管理机构设置或者安全生产管理人员配备要求。

（8）从业人员教育和培训要求。

（9）工艺、技术和设备、设施的先进性及可靠性分析。

（10）安全设施专项投资概算。

（11）安全预评价报告中的安全对策及建议采纳情况。

（12）预期效果以及存在的问题与建议。

（13）可能出现的事故预防及应急救援措施。

（14）法律、法规、规章、标准规定需要说明的其他事项。

典型例题

《建设项目安全设施"三同时"监督管理办法》规定，建设项目安全设施设计应当包括的内容有（　　）。

A. 设计依据

B. 从业人员教育和培训要求

C. 建筑及场地布置

D. 安全设施专项投资概算

E. 进度控制要求

【答案】ABCD。

四、建设项目安全设施施工和竣工验收

1. 施工与建设要求

《建设项目安全设施"三同时"监督管理办法》第十七条规定，建设项目安全设施的施工应

当由取得相应资质的施工单位进行，并与建设项目主体工程同时施工。

施工单位应当在施工组织设计中编制安全技术措施和施工现场临时用电方案，同时对危险性较大的分部分项工程依法编制专项施工方案，并附具安全验算结果，经施工单位技术负责人、总监理工程师签字后实施。

施工单位应当严格按照安全设施设计和相关施工技术标准、规范施工，并对安全设施的工程质量负责。

《建设项目安全设施“三同时”监督管理办法》第十八条规定，施工单位发现安全设施设计文件有错漏的，应当及时向生产经营单位、设计单位提出。生产经营单位、设计单位应当及时处理。施工单位发现安全设施存在重大事故隐患时，应当立即停止施工并报告生产经营单位进行整改。整改合格后，方可恢复施工。

《建设项目安全设施“三同时”监督管理办法》第十九条规定，工程监理单位应当审查施工组织设计中的安全技术措施或者专项施工方案是否符合工程建设强制性标准。工程监理单位在实施监理过程中，发现存在事故隐患的，应当要求施工单位整改；情况严重的，应当要求施工单位暂时停止施工，并及时报告生产经营单位。施工单位拒不整改或者不停止施工的，工程监理单位应当及时向有关主管部门报告。工程监理单位、监理人员应当按照法律、法规和工程建设强制性标准实施监理，并对安全设施工程的工程质量承担监理责任。

《建设项目安全设施“三同时”监督管理办法》第二十条规定，建设项目安全设施建成后，生产经营单位应当对安全设施进行检查，对发现的问题及时整改。

《建设项目安全设施“三同时”监督管理办法》第二十一条规定，本办法第七条规定的建设项目竣工后，根据规定建设项目需要试运行（包括生产、使用，下同）的，应当在正式投入生产或者使用前进行试运行。试运行时间应当不少于30日，最长不得超过180日，国家有关部门有规定或者特殊要求的行业除外。生产、储存危险化学品的建设项目和化工建设项目，应当在建设项目试运行前将试运行方案报负责建设项目安全许可的安全生产监督管理部门备案。

2. 竣工验收

《建设项目安全设施“三同时”监督管理办法》第二十三条规定，建设项目竣工投入生产或者使用前，生产经营单位应当组织对安全设施进行竣工验收，并形成书面报告备查。安全设施竣工验收合格后，方可投入生产和使用。

《建设项目安全设施“三同时”监督管理办法》第二十四条规定，建设项目的安全设施有下列情形之一的，建设单位不得通过竣工验收，并不得投入生产或者使用：

（1）未选择具有相应资质的施工单位施工的。

（2）未按照建设项目安全设施设计文件施工或者施工质量未达到建设项目安全设施设计文件要求的。

（3）建设项目安全设施的施工不符合国家有关施工技术标准的。

（4）未选择具有相应资质的安全评价机构进行安全验收评价或者安全验收评价不合格的。

（5）安全设施和安全生产条件不符合有关安全生产法律、法规、规章和国家标准或者行业标准、技术规范规定的。

（6）发现建设项目试运行期间存在事故隐患未整改的。

（7）未依法设置安全生产管理机构或者配备安全生产管理人员的。

（8）从业人员未经过安全生产教育和培训或者不具备相应资格的。

（9）不符合法律、行政法规规定的其他条件的。

典型例题

甲公司大型运输公司建设项目，由乙设计公司负责设计，丙建设总公司负责施工，丁监理公司负责监理。根据《建设项目安全设施“三同时”监督管理办法》，下列企业的做法中，正确的是（　　）。

A. 丙公司发现安全设施设计文件有错漏，及时向丁、乙公司提出，丁、乙公司及时处理

B. 丙公司发现安全设施存在重大事故隐患时，立即停止施工，并报告乙公司进行设计更改

C. 丁公司在实施监理过程中，发现存在重大事故隐患，及时报告丙公司

D. 建设项目安全设施建成后，甲公司对安全设施进行检查，对发现的问题及时整改

【答案】D。

第七节　劳动防护用品管理

一、劳动防护用品的类型

根据《用人单位劳动防护用品管理规范》第十条规定，劳动防护用品分为以下十大类：

（1）防御物理、化学和生物危险、有害因素对头部伤害的头部防护用品。

（2）防御缺氧空气和空气污染物进入呼吸道的呼吸防护用品。

（3）防御物理和化学危险、有害因素对眼面部伤害的眼面部防护用品。

（4）防噪声危害及防水、防寒等的耳部防护用品。

（5）防御物理、化学和生物危险、有害因素对手部伤害的手部防护用品。

（6）防御物理和化学危险、有害因素对足部伤害的足部防护用品。

（7）防御物理、化学和生物危险、有害因素对躯干伤害的躯干防护用品。

（8）防御物理、化学和生物危险、有害因素损伤皮肤或引起皮肤疾病的护肤用品。

（9）防止高处作业劳动者坠落或者高处落物伤害的坠落防护用品。

（10）其他防御危险、有害因素的劳动防护用品。

典型例题

例1：某公司承接大型客运车站项目。车站采用暗挖法施工，埋深近30m，地下水丰富，车站结构需要采用人工挖孔桩作业。结合作业方式和作业条件，公司为作业人员配备了相应的劳动防护用品。下列属于作业人员必须配备的劳动防护用品是（　　）。

A. 有色防护眼镜　　B. 电绝缘鞋　　C. 雨靴　　D. 矿灯

【答案】B。劳动防护用品按防止伤亡事故的用途可分为防坠落用品、防冲击用品、防触电用品、防机械外伤用品、防酸碱用品、耐油用品、防水用品、防寒用品。人工挖孔桩作业（使用机械，需要通电），在埋深近30m处，地下水丰富，容易触电，所以要穿电绝缘鞋。

例2：某车站施工承包单位根据生产过程中危险有害因素特点，为员工购买了防尘面具、焊接护目镜、防静电手套和防静电鞋等劳动防护用品。关于劳动防护用品按防护部位分类的说法，正确的是（　　）。

A. 焊接护目镜属于头部防护用品　　B. 防静电手套属于躯干防护用品

C. 耳罩属于听觉器官防护用品　　D. 防尘面具属于眼（面）部防护用品

【答案】C。选项A错误，属于眼（面）部防护用品。选项B错误，属于手部防护用品。选项D错误，属于呼吸器官防护用品。

二、劳动防护用品的管理

1. 劳动防护用品的选用要求

《用人单位劳动防护用品管理规范》第十一条～第十四条规定，劳动防护用品的选用应满足下列要求：

（1）用人单位应按照识别、评价、选择的程序，结合劳动者作业方式和工作条件，并考虑其个人特点及劳动强度，选择防护功能和效果适用的劳动防护用品。

（2）同一工作地点存在不同种类的危险、有害因素的，应当为劳动者同时提供防御各类危害的劳动防护用品。需要同时配备的劳动防护用品，还应考虑其可兼容性。劳动者在不同地点工作，并接触不同的危险、有害因素，或接触不同危害程度的有害因素的，为其选配的劳动防护用品应满足不同工作地点的防护需求。

（3）劳动防护用品的选择还应当考虑其佩戴的合适性和基本舒适性，根据个人特点和需求选择适合型号、式样。

（4）用人单位应当在可能发生急性职业损伤的有毒、有害工作场所配备应急劳动防护用品，放置于现场临近位置并有醒目标识。用人单位应当为巡检等流动性作业的劳动者配备随身携带的个人应急防护用品。

2. 劳动防护用品的采购、发放、培训及使用

《用人单位劳动防护用品管理规范》第十五条～第二十一条规定，用人单位劳动防护用品的采购、发放、培训及使用应符合下列要求：

（1）用人单位应当根据劳动者工作场所中存在的危险、有害因素种类及危害程度、劳动环境条件、劳动防护用品有效使用时间制定适合本单位的劳动防护用品配备标准。

（2）用人单位应当根据劳动防护用品配备标准制定采购计划，购买符合标准的合格产品。

（3）用人单位应当查验并保存劳动防护用品检验报告等质量证明文件的原件或复印件。

（4）用人单位应当按照本单位制定的配备标准发放劳动防护用品，并做好登记。

（5）用人单位应当对劳动者进行劳动防护用品的使用、维护等专业知识的培训。

（6）用人单位应当督促劳动者在使用劳动防护用品前，对劳动防护用品进行检查，确保外观完好、部件齐全、功能正常。

（7）用人单位应当定期对劳动防护用品的使用情况进行检查，确保劳动者正确使用。

3. 劳动防护用品的维护、更换与报废

《用人单位劳动防护用品管理规范》第二十二条～第二十五条规定，用人单位劳动防护用品的维护、更换与报废应符合下列要求：

（1）劳动防护用品应当按照要求妥善保存，及时更换，保证其在有效期内。公用的劳动防护用品应当由车间或班组统一保管，定期维护。

（2）用人单位应当对应急劳动防护用品进行经常性的维护、检修，定期检测劳动防护用品的性能和效果，保证其完好有效。

（3）用人单位应当按照劳动防护用品发放周期定期发放，对工作过程中损坏的，用人单位应及时更换。

（4）安全帽、呼吸器、绝缘手套等安全性能要求高、易损耗的劳动防护用品，应当按照有效防护功能最低指标和有效使用期，到期强制报废。

典型例题

例 1：根据《用人单位劳动防护用品管理规范》的规定，劳动防护用品的选用应满足的要求

包括（　　）。

A. 考虑其佩戴的合适性

B. 考虑用品的经济性

C. 考虑其佩戴的基本舒适性

D. 考虑用品的可兼容性

E. 考虑个人的劳动强度

【答案】ACDE。

例2：某企业根据《用人单位劳动防护用品管理规范》的规定，对可能产生的危险、有害因素进行了识别和评价，配备了相应的劳动防护用品。关于该企业劳动防护用品的维护、更换与报废的说法，正确的是（　　）。

A. 员工对于到期损坏的劳动防护用品可自行进行购买

B. 安全帽经过检查没有破损可以延长使用期限

C. 公用的劳动防护用品应当由个人保管

D. 企业应当对劳动防护用品进行经常性维护，保证其完好有效

【答案】D。

例3：某公交集团运输部采购了一批劳动防护用品，下发给作业人员使用，下列关于该项目部劳动防护用品管理的做法，错误的是（　　）。

A. 检查劳动防护用品的生产日期

B. 检查劳动防护用品的合格证

C. 检查劳动防护用品的检验标志

D. 将采购物品清单作为发放台账

【答案】D。在劳动防护用品管理中，不可以将采购物品清单作为发放台账，故答案为选项D。

第八节　特种设备设施管理

一、特种设备含义

《中华人民共和国特种设备安全法》（以下简称《特种设备安全法》）第二条规定，本法所称特种设备是指对人身和财产安全有较大危险性的锅炉、压力容器（含气瓶）、压力管道、电梯、起重机械、客运索道、大型游乐设施、场（厂）内专用机动车辆，以及法律、行政法规规定适用本法的其他特种设备。

国家对特种设备实行目录管理。特种设备目录由国务院负责特种设备安全监督管理的部门制定，报国务院批准后执行。

典型例题

属于《特种设备安全法》规定的特种设备包括有较大危险性的（　　）等。

A. 压力管道

B. 电梯

C. 客运索道

D. 起重机械

E. 运输车辆

【答案】ABCD。

二、特种设备的使用

1. 特种设备使用单位的使用规定

《特种设备安全法》第三十二条规定，特种设备使用单位应当使用取得许可生产并经检验合格的特种设备。禁止使用国家明令淘汰和已经报废的特种设备。

《特种设备安全法》第三十三条规定，特种设备使用单位应当在特种设备投入使用前或者投入使用后30日内，向负责特种设备安全监督管理的部门办理使用登记，取得使用登记证书。登记

标志应当置于该特种设备的显著位置。

《特种设备安全法》第三十四条规定，特种设备使用单位应当建立岗位责任、隐患治理、应急救援等安全管理制度，制定操作规程，保证特种设备安全运行。

2. 运营使用单位的使用规定

《特种设备安全法》第三十六条规定，电梯、客运索道、大型游乐设施等为公众提供服务的特种设备的运营使用单位，应当对特种设备的使用安全负责，设置特种设备安全管理机构或者配备专职的特种设备安全管理人员；其他特种设备使用单位，应当根据情况设置特种设备安全管理机构或者配备专职、兼职的特种设备安全管理人员。

3. 特种设备共有的使用

《特种设备安全法》第三十八条规定，特种设备属于共有的，共有人可以委托物业服务单位或者其他管理人管理特种设备，受托人履行本法规定的特种设备使用单位的义务，承担相应责任。共有人未委托的，由共有人或者实际管理人履行管理义务，承担相应责任。

典型例题

《特种设备安全法》规定，特种设备使用单位应当在特种设备投入使用前或者投入使用后（　　）日内，向负责特种设备安全监督管理的部门办理使用登记，取得使用登记证书。

A. 10　　B. 20　　C. 30　　D. 60

【答案】C。

三、特种设备检验、检测

《特种设备安全法》第五十条～第五十六条对特种设备的检验、检测做了如下规定：

从事本法规定的监督检验、定期检验的特种设备检验机构，以及为特种设备生产、经营、使用提供检测服务的特种设备检测机构，应当具备下列条件，并经负责特种设备安全监督管理的部门核准，方可从事检验、检测工作：

（1）有与检验、检测工作相适应的检验、检测人员。

（2）有与检验、检测工作相适应的检验、检测仪器和设备。

（3）有健全的检验、检测管理制度和责任制度。

特种设备检验、检测机构的检验、检测人员应当经考核，取得检验、检测人员资格，方可从事检验、检测工作。

特种设备检验、检测机构的检验、检测人员不得同时在两个以上检验、检测机构中执业；变更执业机构的，应当依法办理变更手续。

特种设备检验、检测工作应当遵守法律、行政法规的规定，并按照安全技术规范的要求进行。

特种设备检验、检测机构及其检验、检测人员应当依法为特种设备生产、经营、使用单位提供安全、可靠、便捷、诚信的检验、检测服务。

特种设备检验、检测机构及其检验、检测人员应当客观、公正、及时地出具检验、检测报告，并对检验、检测结果和鉴定结论负责。

特种设备检验、检测机构及其检验、检测人员在检验、检测中发现特种设备存在严重事故隐患时，应当及时告知相关单位，并立即向负责特种设备安全监督管理的部门报告。

负责特种设备安全监督管理的部门应当组织对特种设备检验、检测机构的检验、检测结果和鉴定结论进行监督抽查，但应当防止重复抽查。监督抽查结果应当向社会公布。

特种设备生产、经营、使用单位应当按照安全技术规范的要求向特种设备检验、检测机构及其检验、检测人员提供特种设备相关资料和必要的检验、检测条件，并对资料的真实性负责。

特种设备检验、检测机构及其检验、检测人员对检验、检测过程中知悉的商业秘密，负有保密义务。

特种设备检验、检测机构及其检验、检测人员不得从事有关特种设备的生产、经营活动，不得推荐或者监制、监销特种设备。

特种设备检验机构及其检验人员利用检验工作故意刁难特种设备生产、经营、使用单位的，特种设备生产、经营、使用单位有权向负责特种设备安全监督管理的部门投诉，接到投诉的部门应当及时进行调查处理。

典型例题

特种设备检测机构应当具备（ ）条件，并经负责特种设备安全监督管理的部门核准，方可从事检验、检测工作。

A. 有与检验、检测工作相适应的检验、检测人员

B. 有与检验、检测工作相适应的资金

C. 有与检验、检测工作相适应的检验、检测仪器和设备

D. 有与检验、检测工作相适应的组织机构

E. 有健全的检验、检测管理制度和责任制度

【答案】ACD。

四、安全技术档案

《特种设备安全法》第三十五条规定，特种设备使用单位应当建立特种设备安全技术档案。安全技术档案应当包括以下内容：

（1）特种设备的设计文件、产品质量合格证明、安装及使用维护保养说明、监督检验证明等相关技术资料和文件。

（2）特种设备的定期检验和定期自行检查记录。

（3）特种设备的日常使用状况记录。

（4）特种设备及其附属仪器仪表的维护保养记录。

（5）特种设备的运行故障和事故记录。

典型例题

《特种设备安全法》规定，特种设备使用单位应当建立特种设备安全技术档案。安全技术档案应当包括（ ）等。

A. 特种设备的购买凭证

B. 特种设备的日常使用状况记录

C. 特种设备的运行故障和事故记录

D. 特种设备及其附属仪器仪表的维护保养记录

E. 特种设备的定期检验和定期自行检查记录

【答案】BCDE。

五、特种设备的维护保养和定期检查

《特种设备安全法》第三十九条规定，特种设备使用单位应当对其使用的特种设备进行经常性维护保养和定期自行检查，并做出记录。特种设备使用单位应当对其使用的特种设备的安全附件、安全保护装置进行定期校验、检修，并做出记录。

《特种设备安全法》第四十条规定，特种设备使用单位应当按照安全技术规范的要求，在检验合格有效期届满前一个月向特种设备检验机构提出定期检验要求。特种设备检验机构接到定期检验要求后，应当按照安全技术规范的要求及时进行安全性能检验。特种设备使用单位应当将定

期检验标志置于该特种设备的显著位置。未经定期检验或者检验不合格的特种设备，不得继续使用。

典型例题

某小区一住宅电梯检验有效期截至2019年11月8日，该小区物业管理公司应于2019年10月8日前向相应的（　　）申报定期检验。

A. 应急管理部门　　　　B. 质量技术监督管理部门

C. 住房和城乡建设管理部门　　　　D. 特种设备检验检测机构

【答案】D。

六、特种设备的应急管理

《特种设备安全法》第六十九条规定，国务院负责特种设备安全监督管理的部门应当依法组织制定特种设备重特大事故应急预案，报国务院批准后纳入国家突发事件应急预案体系。县级以上地方各级人民政府及其负责特种设备安全监督管理的部门应当依法组织制定本行政区域内特种设备事故应急预案，建立或者纳入相应的应急处置与救援体系。特种设备使用单位应当制定特种设备事故应急专项预案，并定期进行应急演练。

《特种设备安全法》第七十条规定，特种设备发生事故后，事故发生单位应当按照应急预案采取措施，组织抢救，防止事故扩大，减少人员伤亡和财产损失，保护事故现场和有关证据，并及时向事故发生地县级以上人民政府负责特种设备安全监督管理的部门和有关部门报告。

县级以上人民政府负责特种设备安全监督管理的部门接到事故报告，应当尽快核实情况，立即向本级人民政府报告，并按照规定逐级上报。必要时，负责特种设备安全监督管理的部门可以越级上报事故情况。对特别重大事故、重大事故，国务院负责特种设备安全监督管理的部门应当立即报告国务院并通报国务院安全生产监督管理部门等有关部门。

与事故相关的单位和人员不得迟报、谎报或者瞒报事故情况，不得隐匿、毁灭有关证据或者故意破坏事故现场。

典型例题

根据《特种设备安全法》的规定，以下关于对特种设备应急管理的说法中，错误的是（　　）。

A. 特种设备使用单位应当制定特种设备事故应急专项预案

B. 特种设备使用单位应当定期进行应急演练

C. 负责特种设备安全监督管理的部门不可以越级上报事故情况

D. 县级以上人民政府负责特种设备安全监督管理的部门接到事故报告，应当立即向本级人民政府报告

【答案】C。

第九节　危险、有害因素辨识

一、危险、有害因素的分类

1. 按导致事故直接原因分类

根据《生产过程危险和有害因素分类与代码》（GB/T 13861—2022），生产过程危险和有害因素共分为四大类，分别是“人的因素”“物的因素”“环境因素”和“管理因素”。生产过程中危险和有害因素的具体分类见表1-1。

表 1-1 生产过程中危险和有害因素分类

因素分类		内容	
人	心理、生理性	负荷超限	体力负荷超限、听力负荷超限、视力负荷超限、其他负荷超限
		健康状况异常	
		从事禁忌作业	
		心理异常	情绪异常、冒险心理、过度紧张、其他心理异常
		辨识功能缺陷	感知延迟、辨识错误、其他辨识功能缺陷
		其他心理、生理性危险和有害因素	
	行为性	指挥错误	指挥失误、违章指挥、其他指挥失误
		操作失误	误操作、违章作业、其他操作错误
		监护失误	
		其他行为性危险和有害因素	
物	物理性	设备、设施、工具、附件缺陷	强度不够，刚度不够，稳定性差，密封不良，耐腐蚀性差，应力集中，外形缺陷，外露运动件，操纵器缺陷，制动器缺陷，控制器缺陷，设计缺陷，传感器缺陷，设备、设施、工具、附件其他缺陷
		防护缺陷	无防护，防护装置、设施缺陷，防护不当，支撑（支护）不当，防护距离不够，其他防护缺陷
		电伤害	带电部位裸露、漏电、静电和杂散电流、电火花、电弧、短路、其他电伤害
		噪声	机械性噪声、电磁性噪声、流体动力性噪声、其他噪声
		振动危害	机械性振动、电磁性振动、流体动力性振动、其他振动危险
		电离辐射	
		非电离辐射	紫外辐射、激光辐射、微波辐射、超高频辐射、高频电磁场、工频电场、其他非电离辐射
		运动物危害	抛射物，飞溅物，坠落物，反弹物，土、岩滑动，料堆（垛）滑动、气流卷动、撞击、其他运动物危害
		明火	
		高温物质	高温气体、高温液体、高温固体、其他高温物质
		低温物质	低温气体、低温液体、低温固体、其他低温物质
		信号缺陷	无信号设施、信号选用不当、信号位置不当、信号不清、信号显示不准、其他信号缺陷
		标志标识缺陷	无标志标识、标志标识不清晰、标志标识不规范、标志标识选用不当、标志标识位置缺陷、标志标识设置顺序不规范、其他标志标识缺陷
		有害光照	
		信息系统缺陷	数据传输缺陷、自供电装置电池寿命过短、防爆等级缺陷、等级保护缺陷、通信中断或延迟、数据采集缺陷、网络环境
		其他物理性危险和有害因素	
	化学性	理化危险	爆炸物、易燃气体、易燃气溶胶、氧化性气体、压力下气体、易燃液体、易燃固体、自反应物质或混合物、自燃液体、自燃固体、自热物质和混合物、遇水放出易燃气体的物质或混合物、氧化性液体、氧化性固体、有机过氧化物、金属腐蚀物

（续）

因素分类		内　　容	
物	化学性	健康危险	急性毒性、皮肤腐蚀/刺激、严重眼损伤/眼刺激、呼吸或皮肤过敏、生殖细胞致突变性、致癌性、生殖毒性、特异性靶器官系统毒性——一次接触、特异性靶器官系统毒性——反复接触、吸入危险
		其他化学性危险和有害因素	
	生物性	致病微生物	细菌、病毒、真菌、其他致病微生物
		传染病媒介物	
		致害动物	
		致害植物	
		其他生物性危险和有害因素	
环境	室内作业场所	室内地面滑，室内作业场所狭窄，室内作业场所杂乱，室内地面不平，室内梯架缺陷，地面、墙和顶棚上的开口缺陷，房屋基础下沉，室内安全通道缺陷，房屋安全出口缺陷，采光照明不良，作业场所空气不良，室内温度、湿度、气压不适，室内给水、排水不良，室内涌水，其他室内作业场所环境不良	
	室外作业场地	恶劣气候与环境，作业场地和交通设施湿滑，作业场地狭窄，作业场地杂乱，作业场地不平，交通环境不良，脚手架、阶梯和活动梯架缺陷，地面及地面开口缺陷，建（构）筑物和其他结构缺陷，门和周界设施缺陷，作业场地基础下沉，作业场地安全通道缺陷，作业场地安全出口缺陷，作业场地光照不良，作业场地空气不良，作业场地温度、湿度、气压不适，作业场地涌水，排水系统故障，其他室外作业场地环境不良	
	地下（含水下）作业	隧道/矿井顶板或巷帮缺陷，隧道/矿井作业面缺陷，隧道/矿井底板缺陷，地下作业面空气不良，地下火，冲击地压（岩爆），地下水，水下作业供氧不当、其他地下作业环境不良	
	其他作业环境不良	强迫体位、综合性作业环境不良	
管理		（1）职业安全卫生管理机构设置和人员配备不健全 （2）职业安全卫生责任制不完善或未落实 （3）职业安全卫生管理制度不完善或未落实。包括建设项目“三同时”制度、安全风险分级管控、事故隐患排查治理、培训教育制度、操作规程、职业卫生管理制度、其他职业安全卫生管理规章制度不健全 （4）职业安全卫生投入不足 （5）应急管理缺陷。包括：应急资源调查不充分，应急能力、风险评估不全面，事故应急预案缺陷，应急预案培训不到位，应急预案演练不规范，应急演练评估不到位，其他应急管理缺陷 （6）其他管理因素缺陷	

2. 参照《企业职工伤亡事故分类》进行分类

参照《企业职工伤亡事故分类》（GB 6441—1986），将危险因素分为20类，分别为物体打击、车辆伤害、机械伤害、起重伤害、触电、淹溺、灼烫、火灾、高处坠落、坍塌、冒顶片帮、透水、放炮、火药爆炸、瓦斯爆炸、锅炉爆炸、容器爆炸、其他爆炸、中毒和窒息及其他伤害等。

典型例题

例1：某工程公司承揽了一大型客运站的室外污水市政建设工程，某日该工程管理人员于某安排王某、李某、张某3人到小区南侧化粪池内进行抹灰拼架子作业。13:10时，于某要求王某、李某打开化粪池检查井盖进行自然通风，并尽快下井；13:40 时，王某、李某未经气体检测即进入化粪池，张某未制止。王某、李某进入化粪池后晕倒，张某发现后，立即下井施救随即也晕倒。根据《生产过程危险和有害因素分类与代码》（GB/T 13861—2022），关于受限空间作业危险和有害因素辨识的说法，正确的有（　　）。

A. 王某、李某没有强制通风和气体检测，未佩戴呼吸保护器属于人的因素

B. 于某指挥打开井盖自然通风属于管理因素

C. 张某未履行现场监护职责属于管理因素

D. 张某盲目下井施救属于人的因素

E. 于某未对施工人员王某、李某、张某进行安全技术交底属于管理因素

【答案】ADE。选项 B 错误，于某指挥打开井盖自然通风非危害因素。选项 C 错误，张某未履行现场监护职责属于人的因素。

例 2：根据《生产过程危险和有害因素分类与代码》（GB/T 13861—2022），下列职业性危害因素中，属于环境因素的有（　　）。

A. 紫外辐射

B. 作业场地和交通设施湿滑

C. 机械性噪声

D. 门和围栏缺陷

E. 防护装置、设施缺陷

【答案】BD。

例 3：王某承接某广告公司户外广告牌维修业务，独自赶到现场，攀爬到 15m 高的广告牌上进行焊接作业。广告公司在巡查中发现王某使用安全带低挂高用，未戴安全帽，立即要求停止作业。根据《生产过程危险和有害因素分类与代码》（GB/T 13861—2022），王某本次作业中存在的物理性危险因素是（　　）。

A. 作业场地狭窄　　B. 电焊烟尘　　C. 防护不当　　D. 监护失误

【答案】C。

二、危险、有害因素的辨识方法

1. 询问、交谈

长期从事某项工作的人，根据经验往往能指出其工作中的危害。

2. 现场观察

辨识小组成员通过对工作环境的现场观察，利用经验发现其存在的危险源。

3. 查阅有关记录

查阅组织的事故、职业病的记录，可从中发现存在的危险源。

4. 获取外部信息

从相关类似项目资料、专家咨询等方面获取有关危险源信息，加以分析研究，可辨识出组织存在的危险源。

5. 工作任务分析

通过分析特定工作任务中所涉及的危害，可识别出有关的危险源。

6. 安全检查表法

运用已编制好的安全检查表，对组织进行系统的安全检查，可辨识出存在的危险源。

7. 系统安全分析方法

危险与可操作性研究、事件树分析 、故障树分析等。

典型例题

危险、有害因素的辨识方法中的系统安全分析方法主要有（　　）。

A. 危险与可操作性研究
B. 事件树分析
C. 工作任务分析
D. 危险源分析
E. 故障树分析

【答案】ABE。

三、危险、有害因素辨识的主要内容

1. 危险、有害因素的辨识

辨识的内容包括：爆炸品；压缩气体和液化气体；易燃液体；易燃固体、自燃物品和遇湿易燃物品；氧化剂和有机过氧化物；毒害品；放射性化学品；腐蚀品。

2. 设备和装置的危险、有害因素辨识

对于工艺设备可从高温、低温、高压、腐蚀、振动、关键部位的备用设备、控制、操作、检修和故障、失误时的紧急异常情况等方面进行识别。

对机械设备可从运动零部件和工件、操作条件、检修作业、误运转和误操作等方面进行识别。

对电气设备可从触电、断电、火灾、爆炸、误运转和误操作、静电、雷电等方面进行识别。

还应注意识别高处作业设备、特殊单体设备（如锅炉房、乙炔站、氧气站）等的危险、有害因素。

3. 工艺过程的危险、有害因素辨识

（1）高危工艺的识别。高危工艺是指硝化、氯化、氟化、氨化、磺化、加氢、重氮化、氧化、过氧化、裂解、聚合等具有较高危险性的生产工艺。

（2）主要工艺过程危险、有害因素分析。主要考虑是否存在超温、超压、物料泄漏、反应失控、火灾、爆炸、人员中毒、冻伤、灼烫、粉尘等。

4. 储运系统的危险、有害因素辨识

（1）仓库单元危险、有害因素。包括仓库储存物品的火灾危险性分类、耐火等级、结构、层数、防火间距等；物料的燃烧、爆炸、毒性、腐蚀特性等；物料的禁忌储存；物料储存的温度、湿度等。

（2）运输单元危险、有害因素。包括车辆的防火防爆措施；车辆行驶（人流、物流、超速行驶等）；物料的装卸；输送管道和输送泵；静电危害；防撞设施等。

5. 公用工程和辅助设施的危险、有害因素辨识

包括：变配电系统；给水排水系统；供热系统；保护气系统；冷冻系统等。

6. 项目选址、周边环境及平面布置的危险、有害因素辨识

（1）从厂址的工程地质、地形地貌、水文、气象条件、周围环境、交通运输条件、自然灾害、消防支持等方面分析、识别。

（2）从功能分区、防火间距和安全间距、风向、建筑物朝向、危险有害物质设施、动力设施（氧气站、氢气站、压缩空气站等）、道路、储运设施等方面进行分析、识别。

7. 自然条件的危险、有害因素辨识

可以从雨水、雷击、地震、高温、冰冻等方面考虑。

典型例题

在辨识设备和装置的危险、有害因素时，对机械设备可从（　　）等方面进行识别。

A. 运动零部件和工件
B. 检修和故障
C. 操作条件
D. 检修作业
E. 误运转和误操作

【答案】ACDE。

第十节 危险化学品重大危险源

一、基本概念

1. 危险化学品

《危险化学品重大危险源辨识》（GB 18218—2018）第 3.1 条规定，危险化学品是指具有毒害、腐蚀、爆炸、燃烧、助燃等性质，对人体、设施、环境具有危害的剧毒化学品和其他化学品。

2. 单元

《危险化学品重大危险源辨识》（GB 18218—2018）第 3.2 条规定，涉及危险化学品的生产、储存装置、设施或场所，分为生产单元和储存单元。

《危险化学品重大危险源辨识》（GB 18218—2018）第 3.5 条规定，生产单元是指危险化学品的生产、加工及使用等的装置及设施，当装置及设施之间有切断阀时，以切断阀作为分隔界限划分为独立的单元。

《危险化学品重大危险源辨识》（GB 18218—2018）第 3.6 条规定，储存单元是指用于储存危险化学品的储罐或仓库组成的相对独立的区域，储罐区以罐区防火堤为界限划分为独立的单元，仓库以独立库房（独立建筑物）为界限划分为独立的单元。

3. 临界量

《危险化学品重大危险源辨识》（GB 18218—2018）第 3.3 条规定，临界量是指某种或某类危险化学品构成重大危险源所规定的最小数量。

4. 危险化学品重大危险源

《危险化学品重大危险源辨识》（GB 18218—2018）第 3.4 条规定，危险化学品重大危险源是指长期或临时地生产、储存、使用和经营危险化学品，且危险化学品的数量等于或超过临界量的单元。

5. 混合物

《危险化学品重大危险源辨识》（GB 18218—2018）第 3.7 条规定，混合物是指由两种或者多种物质组成的混合体或者溶液。

典型例题

例 1：根据《危险化学品重大危险源辨识》（GB 18218—2018）的规定，下列对危险化学品的说法中，不正确的是（　　）。

A. 储罐区以罐区防火堤为界限划分为独立的单元

B. 仓库以独立库房（独立建筑物）为界限划分为独立的单元

C. 临界量是指某种或某类危险化学品构成重大危险源所规定的最大数量

D. 涉及危险化学品的生产、储存装置、设施或场所，分为生产单元和储存单元

【答案】C。

例 2：某危险化学品货运公司在储运过程中存在压缩氧气、压缩空气、液氧和煤气等物料，该公司委托第三方安全事务所对其安全管理水平进行评估，对重大危险源进行评价，根据《危险化学品重大危险源辨识》（GB 18218—2018），下列物料中，列入危险化学品目录的是（　　）。

A. 压缩氧气和压缩空气　　B. 液氧和煤气

C. 压缩空气和煤气　　D. 压缩空气和液氧

【答案】B。压缩空气不属于危险化学品。

二、危险化学品重大危险源辨识指标

《危险化学品重大危险源辨识》（GB 18218—2018）第 4.2.1 条规定，生产单元、储存单元内存在危险化学品的数量等于或超过规定的临界量，即被定为重大危险源。单元内存在的危险化学品的数量根据危险化学品种类的多少区分为以下两种情况：

（1）生产单元、储存单元内存在的危险化学品为单一品种时，该危险化学品的数量即为单元内危险化学品的总量，若等于或超过相应的临界量，则定为重大危险源。

（2）生产单元、储存单元内存在的危险化学品为多品种时，按下式计算，满足条件则定为重大危险源。

$$S = q_1/Q_1 + q_2/Q_2 + \cdots + q_n/Q_n \geqslant 1$$

式中　　S——辨识指标；

q_1，q_2，…，q_n——每种危险化学品实际存在量（t）；

Q_1，Q_2，…，Q_n——与每种危险化学品相对应的临界量（t）。

《危险化学品重大危险源辨识》（GB 18218—2018）第 4.2.2 条规定，危险化学品储罐以及其他容器、设备或仓储区的危险化学品的实际存在量按设计最大量确定。

《危险化学品重大危险源辨识》（GB 18218—2018）第 4.2.3 条规定，对于危险化学品混合物，如果混合物与其纯物质属于相同危险类别，则视混合物为纯物质，按混合物整体进行计算。如果混合物与其纯物质不属于相同危险类别，则应按新危险类别考虑其临界量。

典型例题

某危险化学品企业有 A、B、C、D 四个库房，分别存放不同类别的危险化学品，各库房之间的间距都在 600～800m 范围内，其中 A 库房内存有 8t 乙醇、5t 甲醇，B 库房内存有 12t 乙醚，C 库房内存有 0.3t 硝化甘油，D 库房内存有 0.5t 苯。根据下表给出的临界量，四个库房中，构成重大危险源的是（　　）。

危险化学品名称	临界量/t	危险化学品名称	临界量/t
三硝基甲苯	5	甲醇	500
硝化甘油	1	乙醇	500
硝化纤维素	10	苯	50
汽油	200	乙醚	10

A. A 库房　　B. B 库房　　C. C 库房　　D. D 库房

【答案】B。

三、危险化学品重大危险源辨识流程

危险化学品重大危险源辨识流程如图 1-8 所示。

四、重大危险源的分级指标

《危险化学品重大危险源辨识》（GB 18218—2018）第 4.3.1 条规定，重大危险源采用单元内各种危险化学品实际存在量与其相对应的临界量比值，经校正系数校正后的比值之和 R 作为分级指标。

《危险化学品重大危险源辨识》（GB 18218—2018）第 4.3.2 条规定，重大危险源的分级指标

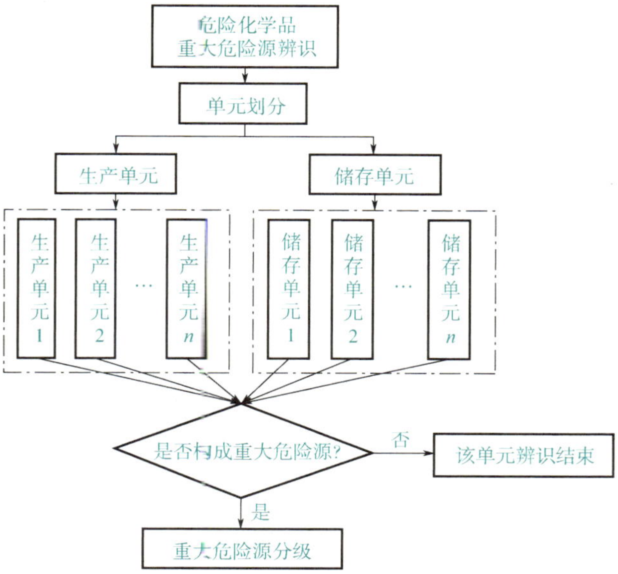

图 1-8　危险化学品重大危险源辨识流程

按下式计算：

$$R=\alpha\left(\beta_1\frac{q_1}{Q_1}+\beta_2\frac{q_2}{Q_2}+\cdots+\beta_n\frac{q_n}{Q_n}\right)$$

式中　R——重大危险源分级指标；

α——该危险化学品重大危险源厂区外暴露人员的校正系数；

β_1，β_2，…，β_n——与每种危险化学品相对应的校正系数；

q_1，q_2，…，q_n——每种危险化学品实际存在量（t）；

Q_1，Q_2，…，Q_n——与每种危险化学品相对应的临界量（t）。

根据单元内危险化学品的类别不同，设定校正系数 β 值。根据危险化学品重大危险源的厂区边界向外扩展 500m 范围内常住人口数量，按照表 1-2 设定暴露人员校正系数 α 值。

表 1-2　暴露人员校正系数 α 值取值表

厂外可能暴露人员数量	校正系数 α
100 人以上	2.0
50～99 人	1.5
30～49 人	1.2
1～29 人	1.0
0 人	0.5

《危险化学品重大危险源辨识》（GB 18218—2018）第 4.3.3 条规定，根据计算出来的 R 值，按表 1-3 确定危险化学品重大危险源的级别。

表 1-3　重大危险源级别和 R 值的对应关系

重大危险源级别	R 值
一级	$R\geqslant100$
二级	$100>R\geqslant50$
三级	$50>R\geqslant10$
四级	$R<10$

典型例题

例 1：某危险化学品罐区位于人口相对稀少的空旷地带，罐区 500m 范围内有一村庄，现常住人口 70～90 人。该罐区存有 550t 丙酮、12t 环氧丙烷、600t 甲醇。危险化学品名称及其临界量见下表。重大危险源分级指标 $R=\alpha\left(\beta_1\frac{q_1}{Q_1}+\beta_2\frac{q_2}{Q_2}+\cdots+\beta_n\frac{q_n}{Q_n}\right)$。其中，$q$ 为某种危险化学品实际存在量（t），Q 为各危险化学品相对应的临界量（t）。据此，该罐区危险化学品重大危险源级别为（　　）。

A. 三级重大危险源　B. 四级重大危险源　C. 二级重大危险源　D. 一级重大危险源

危险化学品名称及其临界量

序号	类别	危险化学品名称和说明	临界量/t
1	易燃液体	丙酮	500
2	易燃液体	环氧丙烷	10
3	易燃液体	甲醇	500
说明	易燃液体的校正系数 β 为 1，易燃气体的校正系数 β 为 1.5		
	库房外暴露人员 50～99 人的校正系数 α 为 1.5；100 人以上 α 为 2.0		

【答案】B。计算公式：$R=\alpha\left(\beta_1\frac{q_1}{Q_1}+\beta_2\frac{q_2}{Q_2}+\cdots+\beta_n\frac{q_n}{Q_n}\right)$

计算过程：$R=1.5\times[(1\times550/500)+(1\times12/10)+(1\times600/500)]=5.2$；$R<10$ 属于四级重大危险源。

例 2：某企业因产能扩大，在原危险化学品库房（独立建筑物）中间设置一道防火墙将原库房分成 1 号、2 号危险化学品库房，并对消防设施、电气线路及照明、安全设施、安全出口进行了改造，满足合规性要求。1 号库房存放乙醇 250t（$\beta_1=1$，临界量 500t）、乙炔 5t（$\beta_2=1.5$，临界量 1t），2 号库房存放过乙酸 25t（$\beta_3=1.5$，临界量 10t）、发烟硝酸 10t（$\beta_4=1$，临界量 20t）。暴露人员校正系数 $\alpha=2$，根据《危险化学品重大危险源辨识》（GB 18218—2018），对 1 号、2 号危险化学品库房危险源辨识和评价，正确的有（　　）。

A. 划分为 2 个评价单元

B. 构成 1 个重大危险源，重大危险源级别是 4 级

C. 划分为 1 个评价单元

D. 构成 1 个重大危险源，重大危险源级别是 3 级

E. 构成 2 个重大危险源，重大危险源级别是 4 级

【答案】CD。储存单元：用于储存危险化学品的储罐或仓库组成的相对独立的区域，储罐区以罐区防火堤为界限划分为独立的单元，仓库以独立库房（独立建筑物）为界限划分为独立的单元。$R=2\times(1.0\times250/500+1.5\times5/1+1.5\times25/10+1\times10/20)=24.5$，$R$ 在 10～50 之间为三级。

第十一节　特殊作业安全管理

一、特殊作业的含义

特殊作业是指危险化学品企业生产经营过程中可能涉及的动火、进入受限空间、盲板抽堵、高处作业、吊装、临时用电、动土、断路等，对作业者本人、他人及周围建（构）筑物、设备设施可能造成危害或损毁的作业。

典型例题

根据《危险化学品企业特殊作业安全规范》（GB 30871—2022），下列作业中，属于特殊作业的是（　　）。

A. 射线作业　　B. 爆破作业　　C. 叉车作业　　D. 动土作业

【答案】D。

二、基本要求

1. 设备设施、管线处理的安全要求

《危险化学品企业特殊作业安全规范》（GB 30871—2022）第4.2条规定，作业前，危险化学品企业应采取措施对拟作业的设备设施、管线进行处理，确保满足相应作业安全要求：

（1）对设备、管线内介质有安全要求的特殊作业，应采用倒空、隔绝、清洗、置换等方式进行处理。

（2）对具有能量的设备设施、环境应采取可靠的能量隔离措施。

注意：能量隔离是指将潜在的、可能因失控造成人身伤害、环境损害、设备损坏、财产损失的能量进行有效的控制、隔离和保护。包括机械隔离、工艺隔离、电气隔离、放射源隔离等。

（3）对放射源采取相应安全处置措施。

2. 作业人员的安全要求

《危险化学品企业特殊作业安全规范》（GB 30871—2022）第4.4条规定，作业前，危险化学品企业应对参加作业的人员进行安全措施交底，主要包括：

（1）作业现场和作业过程中可能存在的危险、有害因素及采取的具体安全措施与应急措施。

（2）会同作业单位组织作业人员到作业现场，了解和熟悉现场环境，进一步核实安全措施的可靠性，熟悉应急救援器材的位置及分布。

（3）涉及断路、动土作业时，应对作业现场的地下隐蔽工程进行交底。

3. 对设备、设施、工器具检查的要求

《危险化学品企业特殊作业安全规范》（GB 30871—2022）第4.5条规定，作业前，危险化学品企业应组织作业单位对作业现场及作业涉及的设备、设施、工器具等进行检查，并使之符合如下要求：

（1）作业现场消防通道、行车通道应保持畅通，影响作业安全的杂物应清理干净。

（2）作业现场的梯子、栏杆、平台、箅子板、盖板等设施应完整、牢固，采用的临时设施应确保安全。

（3）作业现场可能危及安全的坑、井、沟、孔洞等应采取有效防护措施，并设警示标志；需要检修的设备上的电器电源应可靠断电，在电源开关处加锁并加挂安全警示牌。

（4）作业使用的个体防护器具、消防器材、通信设备、照明设备等应完好。

（5）作业时使用的脚手架、起重机械、电气焊（割）用具、手持电动工具等各种工器具符合作业安全要求，超过安全电压的手持式、移动式电动工器具应逐个配置漏电保护器和电源开关。

（6）设置符合《安全标志及其使用导则》（GB 2894—2008）的安全警示标志。

（7）按照《危险化学品单位应急救援物资配备要求》（GB 30077—2013）要求配备应急设施。

（8）腐蚀性介质的作业场所应在现场就近（30m内）配备人员应急用冲洗水源。

4. 作业审批、交叉作业要求

《危险化学品企业特殊作业安全规范》（GB 30871—2022）第4.6条规定，作业前，危险化学品企业应组织办理作业审批手续，并由相关责任人签字审批。同一作业涉及两种或两种以上特殊作业时，应同时执行各自作业要求，办理相应的作业审批手续。

作业时，审批手续应齐全、安全措施应全部落实、作业环境应符合安全要求。

《危险化学品企业特殊作业安全规范》（GB 30871—2022）第 4.7 条规定，同一作业区域应减少、控制多工种、多层次交叉作业，最大限度避免交叉作业；交叉作业应由危险化学品企业指定专人统一协调管理，作业前要组织开展交叉作业风险辨识，采取可靠的保护措施，并保持作业之间信息畅通，确保作业安全。

5. 作业场所照明系统配置要求

（1）作业现场应设置满足作业要求的照明装备。

（2）受限空间内使用的照明电压不应超过 36V，并满足安全用电要求；在潮湿容器、狭小容器内作业电压不应超过 12V；在盛装过易燃易爆气体、液体等介质的容器内作业应使用防爆灯具；在可燃性粉尘爆炸环境作业时应采用符合相应防爆等级要求的灯具。

（3）作业现场可能危及安全的坑、井、沟、孔洞等周围，夜间应设警示红灯。

（4）动力和照明线路应分路设置。

典型例题

根据《危险化学品企业特殊作业安全规范》（GB 30871—2022）的规定，下列作业场所照明电压配置正确的是（　　）。

A. 受限空间内使用的照明电压不应超过 24V

B. 在潮湿容器内作业电压不应超过 36V

C. 在狭小容器内作业电压不应超过 12V

D. 在盛装过易燃易爆气体、液体等介质的容器内作业电压不应超过 12V

【答案】C。

三、安全作业票的办理、审批

根据《危险化学品企业特殊作业安全规范》（GB 30871—2022）附录 B.2，安全作业票的办理、审批见表 1-4。

表 1-4　安全作业票的办理、审批

安全作业票种类		办理部门	审核或会签	审批部门（人）
动火安全作业票	特级动火作业	危险化学品企业	—	主管领导
	一级动火作业		—	安全管理部门
	二级动火作业		—	所在基层单位
受限空间安全作业票			—	所在基层单位
盲板抽堵安全作业票			—	所在基层单位
高处安全作业票	Ⅰ级高处作业		—	所在基层单位
	Ⅱ级、Ⅲ级高处作业		—	所在单位专业部门
	Ⅳ级高处作业		—	主管厂长或总工程师
吊装安全作业票	一级吊装作业		—	主管厂长或总工程师
	二级、三级吊装作业		—	所在单位专业部门
临时用电安全作业票			配送电单位	配送电单位
动土安全作业票			水、电、汽工艺、设备、消防、安全管理等动土涉及单位	所在单位专业部门
断路安全作业票			断路涉及单位消防、安全管理部门	所在单位专业部门

（续）

说明：

1. 安全作业票的审核或会签人员根据危险化学品企业具体管理机构设置情况参照执行
2. Ⅰ级高处作业还包括在坡度大于45°的斜坡上面实施的高处作业

Ⅱ级、Ⅲ级高处作业还包括下列情形的高处作业：

（1）在升降（吊装）口、坑、井、池、沟、洞等上面或附近进行的高处作业

（2）在易燃、易爆、易中毒、易灼伤的区域或转动设备附近进行的高处作业

（3）在无平台、无护栏的塔、釜、炉、罐等化工容器、设备及架空管道上进行的高处作业

（4）在塔、釜、炉、罐等设备内进行的高处作业

（5）在邻近排放有毒、有害气体、粉尘的放空管线或烟囱及设备的高处作业

Ⅳ级高处作业还包括下列情形的高处作业：

（1）在高温或低温环境下进行的异温高处作业

（2）在降雪时进行的雪天高处作业

（3）在降雨时进行的雨天高处作业

（4）在室外完全采用人工照明进行的夜间高处作业

（5）在接近或接触带电体条件下进行的带电高处作业

（6）在无立足点或无牢靠立足点的条件下进行的悬空高处作业

3. 吊装质量小于10t的作业可不办理吊装票，但应进行风险分析，并确保措施可靠

典型例题

根据《危险化学品企业特殊作业安全规范》（GB 30871—2022）的规定，一级动火安全作业票由（　　）审批。

A. 安全管理部门　　B. 所在基层单位

C. 所在单位专业部门　　D. 主管厂长或总工程师

【答案】A。

四、动火作业安全管理

（一）动火作业的含义及分级

1. 动火作业的含义

《危险化学品企业特殊作业安全规范》（GB 30871—2022）第3.4条规定，动火作业是指在直接或间接产生明火的工艺设施以外的禁火区内可能产生火焰、火花或炽热表面的非常规作业。

注意：包括使用电焊、气焊（割）、喷灯、电钻、砂轮、喷砂机等进行的作业。

2. 动火作业分级

《危险化学品企业特殊作业安全规范》（GB 30871—2022）第5.1.1条～第5.1.5条对动火作业分级的规定如下：

（1）固定动火区外的动火作业分为特级动火、一级动火和二级动火三个级别；遇节假日、公休日、夜间或其他特殊情况，动火作业应升级管理。

（2）特级动火作业：在火灾爆炸危险场所处于运行状态下的生产装置设备、管道、储罐、容器等部位上进行的动火作业（包括带压不置换动火作业）；存有易燃易爆介质的重大危险源罐区防火堤内的动火作业。

（3）一级动火作业：在火灾爆炸危险场所进行的除特级动火作业以外的动火作业，管廊上的动火作业按一级动火作业管理。

（4）二级动火作业：除特级动火作业和一级动火作业以外的动火作业。

生产装置或系统全部停车，装置经清洗、置换、分析合格并采取安全隔离措施后，根据其火灾、爆炸危险性大小，经危险化学品企业生产负责人或安全管理负责人批准，动火作业可按二级动火作业管理。

（5）特级、一级动火安全作业票有效期不应超过 8h；二级动火安全作业票有效期不应超过 72h。

（二）动火作业基本要求

《危险化学品企业特殊作业安全规范》（GB 30871—2022）第 5. 2. 1 条 ~ 第 5. 2. 15 条对动火作业的基本要求如下：

（1）动火作业应有专人监护，作业前应清除动火现场及周围的易燃物品，或采取其他有效安全防火措施，并配备消防器材，满足作业现场应急需求。

（2）凡在盛有或盛装过助燃或易燃易爆危险化学品的设备、管道等生产、储存设施及本规范规定的火灾爆炸危险场所中生产设备上的动火作业，应将上述设备设施与生产系统彻底断开或隔离，不应以水封或仅关闭阀门代替盲板作为隔断措施。

（3）拆除管线进行动火作业时，应先查明其内部介质危险特性、工艺条件及其走向，并根据所要拆除管线的情况制定安全防护措施。

（4）动火点周围或其下方如有可燃物、电缆桥架、孔洞、窨井、地沟、水封设施、污水井等，应检查分析并采取清理或封盖等措施；对于动火点周围 15m 范围内有可能泄漏易燃、可燃物料的设备设施，应采取隔离措施；对于受热分解可产生易燃易爆、有毒有害物质的场所，应进行风险分析并采取清理或封盖等防护措施。

（5）在有可燃物构件和使用可燃物做防腐内衬的设备内部进行动火作业时，应采取防火隔绝措施。

（6）在作业过程中可能释放出易燃易爆、有毒有害物质的设备上或设备内部动火时，动火前应进行风险分析，并采取有效的防范措施，必要时应连续检测气体浓度，发现气体浓度超限报警时，应立即停止作业；在较长的物料管线上动火，动火前应在彻底隔绝区域内分段采样分析。

（7）在生产、使用、储存氧气的设备上进行动火作业时，设备内氧含量不应超过 23. 5%（体积分数）。

（8）在油气罐区防火堤内进行动火作业时，不应同时进行切水、取样作业。

（9）动火期间，距动火点 30m 内不应排放可燃气体；距动火点 15m 内不应排放可燃液体；在动火点 10m 范围内、动火点上方及下方不应同时进行可燃溶剂清洗或喷漆作业；在动火点 10m 范围内不应进行可燃性粉尘清扫作业。

（10）在厂内铁路沿线 25m 以内动火作业时，如遇装有危险化学品的火车通过或停留时，应立即停止作业。

（11）特级动火作业应采集全过程作业影像，且作业现场使用的摄录设备应为防爆型。

（12）使用电焊机作业时，电焊机与动火点的间距不应超过 10m，不能满足要求时应将电焊机作为动火点进行管理。

（13）使用气焊、气割动火作业时，乙炔瓶应直立放置，不应卧放使用；氧气瓶与乙炔瓶的间距不应小于 5m，两者与动火点间距不应小于 10m，并应采取防晒和防倾倒措施；乙炔瓶应安装防回火装置。

（14）作业完毕后应清理现场，确认无残留火种后方可离开。

（15）遇五级风以上（含五级风）天气，禁止露天动火作业；因生产确需动火，动火作业应升级管理。

（三）动火分析及合格判定指标

1. 动火分析

《危险化学品企业特殊作业安全规范》（GB 30871—2022）第5.3.1条规定，动火作业前应进行气体分析，要求如下：

（1）气体分析的检测点要有代表性，在较大的设备内动火，应对上、中、下（左、中、右）各部位进行检测分析。

（2）在管道、储罐、塔器等设备外壁上动火，应在动火点10m范围内进行气体分析，同时还应检测设备内气体含量；在设备及管道外环境动火，应在动火点10m范围内进行气体分析。

（3）气体分析取样时间与动火作业开始时间间隔不应超过30min。

（4）特级、一级动火作业中断时间超过30min，二级动火作业中断时间超过60min，应重新进行气体分析；每日动火前均应进行气体分析；特级动火作业期间应连续进行监测。

2. 动火分析合格判定指标

《危险化学品企业特殊作业安全规范》（GB 30871—2022）第5.3.2条规定，动火分析合格判定指标为：

（1）当被测气体或蒸气的爆炸下限大于或等于4%时，其被测浓度应不大于0.5%（体积分数）。

（2）当被测气体或蒸气的爆炸下限小于4%时，其被测浓度应不大于0.2%（体积分数）。

（四）固定动火区管理

《危险化学品企业特殊作业安全规范》（GB 30871—2022）第5.5.1条规定，固定动火区的设定应由危险化学品企业审批后确定，设置明显标志；应每年至少对固定动火区进行一次风险辨识，周围环境发生变化时，危险化学品企业应及时辨识、重新划定。

《危险化学品企业特殊作业安全规范》（GB 30871—2022）第5.5.2条规定，固定动火区的设置应满足以下安全条件要求：

（1）不应设置在火灾爆炸危险场所。

（2）应设置在火灾爆炸危险场所全年最小频率风向的下风或侧风方向，并与相邻企业火灾爆炸危险场所满足防火间距要求。

（3）距火灾爆炸危险场所的厂房、库房、罐区、设备、装置、窨井、排水沟、水封设施等不应小于30m。

（4）室内固定动火区应以实体防火墙与其他部分隔开，门窗外开，室外道路畅通。

（5）位于生产装置区的固定动火区应设置带有声光报警功能的固定式可燃气体检测报警器。

（6）固定动火区内不应存放可燃物及其他杂物，应制定并落实完善的防火安全措施，明确防火责任人。

典型例题

例1：根据《危险化学品企业特殊作业安全规范》（GB 30871—2022），在生产、使用、储存氧气的设备上进行动火作业时，设备内氧含量不应超过（　　）。

A. 15%　　B. 20.5%　　C. 23.5%　　D. 30%

【答案】C。

例2：2020年5月1日，某企业在生产过程中发现管道有渗漏现象，需要立即进行焊接维修，维修人员按照动火作业的流程和要求进行作业。根据《危险化学品企业特殊作业安全规范》

（GB 30871—2022），关于动火作业安全管理的做法，正确的是（　　）。

A. 动火分析完成 90min 后，开始进行动火作业

B. 动火作业中断 70min，未重新进行气体分析就进行动火作业

C. 在动火点 5m 范围内进行动火分析

D. 对本次动火作业进行升级管理

【答案】D。

例 3：某企业工程部计划于 2021 年 5 月 2 日对厂区管廊支架进行动火作业，作业期间风力六级，作业点高度为 5.7m，作业时间约为 2h。关于该次作业的说法，错误的是（　　）。

A. 属于特殊动火作业

B. 属于二级高处作业

C. 应停止作业

D. 应预先通知厂区调度及管理单位

【答案】B。根据《危险化学品企业特殊作业安全规范》（GB 30871—2022），企业应划定固定动火区及禁火区。固定动火区外的动火作业一般分为二级动火作业、一级动火作业、特殊动火作业 3 个级别。一级动火作业是指在易燃易爆场所进行的除特殊动火作业以外的动火作业，厂区管廊上的动火作业按照一级动火作业管理。作业高度在 $5m < h \leq 15m$ 时，称为Ⅱ级高处作业。根据题干，5 月 2 日属于节假日，而且现场作业期间风力达六级，所以应该进行升级管理，该次作业属于特殊动火作业。

五、受限空间作业安全管理

（一）受限空间作业的含义

《危险化学品企业特殊作业安全规范》（GB 30871—2022）第 3.5 条规定，受限空间是指进出口受限，通风不良，可能存在易燃易爆、有毒有害物质或缺氧，对进入人员的身体健康和生命安全构成威胁的封闭、半封闭设施及场所。

注意：包括反应器、塔、釜、槽、罐、炉膛、锅筒、管道以及地下室、窨井、坑（池）、管沟或其他封闭、半封闭场所。

《危险化学品企业特殊作业安全规范》（GB 30871—2022）第 3.6 条规定，受限空间作业是指进入或探入受限空间进行的作业。

（二）受限空间作业安全管理要求

1. 作业前的安全隔离

《危险化学品企业特殊作业安全规范》（GB 30871—2022）第 6.1 条规定，作业前，应对受限空间进行安全隔离，要求如下：

（1）与受限空间连通的可能危及安全作业的管道应采用加盲板或拆除一段管道的方式进行隔离；不应采用水封或关闭阀门代替盲板作为隔断措施。

（2）与受限空间连通的可能危及安全作业的孔、洞应进行严密封堵。

（3）对作业设备上的电器电源，应采取可靠的断电措施，电源开关处应上锁并加挂警示牌。

2. 保持受限空间内空气流通良好的措施

《危险化学品企业特殊作业安全规范》（GB 30871—2022）第 6.2 条规定，作业前，应保持受限空间内空气流通良好，可采取如下措施：

（1）打开人孔、手孔、料孔、风门、烟门等与大气相通的设施进行自然通风。

（2）必要时，可采用强制通风或管道送风，管道送风前应对管道内介质和风源进行分析确认。

（3）在忌氧环境中作业，通风前应对作业环境中与氧性质相抵的物料采取卸放、置换或清洗合格的措施，达到可以通风的安全条件要求。

3. 气体环境要求

《危险化学品企业特殊作业安全规范》（GB 30871—2022）第6.3条规定，作业前，应确保受限空间内的气体环境满足作业要求，内容如下：

（1）作业前30min内，对受限空间进行气体检测，检测分析合格后方可进入。

（2）检测点应有代表性，容积较大的受限空间，应对上、中、下（左、中、右）各部位进行检测分析。

（3）检测人员进入或探入受限空间检测时，应佩戴规定的个体防护装备。

（4）涂刷具有挥发性溶剂的涂料时，应采取强制通风措施。

（5）不应向受限空间充纯氧气或富氧空气。

（6）作业中断时间超过60min时，应重新进行气体检测分析。

4. 气体检测要求

《危险化学品企业特殊作业安全规范》（GB 30871—2022）第6.4条规定，受限空间内气体检测内容及要求如下：

（1）氧气含量为19.5%～21%（体积分数），在富氧环境下不应大于23.5%（体积分数）。

（2）有毒物质允许浓度应符合《工作场所有害因素职业接触限制　第1部分：化学有害因素》（GBZ 2.1—2019）的规定。

（3）可燃气体、蒸气浓度要求应符合规定。

《危险化学品企业特殊作业安全规范》（GB 30871—2022）第6.5条规定，作业时，作业现场应配置移动式气体检测报警仪，连续检测受限空间内可燃气体、有毒气体及氧气浓度，并2h记录1次；气体浓度超限报警时，应立即停止作业、撤离人员、对现场进行处理，重新检测合格后方可恢复作业。

5. 进入受限空间的防护措施

《危险化学品企业特殊作业安全规范》（GB 30871—2022）第6.6条规定，进入受限空间作业人员应正确穿戴相应的个体防护装备。进入下列受限空间作业应采取如下防护措施：

（1）缺氧或有毒的受限空间经清洗或置换仍达不到要求的，应佩戴满足要求的隔绝式呼吸防护装备，并正确拴带救生绳。

（2）易燃易爆的受限空间经清洗或置换仍达不到要求的，应穿防静电工作服及工作鞋，使用防爆工器具。

（3）存在酸碱等腐蚀性介质的受限空间，应穿戴防酸碱防护服、防护鞋、防护手套等防腐蚀装备。

（4）在受限空间内从事电焊作业时，应穿绝缘鞋。

（5）有噪声产生的受限空间，应佩戴耳塞或耳罩等防噪声护具。

（6）有粉尘产生的受限空间，应在满足《粉尘防爆安全规程》（GB 15577—2018）要求的条件下，按要求佩戴防尘口罩等防尘护具。

（7）高温的受限空间，应穿戴高温防护用品，必要时采取通风、隔热等防护措施。

（8）低温的受限空间，应穿戴低温防护用品，必要时采取供暖措施。

（9）在受限空间内从事清污作业，应佩戴隔绝式呼吸防护装备，并正确拴带救生绳。

（10）在受限空间内作业时，应配备相应的通信工具。

典型例题

例1：雨季来临前，某化学品生产企业组织专业队伍对厂区内所有雨水井、污水井清淤疏通，按受限空间作业管理要求，每次作业前均应进行氧含量检测，则清理员下井作业氧气浓度合格范围是（　　）。

A. 19.5% ~23.5%　　B. 23% ~38%

C. 17% ~29%　　D. 12.5% ~21.5%

【答案】A。

例2：根据《危险化学品企业特殊作业安全规范》（GB 30871—2022），关于受限空间气体检测的说法，正确的有（　　）。

A. 作业前30min内，应对受限空间进行气体检测，检测分析合格后方可进入

B. 检测点应有代表性，容积较大的受限空间，应对上、中、下（左、中、右）各部位进行检测分析

C. 作业中应随时检测，每次间隔30min

D. 涂刷具有挥发性溶剂的涂料时，应每30min检测一次

E. 作业中断时间超过60min时，应重新进行气体检测分析

【答案】ABE。

例3：某企业需在$2m^3$潮湿的发酵罐内进行维修作业。根据《危险化学品企业特殊作业安全规范》（GB 30871—2022），关于发酵罐内作业照明和用电安全的做法，错误的是（　　）。

A. 临时用电由专业电工接线　　B. 人员站在绝缘板上作业

C. 使用24V照明电压　　D. 发酵罐罐体可靠接地

【答案】C。受限空间照明电压应≤36V，在潮湿容器、狭小容器内作业电压应≤12V。

六、盲板抽堵作业安全管理

《危险化学品企业特殊作业安全规范》（GB 30871—2022）第7.1条~第7.12条对盲板抽堵作业的规定如下：

（1）作业前，危险化学品企业应预先绘制盲板位置图，对盲板进行统一编号，并设专人统一指挥作业。

（2）在不同危险化学品企业共用的管道上进行盲板抽堵作业，作业前应告知上下游相关单位。

（3）作业单位应根据管道内介质的性质、温度、压力和管道法兰密封面的口径等选择相应材料、强度、口径和符合设计、制造要求的盲板及垫片，高压盲板使用前应经超声波探伤。

（4）作业单位应按位置图进行盲板抽堵作业，并对每个盲板进行标识，标牌编号应与盲板位置图上的盲板编号一致，危险化学品企业应逐一确认并做好记录。

（5）作业前，应降低系统管道压力至常压，保持作业现场通风良好，并设专人监护。

（6）在火灾爆炸危险场所进行盲板抽堵作业时，作业人员应穿防静电工作服、工作鞋，并使用防爆工具；距盲板抽堵作业地点30m内不应有动火作业。

（7）在强腐蚀性介质的管道、设备上进行盲板抽堵作业时，作业人员应采取防止酸碱化学灼伤的措施。

（8）在介质温度较高或较低、可能造成人员烫伤或冻伤的管道、设备上进行盲板抽堵作业时，作业人员应采取防烫、防冻措施。

（9）在有毒介质的管道、设备上进行盲板抽堵作业时，作业人员应按《个体防护装备配备规范　第1部分：总则》（GB 39800.1—2020）的要求选用防护用具。在涉及硫化氢、氯气、氨气、一氧化碳及氰化物等毒性气体的管道、设备上进行作业时，除满足上述要求外，还应佩戴移动式气体检测仪。

（10）不应在同一管道上同时进行两处或两处以上的盲板抽堵作业。

（11）同一盲板的抽、堵作业，应分别办理盲板抽、堵安全作业票，一张安全作业票只能进行一块盲板的一项作业。

（12）盲板抽堵作业结束，由作业单位和危险化学品企业专人共同确认。

典型例题

例 1：某货运公司建设一座冷藏容量为 5000L 的货架式冷库。使用以液氨作为制冷剂的制冷系统，冷藏设计温度在 −23 ~ −10℃。某日，叉车驾驶员张某在冷库内作业时突然闻到了氨味，立即向领导报告。经查，泄漏由蒸发器的液氨供液管弯头焊缝缺陷引起。经技术人员查阅图样，共同讨论后制定了抢修方案，并在作业前对供液管上端阀门处实施加盲板作业。根据《危险化学品企业特殊作业安全规范》（GB 30871—2022），关于盲板抽堵作业的说法，正确的是（　　）。

A. 在盲板抽堵作业地点 15m 处可以进行动火作业

B. 作业点压力应降为常压，并设专人监护

C. 作业时应穿防静电工作服、工作鞋，使用非防爆灯具和工具

D. 在同一液氨供液管道上可以同时进行两处盲板抽堵作业

【答案】B。

例 2：根据《危险化学品企业特殊作业安全规范》（GB 30871—2022）的规定，对盲板抽堵作业的说法正确的有（　　）。

A. 距盲板抽堵作业地点 20m 内不应有动火作业

B. 不应在同一管道上同时进行两处及两处以上的盲板抽堵作业

C. 盲板抽堵作业结束，由作业单位和生产车间专人共同确认

D. 作业时，作业点压力应降为常压，并设专人监护

E. 作业单位应按图进行盲板抽堵作业，并对每个盲板设标牌进行标识

【答案】BCDE。

七、高处作业安全管理

（一）高处作业的含义与分级

1. 高处作业的含义

《危险化学品企业特殊作业安全规范》（GB 30871—2022）第 3.8 条规定，高处作业是指在距坠落基准面 2m 及 2m 以上有可能坠落的高处进行的作业。

注意：坠落基准面是指坠落处最低点的水平面。

2. 高处作业的分级

《危险化学品企业特殊作业安全规范》（GB 30871—2022）第 8.1.2 条规定，直接引起坠落的客观危险因素主要分为 9 种：

（1）阵风风力五级（风速 8.0m/s）以上。

（2）平均气温等于或低于 5℃的作业环境。

（3）接触冷水温度等于或低于 12℃的作业。

（4）作业场地有冰、雪、霜、油、水等易滑物。

（5）作业场所光线不足或能见度差。

（6）作业活动范围与危险电压带电体距离小于表 1-5 的值。

表 1-5　作业活动范围与危险电压带电体距离

危险电压带电体的电压等级/kV	≤10	35	63～110	220	330	500
距离/m	1.7	2.0	2.5	4.0	5.0	6.0

（7）摆动，立足处不是平面或只有很小的平面，即任一边小于 500mm 的矩形平面、直径小于 500mm 的圆形平面或具有类似尺寸的其他形状的平面，致使作业者无法维持正常姿势。

（8）存在有毒气体或空气中含氧量低于 19.5%（体积分数）的作业环境。

（9）可能会引起各种灾害事故的作业环境和抢救突然发生的各种灾害事故。

《危险化学品企业特殊作业安全规范》（GB 30871—2022）第 8.1.3 条规定，不存在上述列出的任一种客观危险因素的高处作业按表 1-6 规定的 A 类法分级，存在上述列出的一种或一种以上客观危险因素的高处作业按表 1-6 规定的 B 类法分级。

表 1-6　高处作业分级

分类法	高处作业高度/m			
	$2 \leqslant h \leqslant 5$	$5 < h \leqslant 15$	$15 < h \leqslant 30$	$h > 30$
A	Ⅰ	Ⅱ	Ⅲ	Ⅳ
B	Ⅱ	Ⅲ	Ⅳ	Ⅳ

（二）高处作业要求

《危险化学品企业特殊作业安全规范》（GB 30871—2022）第 8.2.1 条～第 8.2.11 条对高处作业要求规定如下：

（1）高处作业人员应正确佩戴符合要求的安全带及安全绳，30m 以上高处作业应配备通信联络工具。

（2）高处作业应设专人监护，作业人员不应在作业处休息。

（3）应根据实际需要配备符合安全要求的作业平台、吊笼、梯子、挡脚板、跳板等；脚手架的搭设、拆除和使用应符合《建筑施工脚手架安全技术统一标准》（GB 51210—2016）等有关标准要求。

（4）高处作业人员不应站在不牢固的结构物上进行作业；在彩钢板屋顶、石棉瓦、瓦棱板等轻型材料上作业，应铺设牢固的脚手板并加以固定，脚手板上要有防滑措施；不应在未固定、无防护设施的构件及管道上进行作业或通行。

（5）在邻近排放有毒、有害气体、粉尘的放空管线或烟囱等场所进行作业时，应预先与作业属地生产人员取得联系，并采取有效的安全防护措施，作业人员应配备必要的符合国家相关标准的防护装备（如隔绝式呼吸防护装备、过滤式防毒面具或口罩等）。

（6）雨天和雪天作业时，应采取可靠的防滑、防寒措施；遇有五级风以上（含五级风）、浓雾等恶劣天气，不应进行高处作业、露天攀登与悬空高处作业；暴风雪、台风、暴雨后，应对作业安全设施进行检查，发现问题立即处理。

（7）作业使用的工具、材料、零件等应装入工具袋，上下时手中不应持物，不应投掷工具、材料及其他物品；易滑动、易滚动的工具、材料堆放在脚手架上时，应采取防坠落措施。

（8）在同一坠落方向上，一般不应进行上下交叉作业，如需进行交叉作业，中间应设置安全防护层，坠落高度超过 24m 的交叉作业，应设双层防护。

（9）因作业需要，须临时拆除或变动作业对象的安全防护设施时，应经作业审批人员同意，并采取相应的防护措施，作业后应及时恢复。

（10）拆除脚手架、防护棚时，应设警戒区并派专人监护，不应上下同时施工。

（11）安全作业票的有效期最长为7d。当作业中断，再次作业前，应重新对环境条件和安全措施进行确认。

典型例题

例1：根据《危险化学品企业特殊作业安全规范》（GB 30871—2022），关于高处作业的说法，错误的是（　　）。

A. 凡在坠落基准面2m或以上进行的作业均称为高处作业

B. 高处作业应设专人监护，作业人员不应在作业处休息

C. 高处作业人员应佩戴安全带，并穿均压服

D. 遇有五级以上强风天气，不应进行高处作业、露天攀登与悬空高处作业

【答案】C。

例2：某化学品生产企业在一次维修作业活动中，临时搭建一个6m高的平台，并在平台上开展临时用电作业。根据《危险化学品企业特殊作业安全规范》（GB 30871—2022），关于特殊作业安全要求的说法，正确的是（　　）。

A. 6m高平台上下时，应手持绝缘工具

B. 临时用电时间超过一个月的，应向供电单位备案

C. 平台上的动力和照明线路应分路设置

D. 6m高平台维修作业超过8h，应在平台处休息

【答案】C。6m高平台上下时，手中不应持物，故选项A错误。临时用电时间超过15d（特殊情况不应超过一个月）的，应向供电单位备案，故选项B错误。高处作业应设专人监护，作业人员不应在作业处休息，故选项D错误。

八、吊装作业安全管理

1. 作业分级

《危险化学品企业特殊作业安全规范》（GB 30871—2022）第9.1条规定，吊装作业按照吊物重量 m 不同分为：

（1）一级吊装作业：$m>100t$。

（2）二级吊装作业：$40t \leqslant m \leqslant 100t$。

（3）三级吊装作业：$m<40t$。

2. 作业要求

《危险化学品企业特殊作业安全规范》（GB 30871—2022）第9.2.1条～第9.2.9条对吊装作业要求规定如下：

（1）一、二级吊装作业，应编制吊装作业方案。吊装物体质量虽不足40t，但形状复杂、刚度小、长径比大、精密贵重，以及在作业条件特殊的情况下，三级吊装作业也应编制吊装作业方案；吊装作业方案应经审批。

（2）吊装场所如有含危险物料的设备、管道时，应制定详细吊装方案，并对设备、管道采取有效防护措施，必要时停车，放空物料，置换后再进行吊装作业。

（3）不应靠近高架电力线路进行吊装作业；确需在电力线路附近作业时，起重机械的安全距离应大于起重机械的倒塌半径并符合《电业安全工作规程（电力线路部分）》（DL 409—1991）的要求；不能满足时，应停电后再进行作业。

（4）大雪、暴雨、大雾、六级及以上大风时，不应露天作业。

（5）作业前，作业单位应对起重机械、吊具、索具、安全装置等进行检查，确保其处于完好、安全状态，并签字确认。

（6）指挥人员应佩戴明显的标志，并按《起重机手势信号》（GB/T 5082—2019）规定的联络信号进行指挥。

（7）应按规定负荷进行吊装，吊具、索具应经计算选择使用，不应超负荷吊装。

（8）不应利用管道、管架、电杆、机电设备等作吊装锚点；未经土建专业人员审查核算，不应将建筑物、构筑物作为锚点。

（9）起吊前应进行试吊，试吊中检查全部机具、锚点受力情况，发现问题应立即将吊物放回地面，排除故障后重新试吊，确认正常后方可正式吊装。

典型例题

某化工企业进行现场吊装作业，汽车式起重机试吊后，将一台40t储罐从停止送电的6kV输电线路上方吊至厂房3层平台上安装。在现场安全员的指挥下，起重机司机将储罐吊起，越过高压线路时，吊车突然倾翻，储罐坠落砸断输电线。根据《危险化学品企业特殊作业安全规范》（GB 30871—2022），本次吊装作业违反安全管理要求的是（　　）。

A. 本次吊装作业按照二级吊装作业进行管理

B. 现场安全员指挥吊装

C. 吊装作业时，6kV输电线路停止送电

D. 起吊前对储罐进行试吊

【答案】B。

九、临时用电安全管理

1. 临时用电含义

《危险化学品企业特殊作业安全规范》（GB 30871—2022）第3.10条规定，临时用电是指在正式运行的电源上所接的非永久性用电。

2. 临时用电安全管理要求

《危险化学品企业特殊作业安全规范》（GB 30871—2022）第10.1条～第10.8条规定，临时用电安全管理要求如下：

（1）在运行的火灾爆炸危险性生产装置、罐区和具有火灾爆炸危险场所内不应接临时电源，确需时应对周围环境进行可燃气体检测分析，分析结果应符合规定。

（2）各类移动电源及外部自备电源，不应接入电网。

（3）在开关上接引、拆除临时用电线路时，其上级开关应断电、加锁，并挂安全警示标牌，接、拆线路作业时，应有监护人在场。

（4）临时用电应设置保护开关，使用前应检查电气装置和保护设施的可靠性。所有的临时用电均应设置接地保护。

（5）临时用电设备和线路应按供电电压等级和容量正确配置、使用，所用的电器元件应符合国家相关产品标准及作业现场环境要求，临时用电电源施工、安装应符合《建设工程施工现场供用电安全规范》（GB 50194—2014）的有关要求，并有良好的接地。

（6）临时用电还应满足如下要求：

1）火灾爆炸危险场所应使用相应防爆等级的电气元件，并采取相应的防爆安全措施。

2）临时用电线路及设备应有良好的绝缘，所有的临时用电线路应采用耐压等级不低于500V的绝缘导线。

3）临时用电线路经过火灾爆炸危险场所以及有高温、振动、腐蚀、积水及产生机械损伤等区域，不应有接头，并应采取相应的保护措施。

4）临时用电架空线应采用绝缘铜芯线，并应架设在专用电杆或支架上，其最大弧垂与地面距离，在作业现场不低于2.5m，穿越机动车道不低于5m。

5）沿墙面或地面敷设电缆线路应符合下列规定：

①电缆线路敷设路径应有醒目的警告标志。

②沿地面明敷的电缆线路应沿建筑物墙体根部敷设，穿越道路或其他易受机械损伤的区域，应采取防机械损伤的措施，周围环境应保持干燥。

③在电缆敷设路径附近，当有产生明火的作业时，应采取防止火花损伤电缆的措施。

6）对需埋地敷设的电缆线路应设有走向标志和安全标志。电缆埋地深度不应小于0.7m，穿越道路时应加设防护套管。

7）现场临时用电配电盘、箱应有电压标志和危险标志，应有防雨措施，盘、箱、门应能牢靠关闭并上锁管理。

8）临时用电设施应安装符合规范要求的漏电保护器，移动工具、手持式电动工具应逐个配置漏电保护器和电源开关。

（7）未经批准，临时用电单位不应向其他单位转供电或增加用电负荷，以及变更用电地点和用途。

（8）临时用电时间一般不超过15d，特殊情况不应超过30d；用于动火、受限空间作业的临时用电时间应和相应作业时间一致；用电结束后，用电单位应及时通知供电单位拆除临时用电线路。

典型例题

例1：根据《危险化学品企业特殊作业安全规范》（GB 30871—2022）对临时用电作业的要求，以下说法正确的有（　　）。

A. 各类移动电源及外部自备电源应接入电网

B. 临时用电时间不应超过三个月

C. 动力和照明线路应合路设置

D. 所有的临时用电均应设置接地保护

E. 临时用电设备和线路应按供电电压等级和容量正确配置使用

【答案】DE。

例2：2019年5月17日，某企业输煤栈桥发生火灾事故。事故调查发现电焊工在未办理动火作业许可手续的情况下，违章施焊运行中的传送带，造成托架开裂，引发火灾。根据相关规定，该作业除办理动火作业许可外，还需办理的作业许可是（　　）。

A. 临时用电作业许可　　B. 高处作业许可

C. 特种作业许可　　D. 吊装作业许可

【答案】A。焊接作业属于动火作业，需要办理动火作业许可，电焊时需要用电，所以还应办理临时用电作业许可。

十、动土作业安全管理

1. 动土作业含义

《危险化学品企业特殊作业安全规范》（GB 30871—2022）第3.11条规定，动土作业是指挖土、打桩、钻探、坑探、地锚入土深度在0.5m以上；使用推土机、压路机等施工机械进行填土或平整场地等可能对地下隐蔽设施产生影响的作业。

2. 动土作业安全管理要求

《危险化学品企业特殊作业安全规范》（GB 30871—2022）第11.1条~第11.11条规定，动土作业安全管理要求如下：

（1）作业前，应检查工器具、现场支撑是否牢固、完好，发现问题应及时处理。

（2）作业现场应根据需要设置护栏、盖板和警告标志，夜间应悬挂警示灯。

（3）在动土开挖前，应先做好地面和地下排水，防止地面水渗入作业层面造成塌方。

（4）作业前，作业单位应了解地下隐蔽设施的分布情况，作业临近地下隐蔽设施时，应使用适当工具人工挖掘，避免损坏地下隐蔽设施；如暴露出电缆、管线以及不能辨认的物品时，应立即停止作业，妥善加以保护，报告动土审批单位，经采取保护措施后方可继续作业。

（5）挖掘坑、槽、井、沟等作业，应遵守下列规定：

1）挖掘土方应自上而下逐层挖掘，不应采用挖底脚的办法挖掘；使用的材料、挖出的泥土应堆在距坑、槽、井、沟边沿至少1m处，堆土高度不应大于1.5m；挖出的泥土不应堵塞下水道和窨井。

2）不应在土壁上挖洞攀登。

3）不应在坑、槽、井、沟上端边沿站立、行走。

4）应视土壤性质、湿度和挖掘深度设置安全边坡或固壁支撑；作业过程中应对坑、槽、井、沟边坡或固壁支撑架随时检查，特别是雨雪后和解冻时期，如发现边坡有裂缝、疏松或支撑有折断、走位等异常情况时，应立即停止作业，并采取相应措施。

5）在坑、槽、井、沟的边缘安放机械、铺设轨道及通行车辆时，应保持适当距离，采取有效的固壁措施，确保安全。

6）在拆除固壁支撑时，应从下而上进行；更换支撑时，应先装新的，后拆旧的。

7）不应在坑、槽、井、沟内休息。

（6）机械开挖时，应避开构筑物、管线，在距管道边1m范围内应采用人工开挖；在距直埋管线2m范围内宜采用人工开挖，避免对管线或电缆造成影响。

（7）动土作业人员在沟（槽、坑）下作业应按规定坡度顺序进行，使用机械挖掘时，人员不应进入机械旋转半径内；深度大于2m时，应设置人员上下的梯子等能够保证人员快速进出的设施；两人以上同时挖土时应相距2m以上，防止工具伤人。

（8）动土作业区域周围发现异常时，作业人员应立即撤离作业现场。

（9）在生产装置区、罐区等危险场所动土时，监护人员应与所在区域的生产人员建立联系，当生产装置区、罐区等场所发生突然排放有害物质时，监护人员应立即通知作业人员停止作业，迅速撤离现场。

（10）在生产装置区、罐区等危险场所动土时，遇有埋设的易燃易爆、有毒有害介质管线、窨井等可能引起燃烧、爆炸、中毒、窒息危险，且挖掘深度超过1.2m时，应执行受限空间作业相关规定。

（11）动土作业结束后，应及时回填土石，恢复地面设施。

典型例题

根据《危险化学品企业特殊作业安全规范》（GB 30871—2022）对动土作业的要求，以下说法正确的有（　　）。

A. 施工结束后应及时回填土石

B. 暴露出电缆、管线以及不能辨认的物品时，应报告上级主管部门处理

C. 作业人员发现异常时，应立即撤离作业现场

D. 作业现场应根据需要设置护栏、盖板和警告标志，夜间应悬挂警示灯

E. 在破土开挖前，应先做好地面和地下排水

【答案】ACDE。

十一、断路作业安全管理

1. 断路作业含义

《危险化学品企业特殊作业安全规范》（GB 30871—2022）第3.12条规定，断路作业是指生产区域内，交通主、支路与车间引道上进行工程施工、吊装、吊运等各种影响正常交通的作业。

2. 断路作业安全管理要求

《危险化学品企业特殊作业安全规范》（GB 30871—2022）第12.1条～第12.5条规定，断路作业安全管理要求如下：

（1）作业前，作业单位应会同危险化学品企业相关部门制定交通组织方案，应能保证消防车和其他重要车辆的通行，并满足应急救援要求。

（2）作业单位应根据需要在断路的路口和相关道路上设置交通警示标志，在作业区域附近设置路栏、道路作业警示灯、导向标等交通警示设施。

（3）在道路上进行定点作业，白天不超过2h、夜间不超过1h即可完工的，在有现场交通指挥人员指挥交通的情况下，只要作业区域设置了相应的交通警示设施，可不设标志牌。

（4）在夜间或雨、雪、雾天进行断路作业时设置的道路作业警示灯，应满足以下要求：

1）设置高度应离地面1.5m，不低于1.0m。

2）其设置应能反映作业区域的轮廓。

3）应能发出至少自150m以外清晰可见的连续、闪烁或旋转的红光。

（5）作业结束后，作业单位应清理现场，撤除作业区域、路口设置的路栏、道路作业警示灯、导向标等交通警示设施，并与危险化学品企业检查核实，报告有关部门恢复交通。

典型例题

例1：根据《危险化学品企业特殊作业安全规范》（GB 30871—2022）对断路作业的要求，在夜间或雨、雪、雾天进行断路作业时设置的道路作业警示灯应离地面（　　）m。

A. 0.5　　B. 1.0　　C. 1.5　　D. 2.0

【答案】C。

例2：某企业准备对厂区道路进行改造，需要实施断路作业，作业前组织作业人员制订了道路警示灯设置的相关要求，根据《危险化学品企业特殊作业安全规范》（GB 30871—2022），关于该断路作业安全要求的说法，正确的有（　　）。

A. 即使有现场交通指挥人员指挥交通，也应在作业区域内设置交通警示设施及标志牌

B. 雨雪天气应设置离地面高度为0.8～1m的警示灯

C. 夜间警示灯应能反映作业区的轮廓

D. 雾天作业警示灯应能发出至少自150m以外清晰可见连续、闪烁的黄光

E. 作业区附近应设置路栏、道路作业警示灯、导向标

【答案】CE。

第十二节　安全生产应急救援管理

一、应急预案的管理

《生产安全事故应急预案管理办法》第三条规定，应急预案的管理实行属地为主、分级负责、分类指导、综合协调、动态管理的原则。

《生产安全事故应急预案管理办法》第四条规定，应急管理部负责全国应急预案的综合协调管理工作。国务院其他负有安全生产监督管理职责的部门在各自职责范围内，负责相关行业、领域应急预案的管理工作。县级以上地方各级人民政府应急管理部门负责本行政区域内应急预案的综合协调管理工作。县级以上地方各级人民政府其他负有安全生产监督管理职责的部门按照各自的职责负责有关行业、领域应急预案的管理工作。

《生产安全事故应急预案管理办法》第五条规定，生产经营单位主要负责人负责组织编制和实施本单位的应急预案，并对应急预案的真实性和实用性负责；各分管负责人应当按照职责分工落实应急预案规定的职责。

典型例题

根据《生产安全事故应急预案管理办法》的规定，（　　）负责组织编制和实施本单位的应急预案，并对应急预案的真实性和实用性负责。

A. 生产经营单位主要负责人　　B. 生产经营单位各分管负责人

C. 生产经营单位专职安全员　　D. 生产经营单位分管安全的负责人

【答案】A。

二、应急预案的构成

《生产安全事故应急预案管理办法》第六条规定，生产经营单位应急预案分为综合应急预案、专项应急预案和现场处置方案。

综合应急预案，是指生产经营单位为应对各种生产安全事故而制定的综合性工作方案，是本单位应对生产安全事故的总体工作程序、措施和应急预案体系的总纲。

专项应急预案，是指生产经营单位为应对某一种或者多种类型生产安全事故，或者针对重要生产设施、重大危险源、重大活动防止生产安全事故而制定的专项性工作方案。

现场处置方案，是指生产经营单位根据不同生产安全事故类型，针对具体场所、装置或者设施所制定的应急处置措施。

《生产安全事故应急预案管理办法》第十四条规定，对于某一种或者多种类型的事故风险，生产经营单位可以编制相应的专项应急预案，或将专项应急预案并入综合应急预案。

专项应急预案应当规定应急指挥机构与职责、处置程序和措施等内容。

《生产安全事故应急预案管理办法》第十五条规定，对于危险性较大的场所、装置或者设施，生产经营单位应当编制现场处置方案。现场处置方案应当规定应急工作职责、应急处置措施和注意事项等内容。事故风险单一、危险性小的生产经营单位，可以只编制现场处置方案。

典型例题

根据《生产安全事故应急预案管理办法》，对于（　　）的生产经营单位，可以只编制现场处置方案。

A. 危险性较大的场所　　B. 危险性较大的装置

C. 危险性较大的设施　　D. 事故风险单一

【答案】D。

三、应急预案的主要内容

（一）综合应急预案的主要内容

《生产经营单位生产安全事故应急预案编制导则》（GB/T 29639—2020）规定，综合应急预案包括以下内容：

1. 总则

（1）适用范围：说明应急预案适用的范围。

（2）响应分级：依据事故危害程度、影响范围和生产经营单位控制事态的能力，对事故应急响应进行分级，明确分级响应的基本原则。响应分级不必照搬事故分级。

2. 应急组织机构及职责

明确应急组织形式（可用图示）及构成单位（部门）的应急处置职责。应急组织机构可设置相应的工作小组，各小组具体构成、职责分工及行动任务应以工作方案的形式作为附件。

3. 应急响应

（1）信息报告。

1）信息接报：明确应急值守电话、事故信息接收、内部通报程序、方式和责任人；向上级主管部门、上级单位报告事故信息的流程、内容、时限和责任人；向本单位以外的有关部门或单位通报事故信息的方法、程序和责任人。

2）信息处置与研判：明确响应启动的程序和方式。根据事故性质、严重程度、影响范围和可控性，结合响应分级明确的条件，可由应急领导小组做出响应启动的决策并宣布，或者依据事故信息是否达到响应启动的条件自动启动。若未达到响应启动条件，应急领导小组可做出预警启动的决策，做好响应准备，实时跟踪事态发展。响应启动后，应注意跟踪事态发展，科学分析处置需求，及时调整响应级别，避免响应不足或过度响应。

（2）预警。

1）预警启动：明确预警信息发布渠道、方式和内容。

2）响应准备：明确做出预警启动后应开展的响应准备工作，包括队伍、物资、装备、后勤及通信。

3）预警解除：明确预警解除的基本条件、要求及责任人。

（3）响应启动。确定响应级别，明确响应启动后的程序性工作，包括应急会议召开、信息上报、资源协调、信息公开、后勤及财力保障工作。

（4）应急处置。明确事故现场的警戒疏散、人员搜救、医疗救治、现场监测、技术支持、工程抢险及环境保护方面的应急处置措施，并明确人员防护的要求。

（5）应急支援。明确当事态无法控制的情况下，向外部（救援）力量请求支援的程序及要求、联动程序及要求，以及外部（救援）力量到达后的指挥关系。

（6）响应终止。明确响应终止的基本条件、要求和责任人。

4. 后期处置

明确污染物处理、生产秩序恢复、人员安置方面的内容。

5. 应急保障

（1）通信与信息保障。明确应急保障的相关单位及人员通信联系方式和方法，以及备用方案和保障责任人。

（2）应急队伍保障。明确相关的应急人力资源，包括专家、专兼职应急救援队伍及协议应急救援队伍。

（3）物资装备保障。明确本单位的应急物资和装备的类型、数量、性能、存放位置、运输及使用条件、更新及补充时限、管理责任人及其联系方式，并建立台账。

（4）其他保障。根据应急工作需求而确定的其他相关保障措施（如能源保障、经费保障、交通运输保障、治安保障、技术保障、医疗保障及后勤保障）。

（1）~（4）的相关内容，尽可能在应急预案的附件中体现。

（二）专项应急预案的主要内容

《生产经营单位生产安全事故应急预案编制导则》（GB/T 29639—2020）规定，专项应急预案包括以下内容：

（1）适用范围。说明专项应急预案适用的范围，以及与综合应急预案的关系。

（2）应急组织机构及职责。明确应急组织形式（可用图示）及构成单位（部门）的应急处置职责。应急组织机构以及各成员单位或人员的具体职责。应急组织机构可以设置相应的应急工作小组，各小组具体构成、职责分工及行动任务建议以工作方案的形式作为附件。

（3）响应启动。明确响应启动后的程序性工作，包括应急会议召开、信息上报、资源协调、信息公开、后勤及财力保障工作。

（4）处置措施。针对可能发生的事故风险、危害程度和影响范围，明确应急处置指导原则，制定相应的应急处置措施。

（5）应急保障。根据应急工作需求明确保障的内容。

专项应急预案包括但不限于（1）~（4）的内容。

（三）现场处置方案的主要内容

《生产经营单位生产安全事故应急预案编制导则》（GB/T 29639—2020）规定，现场处置方案包括以下内容：

（1）事故风险描述。简述事故风险评估的结果（可用列表的形式列在附件中）。

（2）应急工作职责。明确应急组织分工和职责。

（3）应急处置，包括但不限于下列内容：

1）应急处置程序。根据可能发生的事故及现场情况，明确事故报警、各项应急措施启动、应急救护人员的引导、事故扩大及同生产经营单位应急预案的衔接程序。

2）现场应急处置措施。针对可能发生的事故从人员救护、工艺操作、事故控制、消防、现场恢复等方面制定明确的应急处置措施。

3）明确报警负责人、报警电话，上级管理部门、相关应急救援单位联络方式和联系人员，事故报告基本要求和内容。

（4）注意事项：包括人员防护和自救互救、装备使用、现场安全等方面的内容。

典型例题

例 1：K 市某大型客运站根据相关法规要求，成立应急预案编制小组，制定的应急预案中明确了应急队伍的保障。根据《生产经营单位生产安全事故应急预案编制导则》（GB/T 29639—2020），关于应急队伍的组成，错误的是（　　）。

A. 专家、专兼职应急救援队伍、周边相关单位或社区代表

B. 应急救援小组、应急救援指挥部、专兼职应急救援队伍

C. 协议应急救援队伍、专家、专兼职应急救援队伍

D. 应急救援小组、协议应急救援队伍、专兼职应急救援队伍

【答案】B。

例 2：《生产经营单位生产安全事故应急预案编制导则》（GB/T 29639—2020）规定的专项应急预案包括的内容有（　　）。

A. 应急保障　　B. 应急组织机构及职责

C. 事故风险分析　　D. 处置措施

E. 处置程序

【答案】ABD。

四、应急预案的编制

1. 编制原则

《生产安全事故应急预案管理办法》第七条规定，应急预案的编制应当遵循以人为本、依法依规、符合实际、注重实效的原则，以应急处置为核心，明确应急职责、规范应急程序、细化保障措施。

2. 编制依据

《生产安全事故应急预案管理办法》第八条规定，应急预案的编制应当符合下列基本要求：

（1）有关法律、法规、规章和标准的规定。

（2）本地区、本部门、本单位的安全生产实际情况。

（3）本地区、本部门、本单位的危险性分析情况。

（4）应急组织和人员的职责分工明确，并有具体的落实措施。

（5）有明确、具体的应急程序和处置措施，并与其应急能力相适应。

（6）有明确的应急保障措施，满足本地区、本部门、本单位的应急工作需要。

（7）应急预案基本要素齐全、完整，应急预案附件提供的信息准确。

（8）应急预案内容与相关应急预案相互衔接。

3. 编制要求

《生产安全事故应急预案管理办法》第九条规定，编制应急预案应当成立编制工作小组，由本单位有关负责人任组长，吸收与应急预案有关的职能部门和单位的人员，以及有现场处置经验的人员参加。

《生产安全事故应急预案管理办法》第十条规定，编制应急预案前，编制单位应当进行事故风险辨识、评估和应急资源调查。事故风险辨识、评估，是指针对不同事故种类及特点，识别存在的危险危害因素，分析事故可能产生的直接后果以及次生、衍生后果，评估各种后果的危害程度和影响范围，提出防范和控制事故风险措施的过程。应急资源调查，是指全面调查本地区、本单位第一时间可以调用的应急资源状况和合作区域内可以请求援助的应急资源状况，并结合事故风险辨识评估结论制定应急措施的过程。

《生产安全事故应急预案管理办法》第十一条规定，地方各级人民政府应急管理部门和其他负有安全生产监督管理职责的部门应当根据法律、法规、规章和同级人民政府以及上一级人民政府应急管理部门和其他负有安全生产监督管理职责的部门的应急预案，结合工作实际，组织编制相应的部门应急预案。部门应急预案应当根据本地区、本部门的实际情况，明确信息报告、响应分级、指挥权移交、警戒疏散等内容。

《生产安全事故应急预案管理办法》第十三条规定，生产经营单位风险种类多、可能发生多种类型事故的，应当组织编制综合应急预案。综合应急预案应当规定应急组织机构及其职责、应急预案体系、事故风险描述、预警及信息报告、应急响应、保障措施、应急预案管理等内容。

《生产安全事故应急预案管理办法》第十六条规定，生产经营单位应急预案应当包括向上级应急管理机构报告的内容、应急组织机构和人员的联系方式、应急物资储备清单等附件信息。附件信息发生变化时，应当及时更新，确保准确有效。

《生产安全事故应急预案管理办法》第十九条规定，生产经营单位应当在编制应急预案的基础上，针对工作场所、岗位的特点，编制简明、实用、有效的应急处置卡。应急处置卡应当规定重点岗位、人员的应急处置程序和措施，以及相关联络人员和联系方式，便于从业人员携带。

典型例题

例 1：某企业每半年更新一次应急人员联系电话，这体现了事故应急预案编制中关于（　　）的基本要求。

A. 应急组织和人员分工明确，并有具体的落实措施

B. 结合本单位分析危险性

C. 有明确的事故预防措施和应急程序，与应急能力相适应

D. 预案基本要素齐全、完整，信息准确

【答案】D。

例 2：某生产经营单位根据《生产安全事故应急预案管理办法》要求编制应急预案，成立了应急预案编制工作小组，由本单位主要负责人担任组长，吸收与应急预案有关的职能部门和单位的人员，以及有现场处置经验的人员参加，编制了该单位相应的应急预案和重点岗位应急处置卡。关于应急处置卡的说法，正确的是（　　）。

A. 应急处置卡应明确国家法律规定要求

B. 应急处置卡应明确处置程序和措施

C. 应急处置卡应明确善后处理内容

D. 应急处置卡应明确保障措施

【答案】B。

例 3：甲企业是一家建筑施工企业，乙企业是一家服装生产加工企业，丙企业是一家存在重大危险源的化工生产企业，丁企业是一家办公软件销售与服务企业。甲、乙、丙、丁四家企业根据《生产安全事故应急预案管理办法》开展预案编制工作。关于生产经营单位应急预案编制的做法，错误的是（　　）。

A. 甲企业董事长指定安全总监为应急预案编制工作组组长

B. 乙企业在编制预案前，开展了事故风险评估和应急资源调查

C. 丁企业编写了火灾、触电现场处置方案

D. 丙企业应急预案经过外部专家评审后，由安全总监签发后实施

【答案】D。

五、应急演练的目的及原则

1. 应急演练的目的

《生产安全事故应急演练基本规范》（AQ/T 9007—2019）第 4.1 条规定，应急演练的目的包括：

（1）检验预案：发现应急预案中存在的问题，提高应急预案的针对性、实用性和可操作性。

（2）完善准备：完善应急管理标准制度，改进应急处置技术，补充应急装备和物资，提高应急能力。

（3）磨合机制：完善应急管理部门、相关单位和人员的工作职责，提高协调配合能力。

（4）宣传教育：普及应急管理知识，提高参演和观摩人员风险防范意识和自救互救能力。

（5）锻炼队伍：熟悉应急预案，提高应急人员在紧急情况下妥善处置事故的能力。

2. 应急演练的原则

《生产安全事故应急演练基本规范》（AQ/T 9007—2019）第 4.3 条规定，应急演练应遵循以下原则：

（1）符合相关规定：按照国家相关法律法规、标准及有关规定组织开展演练。

（2）依据预案演练：结合生产面临的风险及事故特点，依据应急预案组织开展演练。
（3）注重能力提高：突出以提高指挥协调能力、应急处置能力和应急准备能力组织开展演练。
（4）确保安全有序：在保证参演人员、设备设施及演练场所安全的条件下组织开展演练。

典型例题

根据《生产安全事故应急演练基本规范》（AQ/T 9007—2019）的规定，应急演练应遵循的原则有（　　）。

A. 依据预案演练
B. 注重能力提高
C. 符合相关规定
D. 确保安全有序
E. 规范应急程序

【答案】ABCD。

六、应急演练的分类

《生产安全事故应急演练基本规范》（AQ/T 9007—2019）第4.2条规定，应急演练按照演练内容分为综合演练和单项演练，按照演练形式分为实战演练和桌面演练，按目的与作用分为检验性演练、示范性演练和研究性演练，不同类型的演练可相互组合。

典型例题

根据《生产安全事故应急演练基本规范》（AQ/T 9007—2019）的规定，应急演练按照演练内容分为（　　）。

A. 检验性演练
B. 示范性演练
C. 研究性演练
D. 单项演练
E. 综合演练

【答案】DE。

七、应急演练基本流程

《生产安全事故应急演练基本规范》（AQ/T 9007—2019）对应急演练基本流程做了如下规定。

（一）计划

1. 需求分析

全面分析和评估应急预案、应急职责、应急处置工作流程和指挥调度程序、应急技能和应急装备、物资的实际情况，提出需通过应急演练解决的内容，有针对性地确定应急演练目标，提出应急演练的初步内容和主要科目。

2. 明确任务

确定应急演练的事故情景类型、等级、发生地域，演练方式，参演单位，应急演练各阶段主要任务，应急演练实施的拟定日期。

3. 制定计划

根据需求分析及任务安排，组织人员编制演练计划文本。

（二）准备

1. 成立演练组织机构

综合演练通常应成立演练领导小组，负责演练活动筹备和实施过程中的组织领导工作，审定演练工作方案、演练工作经费、演练评估总结以及其他需要决定的重要事项。演练领导小组下设策划与导调组、宣传组、保障组、评估组。根据演练规模大小，其组织机构可进行调整。

（1）策划与导调组：负责编制演练工作方案、演练脚本、演练安全保障方案，负责演练活动筹备、事故场景布置、演练进程控制和参演人员调度以及与相关单位、工作组的联络和协调。

（2）宣传组：负责编制演练宣传方案，整理演练信息、组织新闻媒体和开展新闻发布。

（3）保障组：负责演练的物资装备、场地、经费、安全保卫及后勤保障。

（4）评估组：负责对演练准备、组织与实施进行全过程、全方位的跟踪评估；演练结束后，及时向演练单位或演练领导小组及其他相关专业组提出评估意见、建议，并撰写演练评估报告。

2. 编制文件

（1）工作方案。演练工作方案内容：①目的及要求；②事故情景；③参与人员及范围；④时间与地点；⑤主要任务及职责；⑥筹备工作内容；⑦主要工作步骤；⑧技术支撑及保障条件；⑨评估与总结。

（2）脚本。演练一般按照应急预案进行，按照应急预案进行时，根据工作方案中设定的事故情景和应急预案中规定的程序开展演练工作。演练单位根据需要确定是否编制脚本，如编制脚本，一般采用表格形式，主要内容有：

1）模拟事故情景。

2）处置行动与执行人员。

3）指令与对白、步骤及时间安排。

4）视频背景与字幕。

5）演练解说词。

6）其他。

（3）演练评估方案。内容包括：①演练信息：目的和目标、情景描述，应急行动与应对措施简介；②评估内容：各种准备、组织与实施、效果；③评估标准：各环节应达到的目标评判标准；④评估程序：主要步骤及任务分工；⑤附件：所需要用到的相关表格。

（4）保障方案。包括应急演练可能发生的意外情况、应急处置措施及责任部门、应急演练意外情况中止条件与程序。

（5）观摩手册。根据演练规模和观摩需要，可编制演练观摩手册。演练观摩手册通常包括应急演练时间、地点、情景描述、主要环节及演练内容、安全注意事项。

（6）宣传方案。编制演练宣传方案，明确宣传目标、宣传方式、传播途径、主要任务及分工、技术支持。

3. 工作保障

根据演练工作需要，做好演练的组织与实施需要的相关保障条件。保障条件主要内容：

（1）人员保障：按照演练方案和有关要求，确定演练总指挥、策划导调、宣传、保障、评估、参演人员参加演练活动，必要时设置替补人员。

（2）经费保障：明确演练工作经费及承担单位。

（3）物资和器材保障：明确各参演单位所准备的演练物资和器材。

（4）场地保障：根据演练方式和内容，选择合适的演练场地；演练场地应满足演练活动需要，应尽量避免影响企业和公众正常生产、生活。

（5）安全保障：采取必要安全防护措施，确保参演、观摩人员以及生产运行系统安全。

（6）通信保障：采用多种公用或专用通信系统，保证演练通信信息通畅。

（7）其他保障：提供其他保障措施。

（三）实施

1. 现场检查

确认演练所需的工具、设备、设施、技术资料以及参演人员到位。对应急演练安全设备、设施进行检查确认，确保安全保障方案可行，所有设备、设施完好，电力、通信系统正常。

2. 演练简介

应急演练正式开始前，应对参演人员进行情况说明，使其了解应急演练规则、场景及主要内容、岗位职责和注意事项。

3. 启动

应急演练总指挥宣布开始应急演练，参演单位及人员按照设定的事故情景，参与应急响应行动，直至完成全部演练工作。演练总指挥可根据演练现场情况，决定是否继续或中止演练活动。

4. 执行

（1）桌面演练执行。在桌面演练过程中，演练执行人员按照应急预案或应急演练方案发出信息指令后，参演单位和人员依据接收到的信息，回答问题或模拟推演的形式，完成应急处置活动。

（2）实战演练执行。按照应急演练工作方案，开始应急演练，有序推进各个场景，开展现场点评，完成各项应急演练活动，妥善处理各类突发情况，宣布结束与意外终止应急演练。

5. 演练记录

演练实施过程中，安排专门人员采用文字、照片和音像手段记录演练过程。

6. 中断

在应急演练实施过程中，出现特殊或意外情况，短时间内不能妥善处理或解决时，应急演练总指挥按照事先规定的程序和指令中断应急演练。

7. 结束

完成各项演练内容后，参演人员进行人数清点和讲评，演练总指挥宣布演练结束。

（四）评估总结

1. 撰写演练总结报告

应急演练结束后，演练组织单位应根据演练记录、演练评估报告、应急预案、现场总结材料，对演练进行全面总结，并形成演练书面总结报告。报告可对应急演练准备、策划工作进行简要总结分析。参与单位也可对本单位的演练情况进行总结。演练总结报告的主要内容：

（1）演练基本概要。

（2）演练发现的问题，取得的经验和教训。

（3）应急管理工作建议。

2. 演练资料归档

应急演练活动结束后，演练组织单位应将应急演练工作方案、应急演练书面评估报告、应急演练总结报告文字资料，以及记录演练实施过程的相关图片、视频、音频资料归档保存。

（五）持续改进

1. 应急预案修订完善

根据演练评估报告中对应急预案的改进建议，按程序对预案进行修订完善。

2. 应急管理工作改进

（1）应急演练结束后，演练组织单位应根据应急演练评估报告、总结报告提出的问题和建议，对应急管理工作（包括应急演练工作）进行持续改进。

（2）演练组织单位应督促相关部门和人员，制定整改计划，明确整改目标，制定整改措施，落实整改资金，并跟踪督查整改情况。

典型例题

例 1：根据《生产安全事故应急演练基本规范》（AQ/T 9007—2019）的规定，（　　）通常包括应急演练时间、地点、情景描述、主要环节及演练内容、安全注意事项。

A. 演练观摩手册　　B. 演练宣传方案

C. 演练保障方案　　D. 演练评估方案

【答案】A。

例 2：安全生产月期间，某大型长途客运站开展了一次燃气泄漏事故应急演练，模拟某燃气泄漏，长途客运站确认着火后立即拨打了 119 电话，并展开应急处理活动。关于该应急演练的说法，正确的有（　　）。

A. 演练应成立领导小组，下设策划组、执行组、保障组、评估组等专业工作组

B. 现场保障组应负责现场测定燃气浓度

C. 拨打 119 电话应由参演人员完成

D. 医疗卫生人员应负责现场环境浓度检测

E. 按照应急演练内容分析，此次燃气泄漏演练属于综合演练

【答案】AC。事故监测是根据事故情景，对事故现场进行观察、分析或测定，确定事故严重程度、影响范围和变化趋势等。选项 B 的内容属于事故监测的范畴，与应急演练组织无关，故选项 B 错误。保障组负责活动工作经费和后勤保障服务，确保演练安全保障方案或应急预案落实到位。医疗卫生人员负责医学救援，并开展卫生监测和防疫工作，环境浓度检测不属于卫生监测，故选项 D 错误。单项演练指针对应急预案中某项应急响应功能开展的演练活动。综合演练指针对应急预案中多项或全部应急响应功能开展的演练活动。按照应急演练内容分析，此次燃气泄漏演练属于单项演练，故选项 E 错误。

第十三节　职业病危害预防

一、职业病危害因素分类

1. 职业病危害因素按来源分类

（1）与生产工艺过程有关的职业病危害因素。如与生产过程有关的原材料、工业毒物、粉尘、噪声、振动、高温、辐射、传染性因素等。

（2）与劳动过程有关的职业病危害因素。如劳动制度与劳动组织不合理，过强的劳动强度、过长的劳动时间、不合理的作业方式、设计不合理的工具、设备等。

（3）与作业环境有关的职业病危害因素。包括自然环境的有害因素，如太阳紫外线辐射；工艺环境的有害因素，如烘房的高温；人工环境的有害因素，如照明不足；不合理的厂房设计或设备布置造成的有害因素，如辐射源布置在作业人员密集的地方等。

2.《职业病危害因素分类目录》的分类

《职业病危害因素分类目录》（国卫疾控发〔2015〕92 号）将职业病危害因素分为粉尘、化学因素、物理因素、放射性因素、生物因素、其他因素六大类。

典型例题

例 1：职业病危害因素是危害劳动者健康、能导致职业病的有害因素。下列职业病危害因素

中，属于劳动过程中产生的有害因素是（ ）。

A. 电焊作业产生的烟尘
B. 接触到的生物传染性病原物
C. 炎热季节的太阳辐射
D. 使用不合理的工具

【答案】D。

例 2：职业病危害因素按来源可分为生产过程中产生以及劳动过程和生产环境中的有害因素三类。生产过程中产生的职业病危害因素，按其性质可分为（ ）。

A. 接触因素、辐射因素、传染因素
B. 物理因素、化学因素、生物因素
C. 物理因素、化学因素、有毒因素
D. 浓度因素、强度因素、生物因素

【答案】B。

二、法定职业病

由国家主管部门公布的职业病目录所列的职业病称为法定职业病。《职业病分类和目录》（国卫疾控发〔2013〕48 号）中规定的职业病种类包括 132 种，具体包括：

（1）职业性尘肺病及其他呼吸系统疾病 19 种，其中尘肺病 13 种、其他呼吸系统疾病 6 种。

（2）职业性皮肤病 9 种。

（3）职业性眼病 3 种。

（4）职业性耳鼻喉口腔疾病 4 种。

（5）职业性化学中毒 60 种。

（6）物理因素所致职业病 7 种。

（7）职业性放射性疾病 11 种。

（8）职业性传染病 5 种。

（9）职业性肿瘤 11 种。

（10）其他职业病 3 种。

界定法定职业病的四个基本条件是：①在职业活动中产生；②接触职业危害因素；③列入国家职业病范围；④与劳动用工行为相联系。

典型例题

界定法定职业病的基本条件有（ ）。

A. 导致从业者出现危害
B. 在职业活动中产生
C. 列入国家职业病范围
D. 接触职业危害因素
E. 与劳动用工行为相联系

【答案】BCDE。

三、生产性毒物与职业中毒

（一）生产性毒物

1. 化学物质中毒危害程度分级

《职业性接触毒物危害程度分级》（GBZ 230—2010）规定，化学物质中毒危害程度分级分为剧毒、高毒、中等毒、低毒和微毒五个级别。

2. 影响毒物毒性作用的因素

生产性毒物作用于机体，并非一定会引起职业中毒。毒物对机体的毒作用受很多因素的影响。

（1）化学结构。毒物的化学结构对其毒性有直接影响。在同类有机化合物中，不饱和化合物的毒性大于饱和化合物，具有不饱和键或游离键的低价化合物较高价化合物毒性大，如乙炔 > 乙烯 > 乙烷，$CO > CO_2$，3 价砷 >5 价砷。脂肪烃的毒性通常随分子中碳原子数增加而加强，但到一定程度后，由于水溶性降低，作用又趋减弱。在各类有机非电解质之间，其毒性大小依次为芳烃 > 醇 > 酮 > 环烃 > 脂肪烃。在同类有机化合物中，卤族元素取代氢原子时，毒性增加，例如，氟化烯类、氯化烯类的毒性大于相应的烯烃类。在氯代饱和烃中，氯取代氢越多，其肝脏毒性越大，如四氯化碳 > 氯仿 > 二氯甲烷和氯甲烷 > 甲烷。

在芳香族烃类化合物中，苯环上的氢原子若被氯原子、甲基或乙基所取代，其全身毒性相应减弱，而刺激性增加；被氨基或硝基取代时，则具有明显的形成高铁血红蛋白的作用。在芳香族苯环上，不同异构体的毒性也有差异。一般认为三种异构体的毒性次序为：对位 > 间位 > 邻位，如硝基酚、氯酚、甲苯胺、硝基甲苯、硝基苯胺等异构体都具有此规律。但也有例外，如邻硝基苯醛、邻羟基苯醛（水杨醛）的毒性分别大于其对位异构体。有些异构体的毒作用也表现了若干特点，如对甲酚及邻甲酚主要作用于心脏，而间甲酚则主要作用于血管舒缩神经。

（2）物理特性。毒物的溶解度、分解度、挥发性等与毒物的毒性作用有密切关系。毒物在水中溶解度越大，其毒性越大；分散度越大，不仅化学活性增加，而且易进到呼吸道的深层部位而增加毒性作用；挥发性越大，其危害性越大。一般，毒物沸点与空气中毒物浓度和危害程度成反比。

（3）毒物剂量。不论毒物的毒性大小如何，都必须在体内达到一定剂量才会引起中毒。若空气中毒物浓度高，接触时间长，防护措施不良，则进入人体内的量就大，就容易发生中毒。由于作业时间一般来说相对固定，因此降低空气中毒物的浓度，减少毒物进入体内的量是预防职业中毒的重要环节。

（4）毒物联合作用。在生产环境中常有几种毒物同时存在，并作用于人体。此种作用可表现为独立、相加、协同和拮抗作用。毒物的拮抗作用在实践中并无多大意义。进行卫生学评价时应注意毒物的相加和协同作用，还应注意生产性毒物与生活性毒物的联合作用。

（5）生产环境与劳动条件。生产环境的温度、湿度、气压、气流等能影响毒物的毒性作用。在高温环境下毒物的毒作用一般较常温时高。高温环境还使毒物的挥发增加，机体呼吸、循环加快，出汗增多等，均有利于毒物的吸收；湿度可促使某些毒物如氯化氢、氟化氢的毒性增加；高气压可使毒物在体液中的溶解度增加；劳动强度增大时，机体耗氧量也增多，人体对毒物更敏感，或吸收量加大。

（6）个体状态。毒物对人体的毒作用有很大的个体差异，接触同一剂量的毒物，不同个体所出现的反应可相差很大。造成这种差异的个体因素很多，有年龄、性别、健康状况、未成年人和妇女生理变动期、营养、内分泌功能、烟酒嗜好、免疫状态及个体遗传特征等。

（二）职业中毒

1. 职业中毒的表现形式

工业毒物对人体产生的危害主要是职业中毒，常见的职业中毒按发病过程可分为三种形式：

（1）急性中毒。由毒物一次或短时间内大量进入人体所致。多数是因为发生了事故或违反操作规程引起。例如，一次吸入高浓度硫化氢会立即引起昏迷；喷洒有机磷农药，经皮肤吸收后数小时内导致中毒；吸入光气、氮氧化合物、硫酸二甲酯或有机氟裂解气后，经过几小时后会出现急性肺水肿；吸入高浓度溴甲烷、三乙基锡、四乙基铅后，当天症状虽不明显，而在 1 ~ 2 天后出现急性脑水肿症状，都属于急性中毒范畴。

（2）慢性中毒。由长期小量毒物进入人体所致。绝大多数是由蓄积作用的毒物引起，往往需要接触几个月，甚至数年后才逐渐出现症状。例如，经常接触超过最高容许浓度的苯蒸气或放射性物质，可引起白细胞减少或骨髓造血功能抑制。职业性有害因素引起的肿瘤，一般需要数十年的接触时间。

（3）亚急性中毒。介于急性和慢性之间，是在短时间内有较大量毒物进入人体所产生的中毒现象。一般在接触毒物一个月内发病，如亚急性铅中毒。

2. 常见的职业中毒

常见的职业中毒包括：金属及类金属中毒、有机溶剂中毒、刺激性气体中毒、窒息性气体中毒、苯的氨基和硝基化合物中毒、高分子化合物生产使用过程中引起的中毒。

典型例题

在生产经营活动中，生产或使用的化学物质散发到工作环境中，会对劳动者的健康产生危害，这些化学物质称为生产性毒物。下列关于生产性毒物及其危害的说法中，错误的是（　　）。

A. 毒性大小可以用引起某种毒性反应的剂量表示

B. 毒物进入人体内需要达到一定剂量才会引起中毒

C. 毒性大的物质其危害性一定大

D. 烟酒嗜好往往增加毒物的毒性作用

【答案】C。

四、物理性职业危害因素及所致职业病

（一）不良气象条件及其引起的职业病

1. 高温作业

（1）高温作业的含义。

《工作场所有害因素职业接触限值 第2部分　物理因素》（GBZ 2.2—2007）第10.1.1条规定，高温作业是指在生产劳动过程中，工作地点平均WBGT指数不小于25℃的作业。

《工作场所有害因素职业接触限值 第2部分　物理因素》（GBZ 2.2—2007）第10.1.2条规定，WBGT指数又称湿球黑球温度，是综合评价人体接触作业环境热负荷的一个基本参量，单位为“℃”。

（2）高温作业对人体的影响。高温可使作业工人感到热、头晕、心慌、烦、渴、无力、疲倦等不适感，可出现一系列生理功能的改变，主要表现如下：

1）体温调节障碍，由于体内蓄热，体温升高。

2）大量水盐丧失，可引起水盐代谢平衡紊乱，导致体内酸碱平衡和渗透压失调。

3）心律脉搏加快，皮肤血管扩张及血管紧张度增加，加重心脏负担，血压下降。但重体力劳动时，血压也可能增加。

4）消化道贫血，唾液、胃液分泌减少，胃液酸度降低，淀粉活性下降，胃肠蠕动减慢，造成消化不良和其他胃肠道疾病出现。

5）在高温条件下，若水、盐分供应不足会增加肾脏负担，有时会出现肾功能不全，尿中出现蛋白、红细胞等情况。

6）神经系统可出现中枢神经系统抑制，注意力和肌肉的工作能力、动作的准确性和协调性及反应速度的降低等。

2. 低温作业

（1）低温作业的含义。一般认为在气温10℃以下环境中作业可称之为低温作业。也就是说，凡在寒冷季节从事户外作业或室内有冷源设备，而无采暖的低温条件下作业均可属于低温作业。

（2）低温环境对人体的影响。低温作业对机体的影响不单纯是环境气温低的程度，还取决于低温环境中人体防寒保暖程度、体力活动强度、饮食及健康状况间的关系等。有时工作环境气温虽低，但着装保暖充分，机体热代谢保持平衡，皮肤温、体温不出现下降，人体可无冷感；反之环境气温相对较高，若个体防寒着装保暖不足，机体不能保持热量代谢的平衡就会出现冷感，严重时也可导致冷损伤。

3. 高气压作业

高气压作业主要有潜水作业和潜涵作业。高气压对人体的影响，在不同阶段表现不同。在加压过程中，可引起耳充塞感、耳鸣、头晕等，甚至造成鼓膜破裂。

4. 低气压作业

高空、高山、高原均属低气压环境，在这类环境中进行运输、勘探、筑路、采矿等生产劳动，属低气压作业。低气压对人体的影响，主要是人体对缺氧的适应性及其影响，特别是呼吸和循环系统受到的影响更为明显。

5. 不良气象条件引起的职业病

（1）中暑。中暑是高温作业环境下发生的一类疾病的总称，是机体散热机制发生障碍的结果。按照发病机理可分为热射病（含日射病）、热痉挛、热衰竭三种类型。按病情轻重可分为先兆中暑、轻度中暑、重症中暑。

（2）减压病。减压病是由于高气压作业后减压不当，体内原已溶解的气体超过了过饱和界限，在血管内、外及组织中形成气泡所致的全身性疾病。减压病通常又被人们称为潜水病、沉箱病、潜涵病等。

减压病对人体的危害比较复杂，通俗地讲就是由于减压过快，致使人体组织和血液中产生大量气泡，造成血液循环障碍和组织损伤。

减压病主要发生在潜水作业；高气压沉箱、隧道作业；飞行人员乘坐非加压座舱飞机，或在低压舱中模拟飞行上升高空；失事潜艇人员从海底离艇脱险上浮等情况中。

（3）高原病。高原病是发生于高原低氧环境下的一种特发性疾病。急性高原病分为三种类型：急性高原反应，主要症状为头痛、头晕、心悸、气短、恶心、腹胀、胸闷、发绀等；高原肺水肿，表现为干咳、胸痛、呼吸困难、发绀、咳血性泡沫状痰、烦躁不安等；高原脑水肿，起病急，可有剧烈头痛、兴奋、谵妄、抽搐、昏迷等症状。

慢性高原病多见于较长时间生活在高原的人，由于某种原因失去了对缺氧的适应能力，可分为慢性高原反应、高原心脏病、高原红细胞增多症和高原血压异常等。

（4）航空病。航空病是指高空飞行人员因低气压、低氧气压、缺氧而导致的一种职业病。

（二）噪声及噪声聋

噪声有两种含义：①在物理上指不规则的、间歇的或随机的声振动；②指任何难听的、不和谐的声音或干扰。

生产性噪声对人体健康的危害包括：①对听觉系统的危害；②对神经系统的危害；③对心血管系统的危害；④对女性生理机能的危害；⑤对视力的危害；⑥对心理方面的危害。

职业性噪声聋是人们在工作过程中，由于长期接触噪声而发生的一种进行性的感音性听觉损伤。噪声聋是一种不可逆转的职业病。

（三）振动及振动病

振动对人体的影响分为全身振动和局部振动。全身振动是由振动源（振动机械、车辆、活动的工作平台）通过身体的支持部分（足部和臀部），沿下肢或躯干传到全身引起振动；局部振动是通过振动工具、振动机械或振动工件传向操作者的手和臂。

振动对人体的危害大小与振动的频率、振幅和加速度有很大关系，气温、噪声、接触时间、体位和姿势、个体差异、被加工部件的硬度、冲击力及紧张等因素也很重要。同时，振动作业往往伴有噪声。噪声和振动的联合作用，可对人体的听觉、视觉、心血管循环系统产生影响。全身振动和局部振动对人体的危害及其临床表现是明显不同的。

手臂振动病，是作业人员由于长期手持振动工具作业而引起以手指末端血液循环障碍为主的一种职业病。我国已将手臂振动病列为法定职业病。

（四）电磁辐射及其所致职业病

1. 非电离辐射及其危害

（1）射频辐射及其危害。射频是一种热源，工业上射频辐射场合有高频淬火、塑料制品热合、微波发射和加热设备等。

高频作业，如高频感应加热金属的热处理、表面淬火、金属熔炼、热轧及高频焊接等。

高频介质加热对象是不良导体，广泛用于塑料热合、棉纱与木材的干燥、粮食烘干及橡胶硫化等。高频等离子技术用于高温化学反应和高温熔炼。工人作业地带的高频电磁场主要来自高频设备的辐射源，如高频振荡管、电容器、电感线圈及馈线等部件。无屏蔽的高频输出变压器是工人操作岗位的主要辐射源。

微波作业，如微波加热广泛用于食品、木材、皮革及茶叶等加工及医药与纺织印染等行业。烘干粮食、处理种子及消灭害虫是微波在农业方面的重要应用。医疗卫生上主要用于消毒、灭菌与理疗等。生产场所接触微波辐射多由于设备密闭结构不严，造成微波能量外泄或由各种辐射结构（天线）向空间辐射的微波能量。

一般来说，射频辐射对人体的影响不会导致组织器官的器质性损伤，主要引起功能性改变，并具有可逆性特征，在停止接触数周或数月后往往可恢复。

（2）红外线辐射及其危害。生产中接触红外线辐射源的机会很多，如金属加热、熔融玻璃、强发光体（如发光硅碳棒、碳弧汞气灯、钨灯、氖灯、红外探照灯）等；作业工人中有炼钢工、轧钢工、锻钢工、铸造工、玻璃熔吹工、烧瓷工及焊接工等。

红外线辐射对机体的影响主要是皮肤和眼睛，红外线引起的职业性白内障已列入职业病名单。

（3）紫外线辐射及其危害。紫外线是波长为 100～400nm 的电磁辐射，又分为长波紫外线、中波紫外线和短波紫外线。生产环境中，物体温度达 1200℃以上的辐射电磁波波谱中即可出现紫外线。随着物体温度的升高，辐射的紫外线频率增高，波长变短，其强度也增大。常见的辐射源有冶炼炉（高炉、平炉、电炉）、电焊、氧乙炔气焊、氩弧焊和等离子焊接。

强烈的紫外线辐射作用可引起皮炎，表现为弥漫性红斑，有时可出现小水泡和水肿，并有发痒、烧灼感。皮肤对紫外线的感受性存在明显的个体差异。除机体本身因素外，外界因素的影响会使敏感性增加。作业场所比较多见的是紫外线对眼睛的损伤，即电光性眼炎。

（4）激光及其危害。激光也是电磁波，属于非电离辐射，它具有亮度高、单色性、方向性、相干性好等一系列特性。

激光被广泛应用于工业、农业、国防、医疗和科研等领域。在工业生产中主要利用激光辐射能量集中的特点，用于金属和塑料部件的焊接、打孔、切割和热处理等；在农业中激光可应用于育种、杀虫；军事上用于高容量通信技术、测距、瞄准、追踪、导弹制导等；科学研究方面则用于微量元素分析、等离子研究、热核工程以及激光全息技术、大气污染测定、地质测量等；医学上用于眼科的视网膜剥离修复、虹膜切除、玻璃体乳化以及皮肤科和外科诸多领域。

激光对人体的伤害主要是眼睛，其次是皮肤。激光能烧伤生物组织，尤其对视网膜的灼伤最多见。激光对皮肤的伤害过程表现为轻度红斑、灼烧直至组织炭化坏死，此外亦可损伤色素细胞，引起毛细栓塞，有时可见血管破溃和溢血。皮肤损伤通常是可逆和可恢复的。

2. 电离辐射的来源及其危害

凡能引起物质电离的各种辐射都称为电离辐射。电离辐射是极高频的电磁波（X射线、射线、真空紫外线等）。

电离辐射引起的职业病包括：全身性放射性疾病，如急慢性放射病；局部放射性疾病，如急、慢性放射性皮炎及辐射性白内障；放射所致远期损伤，如放射所致白血病。列为国家法定职业病的有急性、亚急性、慢性外照射放射病，外照射皮肤疾病和内照射放射病、放射性肿瘤、放射性骨损伤、放射性甲状腺疾病、放射性性腺疾病、放射复合伤和其他放射性损伤。

典型例题

电焊、氩弧焊等作业过程中会产生紫外线职业危害。紫外线照射人体引起的职业病是（　　）。

A. 职业性白内障　　B. 滑囊炎

C. 电光性眼炎　　D. 铬鼻病

【答案】C。

五、工作场所化学有害因素职业接触控制原则

根据《工作场所有害因素职业接触限值 第1部分：化学有害因素》（GBZ 2.1—2019）第6.1条规定，化学有害因素控制的优先原则：

1）对工作场所化学有害因素接触的控制，应根据工作场所职业病危害实际情况，按照要求采取综合控制措施。

2）消除替代原则。优先采用有利于保护劳动者健康的新技术、新工艺、新材料、新设备，用无害替代有害、低毒危害替代高毒危害的工艺、技术和材料，从源头控制劳动者接触化学有害因素。

3）工程控制原则。对生产工艺、技术和原辅材料达不到卫生学要求的，应根据生产工艺和化学有害因素的特性，采取相应的防尘、防毒、通风等工程控制措施，使劳动者的接触或活动的工作场所化学有害因素的浓度符合卫生要求。

4）管理控制原则。通过制定并实施管理性的控制措施，控制劳动者接触化学有害因素的程度，降低危害的健康影响。

5）个体防护原则。当所采取的控制措施仍不能实现对接触的有效控制时，应联合使用其他控制措施和适当的个体防护用品；个体防护用品通常在其他控制措施不能理想实现控制目标时使用。

6）在评估预防控制措施的合理性、可行性时，还应综合考虑职业病危害的种类以及为减少风险而需要付出的成本。

典型例题

例1：为有效降低输煤传送带间的粉尘浓度，可以采取湿式作业方法；为降低化学实验室有毒物的浓度，可以采取全面通风的方法。这些措施属于职业危害控制措施中的（　　）措施。

A. 工程控制技术　　B. 集体防护控制

C. 组织控制　　D. 管理控制

【答案】A。

例2：职业危害控制措施一般包括工程控制技术措施、个体防护措施和组织管理措施。在化

工生产过程中，属于控制化学毒物危害的工程技术措施是（　　）。

A. 改变工艺用甲苯替代苯作为原料　　B. 佩戴防毒面具

C. 建立健全预防控制制度　　D. 合理组织劳动过程

【答案】A。工程控制技术措施是指应用工程技术的措施和手段（例如密闭、通风、冷却、隔离等），控制生产工艺过程中产生或存在的职业危害因素的浓度或强度，使作业环境中有害因素的浓度或强度降至国家职业卫生标准容许的范围之内。选项 B 属于个体防护措施，选项 C、D 属于组织管理措施。

第十四节　安全生产标准化

《企业安全生产标准化基本规范》（GB/T 33000—2016）规定了企业安全生产标准化管理体系建立、保持与评定的原则和一般要求，以及目标职责、制度化管理、教育培训、现场管理、安全风险管控及隐患排查治理、应急管理、事故管理、持续改进八个体系要素的核心技术要求。

一、目标职责

1. 目标

企业应根据自身安全生产实际，制定文件化的总体和年度安全生产与职业卫生目标，并纳入企业总体生产经营目标。明确目标的制定、分解、实施、检查、考核等环节要求，并按照所属基层单位和部门在生产经营活动中所承担的职能，将目标分解为指标，确保落实。

企业应定期对安全生产与职业卫生目标、指标实施情况进行评估和考核，并结合实际及时进行调整。

2. 机构和职责

（1）机构设置。企业应落实安全生产组织领导机构，成立安全生产委员会，并应按照有关规定设置安全生产和职业卫生管理机构，或配备相应的专职或兼职安全生产和职业卫生管理人员，按照有关规定配备注册安全工程师，建立健全从管理机构到基层班组的管理网络。

（2）主要负责人及管理层职责。企业主要负责人全面负责安全生产和职业卫生工作，并履行相应责任和义务。分管负责人应对各自职责范围内的安全生产和职业卫生工作负责。

各级管理人员应按照安全生产和职业卫生责任制的相关要求，履行其安全生产和职业卫生职责。

3. 全员参与

企业应建立健全安全生产和职业卫生责任制，明确各级部门和从业人员的安全生产和职业卫生职责，并对职责的适宜性、履行情况进行定期评估和监督考核。

企业应为全员参与安全生产和职业卫生工作创造必要的条件，建立激励约束机制，鼓励从业人员积极建言献策，营造自下而上、自上而下全员重视安全生产和职业卫生的良好氛围，不断改进和提升安全生产和职业卫生管理水平。

4. 安全生产投入

企业应建立安全生产投入保障制度，按照有关规定提取和使用安全生产费用，并建立使用台账。企业应按照有关规定，为从业人员缴纳相关保险费用。企业宜投保安全生产责任保险。

5. 安全文化建设

企业应开展安全文化建设，确立本企业的安全生产和职业病危害防治理念及行为准则，并教育、引导全体从业人员贯彻执行。

6. 安全生产信息化建设

企业应根据自身实际情况，利用信息化手段加强安全生产管理工作，开展安全生产电子台账管理、重大危险源监控、职业病危害防治、应急管理、安全风险管控和隐患自查自报、安全生产预测预警等信息系统的建设。

典型例题

根据《企业安全生产标准化基本规范》（GB/T 33000—2016）的规定，以下说法正确的有（　　）。

A. 企业主要负责人全面负责安全生产和职业卫生工作

B. 企业不宜投保安全生产责任保险

C. 企业应建立安全生产投入保障制度

D. 企业应落实安全生产组织领导机构，成立安全生产委员会

E. 企业应定期对安全生产与职业卫生目标、指标实施情况进行评估和考核

【答案】ACDE。

二、制度化管理

1. 法规标准识别

企业应建立安全生产和职业卫生法律法规、标准规范的管理制度，明确主管部门，确定获取的渠道、方式，及时识别和获取适用、有效的法律法规、标准规范，建立安全生产和职业卫生法律法规、标准规范清单和文本数据库。

企业应将适用的安全生产和职业卫生法律法规、标准规范的相关要求转化为本单位的规章制度、操作规程，并及时传达给相关从业人员，确保相关要求落实到位。

2. 规章制度

企业应建立健全安全生产和职业卫生规章制度，并征求工会及从业人员意见和建议，规范安全生产和职业卫生管理工作。企业应确保从业人员及时获取制度文本。

3. 操作规程

企业应按照有关规定，结合本企业生产工艺、作业任务特点以及岗位作业安全风险与职业病防护要求，编制齐全适用的岗位安全生产和职业卫生操作规程，发放到相关岗位员工，并严格执行。

企业应确保从业人员参与岗位安全生产和职业卫生操作规程的编制和修订工作。

企业应在新技术、新材料、新工艺、新设备设施投入使用前，组织制（修）订相应的安全生产和职业卫生操作规程，确保其适宜性和有效性。

4. 文档管理

（1）记录管理。企业应建立文件和记录管理制度，明确安全生产和职业卫生规章制度、操作规程的编制、评审、发布、使用、修订、作废以及文件和记录管理的职责、程序和要求。

企业应建立健全主要安全生产和职业卫生过程与结果的记录，并建立和保存有关记录的电子档案，支持查询和检索，便于自身管理使用和行业主管部门调取检查。

（2）评估。企业应每年至少评估一次安全生产和职业卫生法律法规、标准规范、规章制度、操作规程的适宜性、有效性和执行情况。

（3）修订。企业应根据评估结果、安全检查情况、自评结果、评审情况、事故情况等，及时修订安全生产和职业卫生规章制度、操作规程。

典型例题

例 1：企业安全生产标准化强调落实企业领导责任、构建双重预防机制、制度化管理等安全

核心要素。根据《企业安全生产标准化基本规范》（GB/T 33000—2016），下列管理要素中，属于“制度化管理”内容的是（　　）。

A. 安全生产投入　　B. 文档管理

C. 全员参与　　D. 人员教育培训

【答案】B。

例 2：企业应在新技术、新材料、新工艺、新设备设施投入使用前，组织制（修）订相应的安全生产和职业卫生操作规程，确保其具有（　　）。

A. 指导性　　B. 持续性

C. 适宜性　　D. 有效性

E. 针对性

【答案】CD。

三、教育培训

1. 教育培训管理

企业应建立健全安全教育培训制度，按照有关规定进行培训。培训大纲、内容、时间应满足有关标准的规定。

企业安全教育培训应包括安全生产和职业卫生的内容。

企业应明确安全教育培训主管部门，定期识别安全教育培训需求，制定、实施安全教育培训计划，并保证必要的安全教育培训资源。

企业应如实记录全体从业人员的安全教育和培训情况，建立安全教育培训档案和从业人员个人安全教育培训档案，并对培训效果进行评估和改进。

2. 人员教育培训

（1）主要负责人和安全生产管理人员。企业的主要负责人和安全生产管理人员应具备与本企业所从事的生产经营活动相适应的安全生产和职业卫生知识与能力。

企业应对各级管理人员进行教育培训，确保其具备正确履行岗位安全生产和职业卫生职责的知识与能力。

法律法规要求考核其安全生产和职业卫生知识与能力的人员，应按照有关规定经考核合格。

（2）从业人员。企业应对从业人员进行安全生产和职业卫生教育培训，保证从业人员具备满足岗位要求的安全生产和职业卫生知识，熟悉有关的安全生产和职业卫生法律法规、规章制度、操作规程，掌握本岗位的安全操作技能和职业危害防护技能、安全风险辨识和管控方法，了解事故现场应急处置措施，并根据实际需要，定期进行复训考核。

未经安全教育培训合格的从业人员，不应上岗作业。

煤矿、非煤矿山、危险化学品、烟花爆竹、金属冶炼等企业应对新上岗的临时工、合同工、劳务工、轮换工、协议工等进行强制性安全培训，保证其具备本岗位安全操作、自救互救以及应急处置所需的知识和技能后，方能安排上岗作业。

企业的新入厂（矿）从业人员上岗前应经过厂（矿）、车间（工段、区、队）、班组三级安全教育，岗前安全教育培训学时和内容应符合国家和行业的有关规定。

在新工艺、新技术、新材料、新设备设施投入使用前，企业应对有关从业人员进行专门的安全生产和职业卫生教育培训，确保其具备相应的安全操作、事故预防和应急处置能力。

从业人员在企业内部调整工作岗位或离岗一年以上重新上岗时，应重新进行车间（工段、区、队）和班组级的安全教育培训。

从事特种作业、特种设备作业的人员应按照有关规定，经专门安全作业培训，考核合格，取得相应资格后，方可上岗作业，并定期接受复审。

企业专职应急救援人员应按照有关规定，经专门应急救援培训，考核合格后，方可上岗，并定期参加复训。

其他从业人员每年应接受再培训，再培训时间和内容应符合国家和地方政府的有关规定。

（3）其他人员教育培训。企业应对进入企业从事服务和作业活动的承包商、供应商的从业人员和接收的中等职业学校、高等学校实习生，进行入厂（矿）安全教育培训，并保存记录。

外来人员进入作业现场前，应由作业现场所在单位对其进行安全教育培训，并保存记录。主要内容包括：外来人员入厂（矿）有关安全规定、可能接触到的危害因素、所从事作业的安全要求、作业安全风险分析及安全控制措施、职业病危害防护措施、应急知识等。

企业应对进入企业检查、参观、学习等外来人员进行安全教育，主要内容包括安全规定、可能接触到的危险有害因素、职业病危害防护措施、应急知识等。

典型例题

企业应建立健全安全教育培训制度，按照有关规定进行培训，以下有关教育培训的说法中，正确的有（　　）。

A. 从事特种作业的人员应经专门安全作业培训，考核合格取得相应资格后，方可上岗作业

B. 企业应明确安全教育培训主管部门

C. 企业安全教育培训应包括安全生产和职业卫生的内容

D. 企业应对进入企业检查、参观、学习等外来人员进行安全教育

E. 未经安全教育培训合格的从业人员，也可上岗作业

【答案】ABCD。

四、现场管理

1. 设备设施管理

（1）设备设施建设。建设项目的安全设施和职业病防护设施应与建设项目主体工程同时设计、同时施工、同时投入生产和使用。

企业应按照有关规定进行建设项目安全生产、职业病危害评价，严格履行建设项目安全设施和职业病防护设施设计审查、施工、试运行、竣工验收等管理程序。

（2）设备设施验收。企业应执行设备设施采购、到货验收制度，购置、使用设计符合要求、质量合格的设备设施。设备设施安装后企业应进行验收，并对相关过程及结果进行记录。

（3）设备设施运行。企业应对设备设施进行规范化管理，建立设备设施管理台账。

企业应有专人负责管理各种安全设施以及检测与监测设备，定期检查维护并做好记录。

（4）设备设施检维修。企业应建立设备设施检维修管理制度，制定综合检维修计划，加强日常检维修和定期检维修管理，落实“五定”原则，即定检维修方案、定检维修人员、定安全措施、定检维修质量、定检维修进度，并做好记录。

检维修方案应包含作业安全风险分析、控制措施、应急处置措施及安全验收标准。检维修过程中应执行安全控制措施，隔离能量和危险物质，并进行监督检查，检维修后应进行安全确认。

（5）检测检验。特种设备应按照有关规定，委托具有专业资质的检测、检验机构进行定期检测、检验。涉及人身安全、危险性较大的海洋石油开采特种设备和矿山井下特种设备，应取得矿用产品安全标志或相关安全使用证。

（6）设备设施拆除、报废。企业应建立设备设施报废管理制度。设备设施的报废应办理审批手续，在报废设备设施拆除前应制定方案，并在现场设置明显的报废设备设施标志。报废、拆除

涉及许可作业的，应按照规定执行，并在作业前对相关作业人员进行培训和安全技术交底。报废、拆除应按方案和许可内容组织落实。

2. 作业安全

（1）作业环境和作业条件。企业应事先分析和控制生产过程及工艺、物料、设备设施、器材、通道、作业环境等存在的安全风险。

生产现场应实行定置管理，保持作业环境整洁。

生产现场应配备相应的安全、职业病防护用品（具）及消防设施与器材，按照有关规定设置应急照明、安全通道，并确保安全通道畅通。

企业应对临近高压输电线路作业、危险场所动火作业、有（受）限空间作业、临时用电作业、爆破作业、封道作业等危险性较大的作业活动，实施作业许可管理，严格履行作业许可审批手续。作业许可应包含安全风险分析、安全及职业病危害防护措施、应急处置等内容。作业许可实行闭环管理。

企业应对作业人员的上岗资格、条件等进行作业前的安全检查，做到特种作业人员持证上岗，并安排专人进行现场安全管理，确保作业人员遵守岗位操作规程和落实安全及职业病危害防护措施。

企业应采取可靠的安全技术措施，对设备能量和危险有害物质进行屏蔽或隔离。

两个以上作业队伍在同一作业区域内进行作业活动时，不同作业队伍相互之间应签订管理协议，明确各自的安全生产、职业卫生管理职责和采取的有效措施，并指定专人进行检查与协调。

（2）作业行为。企业应依法合理进行生产作业组织和管理，加强对从业人员作业行为的安全管理，对设备设施、工艺技术以及从业人员作业行为等进行安全风险辨识，采取相应的措施，控制作业行为安全风险。

企业应监督、指导从业人员遵守安全生产和职业卫生规章制度、操作规程，杜绝违章指挥、违规作业和违反劳动纪律的“三违”行为。

（3）岗位达标。企业应建立班组安全活动管理制度，开展岗位达标活动，明确岗位达标的内容和要求。

从业人员应熟练掌握本岗位安全职责、安全生产和职业卫生操作规程、安全风险及管控措施、防护用品使用、自救互救及应急处置措施。

各班组应按照有关规定开展安全生产和职业卫生教育培训、安全操作技能训练、岗位作业危险预知、作业现场隐患排查、事故分析等工作，并做好记录。

（4）相关方。企业应建立承包商、供应商等安全管理制度，将承包商、供应商等相关方的安全生产和职业卫生纳入企业内部管理，对承包商、供应商等相关方的资格预审、选择、作业人员培训、作业过程检查监督、提供的产品与服务、绩效评估、续用或退出等进行管理。

企业应建立合格承包商、供应商等相关方的名录和档案，定期识别服务行为安全风险，并采取有效的控制措施。

企业不应将项目委托给不具备相应资质或安全生产、职业病防护条件的承包商、供应商等相关方。企业应与承包商、供应商等签订合作协议，明确规定双方的安全生产及职业病防护的责任和义务。

企业应通过供应链关系促进承包商、供应商等相关方达到安全生产标准化要求。

3. 职业健康

（1）基本要求。企业应为从业人员提供符合职业卫生要求的工作环境和条件，为接触职业病危害的从业人员提供个人使用的职业病防护用品，建立健全职业卫生档案和健康监护档案。

企业应确保使用有毒、有害物品的作业场所与生活区、辅助生产区分开，作业场所不应住人；将有害作业与无害作业分开，高毒工作场所与其他工作场所隔离。

对可能导致发生急性职业危害的有毒、有害工作场所，应设置检验报警装置，制定应急预案，配置现场急救用品、设备，设置应急撤离通道和必要的泄险区，并定期检查监测。

企业应组织从业人员进行上岗前、在岗期间、特殊情况应急后和离岗时的职业健康检查，将检查结果书面告知从业人员并存档。对检查结果异常的从业人员，应及时就医，并定期复查。企业不应安排未经职业健康检查的从业人员从事接触职业病危害的作业；不应安排有职业禁忌的从业人员从事禁忌作业。

各种防护用品、各种防护器具应定点存放在安全、便于取用的地方，建立台账，并有专人负责保管，定期校验、维护和更换。

涉及放射工作场所和放射性同位素运输、储存的企业，应配置防护设备和报警装置，为接触放射线的从业人员佩戴个人剂量计。

（2）职业病危害告知。企业与从业人员订立劳动合同时，应将工作过程中可能产生的职业病危害及其后果和防护措施如实告知从业人员，并在劳动合同中写明。

企业应按照有关规定，在醒目位置设置公告栏，公布有关职业病防治的规章制度、操作规程、职业病危害事故应急救援措施和工作场所职业病危害因素检测结果。对存在或产生职业病危害的工作场所、作业岗位、设备、设施，应在醒目位置设置警示标识和中文警示说明；使用有毒物品作业场所，应设置黄色区域警示线、警示标识和中文警示说明；高毒作业场所应设置红色区域警示线、警示标识和中文警示说明，并设置通信报警设备。

（3）职业病危害申报。企业应按照有关规定，及时、如实向所在地安全生产监督管理部门申报职业病危害项目，并及时更新信息。

（4）职业病危害检测与评价。企业应对工作场所职业病危害因素进行日常监测，并保存监测记录。存在职业病危害的，应委托具有相应资质的职业卫生技术服务机构进行定期检测，每年至少进行一次全面的职业病危害因素检测；职业病危害严重的，应委托具有相应资质的职业卫生技术服务机构，每3年至少进行一次职业病危害现状评价。检测、评价结果存入职业卫生档案，并向安全监管部门报告，向从业人员公布。

定期检测结果中职业病危害因素浓度或强度超过职业接触限值的，企业应根据职业卫生技术服务机构提出的整改建议，结合本单位的实际情况，制定切实有效的整改方案，立即进行整改。整改落实情况应有明确的记录并存入职业卫生档案备查。

4. 警示标志

企业应按照有关规定和工作场所的安全风险特点，在有重大危险源、较大危险因素和严重职业病危害因素的工作场所，设置明显的、符合有关规定要求的安全警示标志和职业病危害警示标志。其中，警示标志的安全色和安全标志应分别符合《安全色》（GB 2893—2008）和《安全标志及其使用导则》（GB 2894—2008）的规定，道路交通标志和标线应符合《道路交通标志和标线》（GB 5768）（所有部分）的规定，工业管道安全标识应符合《工业管道的基本识别色、识别符号和安全标识》（GB 7231—2003）的规定，消防安全标志应符合《消防安全标志　第1部分：标志》（GB 13495.1—2015）的规定，工作场所职业病危害警示标识应符合《工业场所职业病危害警示标识》（GBZ 158—2003）的规定。安全警示标志和职业病危害警示标志应标明安全风险内容、危险程度、安全距离、防控办法、应急措施等内容；在有重大隐患的工作场所和设备设施上设置安全警示标志，标明治理责任、期限及应急措施；在有安全风险的工作岗位设置安全告知卡，告知从业人员本企业、本岗位主要危险有害因素、后果、事故预防及应急措施、报告电话等内容。

企业应定期对警示标志进行检查维护，确保其完好有效。

企业应在设备设施施工、吊装、检维修等作业现场设置警戒区域和警示标志，在检维修现场的坑、井、渠、沟、陡坡等场所设置围栏和警示标志，进行危险提示、警示，告知危险的种类、后果及应急措施等。

典型例题

职业病危害严重的企业，应委托具有相应资质的职业卫生技术服务机构，每（　　）年至少进行一次职业病危害现状评价。

A. 2　　B. 3　　C. 5　　D. 6

【答案】B。

五、安全风险管控及隐患排查治理

1. 安全风险管理

（1）安全风险辨识。企业应建立安全风险辨识管理制度，组织全员对本单位安全风险进行全面、系统的辨识。

安全风险辨识范围应覆盖本单位的所有活动及区域，并考虑正常、异常和紧急三种状态及过去、现在和将来三种时态。安全风险辨识应采用适宜的方法和程序，且与现场实际相符。

企业应对安全风险辨识资料进行统计、分析、整理和归档。

（2）安全风险评估。企业应建立安全风险评估管理制度，明确安全风险评估的目的、范围、频次、准则和工作程序等。

企业应选择合适的安全风险评估方法，定期对所辨识出的存在安全风险的作业活动、设备设施、物料等进行评估。在进行安全风险评估时，至少应从影响人、财产和环境三个方面的可能性和严重程度进行分析。

矿山、金属冶炼和危险物品生产、储存企业，每3年应委托具备规定资质条件的专业技术服务机构对本企业的安全生产状况进行安全评价。

（3）安全风险控制。企业应选择工程技术措施、管理控制措施、个体防护措施等，对安全风险进行控制。

企业应根据安全风险评估结果及生产经营状况等，确定相应的安全风险等级，对其进行分级分类管理，实施安全风险差异化动态管理，制定并落实相应的安全风险控制措施。

企业应将安全风险评估结果及所采取的控制措施告知相关从业人员，使其熟悉工作岗位和作业环境中存在的安全风险，掌握、落实应采取的控制措施。

（4）变更管理。企业应制定变更管理制度。变更前应对变更过程及变更后可能产生的安全风险进行分析，制定控制措施，履行审批及验收程序，并告知和培训相关从业人员。

2. 重大危险源辨识和管理

企业应建立重大危险源管理制度，全面辨识重大危险源，对确认的重大危险源制定安全管理技术措施和应急预案。

企业应对重大危险源进行登记建档，设置重大危险源监控系统，进行日常监控，并按照有关规定向所在地安全监管部门备案。重大危险源安全监控系统应符合《危险化学品重大危险源安全监控通用技术规范》（AQ 3035—2010）的技术规定。

含有重大危险源的企业应将监控中心（室）视频监控数据、安全监控系统状态数据和监测数据与有关监管部门监管系统联网。

3. 隐患排查治理

（1）隐患排查。企业应建立隐患排查治理制度，逐级建立并落实从主要负责人到每位从业人员的隐患排查治理和防控责任制。并按照有关规定组织开展隐患排查治理工作，及时发现并消除隐患，实行隐患闭环管理。

企业应根据有关法律法规、标准规范等，组织制定各部门、岗位、场所、设备设施的隐患排查治理标准或排查清单，明确隐患排查的时限、范围、内容、频次和要求，并组织开展相应的培训。隐患排查的范围应包括所有与生产经营相关的场所、人员、设备设施和活动，包括承包商、供应商等相关方服务范围。

企业应按照有关规定，结合安全生产的需要和特点，采用综合检查、专业检查、季节性检查、节假日检查、日常检查等不同方式进行隐患排查。对排查出的隐患，按照隐患的等级进行记录，建立隐患信息档案，并按照职责分工实施监控治理。组织有关专业技术人员对本企业可能存在的重大隐患做出认定，并按照有关规定进行管理。

企业应将相关方排查出的隐患统一纳入本企业隐患管理。

（2）隐患治理。企业应根据隐患排查的结果，制定隐患治理方案，对隐患及时进行治理。

企业应按照责任分工立即或限期组织整改一般隐患。主要负责人应组织制定并实施重大隐患治理方案。治理方案应包括目标和任务、方法和措施、经费和物资、机构和人员、时限和要求、应急预案。

企业在隐患治理过程中，应采取相应的监控防范措施。隐患排除前或排除过程中无法保证安全的，应从危险区域内撤出作业人员，疏散可能危及的人员，设置警戒标志，暂时停产停业或停止使用相关设备、设施。

（3）验收与评估。隐患治理完成后，企业应按照有关规定对治理情况进行评估、验收。重大隐患治理完成后，企业应组织本企业的安全管理人员和有关技术人员进行验收或委托依法设立的为安全生产提供技术、管理服务的机构进行评估。

（4）信息记录、通报和报送。企业应如实记录隐患排查治理情况，至少每月进行统计分析，及时将隐患排查治理情况向从业人员通报。

企业应运用隐患自查、自改、自报信息系统，通过信息系统对隐患排查、报告、治理、销账等过程进行电子化管理和统计分析，并按照当地安全监管部门和有关部门的要求，定期或实时报送隐患排查治理情况。

4. 预测预警

企业应根据生产经营状况、安全风险管理及隐患排查治理、事故等情况，运用定量或定性的安全生产预测预警技术，建立体现企业安全生产状况及发展趋势的安全生产预测预警体系。

典型例题

企业应根据（　　），确定相应的安全风险等级，对其进行分级分类管理，实施安全风险差异化动态管理，制定并落实相应的安全风险控制措施。

A. 作业环境　　B. 从业人员数量

C. 生产经营状况　　D. 风险评估结果

E. 安全风险评估结果

【答案】CE。

六、应急管理

1. 应急准备

（1）应急救援组织。企业应按照有关规定建立应急管理组织机构或指定专人负责应急管理工作，建立与本企业安全生产特点相适应的专（兼）职应急救援队伍。按照有关规定可以不单独建立应急救援队伍的，应指定兼职救援人员，并与邻近专业应急救援队伍签订应急救援服务协议。

（2）应急预案。企业应在开展安全风险评估和应急资源调查的基础上，建立生产安全事故应急预案体系，制定符合《生产经营单位生产安全事故应急预案编制导则》（GB/T 29639—2020）规定的生产安全事故应急预案，针对安全风险较大的重点场所（设施）制定现场处置方案，并编制重点岗位、人员应急处置卡。

企业应按照有关规定将应急预案报当地主管部门备案，并通报应急救援队伍、周边企业等有关应急协作单位。

企业应定期评估应急预案，及时根据评估结果或实际情况的变化进行修订和完善，并按照有关规定将修订的应急预案及时报当地主管部门备案。

（3）应急设施、装备、物资。企业应根据可能发生的事故种类特点，按照有关规定设置应急设施，配备应急装备，储备应急物资，建立管理台账，安排专人管理，并定期检查、维护、保养，确保其完好、可靠。

（4）应急演练。企业应按照《生产安全事故应急演练基本规范》（AQ/T 9007—2019）的规定定期组织公司（厂、矿）、车间（工段、区、队）、班组开展生产安全事故应急演练，做到一线从业人员参与应急演练全覆盖，并按照《生产安全事故应急演练评估规范》（AQ/T 9009—2015）的规定对演练进行总结和评估，根据评估结论和演练发现的问题，修订、完善应急预案，改进应急准备工作。

（5）应急救援信息系统建设。矿山、金属冶炼等企业，生产、经营、运输、储存、使用危险物品或处置废弃危险物品的生产经营单位，应建立生产安全事故应急救援信息系统，并与所在地县级以上地方人民政府负有安全生产监督管理职责部门的安全生产应急管理信息系统互联互通。

2. 应急处置

发生事故后，企业应根据预案要求，立即启动应急响应程序，按照有关规定报告事故情况，并开展先期处置。

发出警报，在不危及人身安全时，现场人员采取阻断或隔离事故源、危险源等措施；严重危及人身安全时，迅速停止现场作业，现场人员采取必要的或可能的应急措施后撤离危险区域。

立即按照有关规定和程序报告本企业有关负责人，有关负责人应立即将事故发生的时间、地点、当前状态等简要信息向所在地县级以上地方人民政府负有安全生产监督管理职责的有关部门报告，并按照有关规定及时补报、续报有关情况；情况紧急时，事故现场有关人员可以直接向有关部门报告；对可能引发次生事故灾害的，应及时报告相关主管部门。

研判事故危害及发展趋势，将可能危及周边生命、财产、环境安全的危险性和防护措施等告知相关单位与人员；遇有重大紧急情况时，应立即封闭事故现场，通知本单位从业人员和周边人员疏散，采取转移重要物资、避免或减轻环境危害等措施。

请求周边应急救援队伍参加事故救援，维护事故现场秩序，保护事故现场证据。准备事故救援技术资料，做好向所在地人民政府及其负有安全生产监督管理职责的部门移交救援工作指挥权的各项准备。

3. 应急评估

企业应对应急准备、应急处置工作进行评估。

矿山、金属冶炼等企业，生产、经营、运输、储存、使用危险物品或处置废弃危险物品的企业，应每年进行一次应急准备评估。

完成险情或事故应急处置后，企业应主动配合有关组织开展应急处置评估。

典型例题

应急管理中的应急准备主要包括（　　）。

A. 应急救援组织　　　　B. 应急演练

C. 应急预案　　　　　　　　　　　　　　D. 应急风险评估

E. 应急设施、装备、物资

【答案】ABCE。

七、事故管理

1. 报告

企业应建立事故报告程序，明确事故内外部报告的责任人、时限、内容等，并教育、指导从业人员严格按照有关规定的程序报告发生的生产安全事故。

企业应妥善保护事故现场以及相关证据。

事故报告后出现新情况的，应当及时补报。

2. 调查和处理

企业应建立内部事故调查和处理制度，按照有关规定、行业标准和国际通行做法，将造成人员伤亡（轻伤、重伤、死亡等人身伤害和急性中毒）和财产损失的事故纳入事故调查和处理范畴。

企业发生事故后，应及时成立事故调查组，明确其职责与权限，进行事故调查。事故调查应查明事故发生的时间、经过、原因、波及范围、人员伤亡情况及直接经济损失等。

事故调查组应根据有关证据、资料，分析事故的直接、间接原因和事故责任，提出应吸取的教训、整改措施和处理建议，编制事故调查报告。

企业应开展事故案例警示教育活动，认真吸取事故教训，落实防范和整改措施，防止类似事故再次发生。

企业应根据事故等级，积极配合有关人民政府开展事故调查。

3. 管理

企业应建立事故档案和管理台账，将承包商、供应商等相关方在企业内部发生的事故纳入本企业事故管理。

企业应按照《企业职工伤亡事故分类》（GB 6441—1986）、《事故伤害损失工作日标准》（GB/T 15499—1995）的有关规定和国家、行业确定的事故统计指标开展事故统计分析。

八、持续改进

1. 绩效评定

企业每年至少应对安全生产标准化管理体系的运行情况进行一次自评，验证各项安全生产制度措施的适宜性、充分性和有效性，检查安全生产和职业卫生管理目标、指标的完成情况。

企业主要负责人应全面负责组织自评工作，并将自评结果向本企业所有部门、单位和从业人员通报。自评结果应形成正式文件，并作为年度安全绩效考评的重要依据。

企业应落实安全生产报告制度，定期向业绩考核等有关部门报告安全生产情况，并向社会公示。

企业发生生产安全责任死亡事故，应重新进行安全绩效评定，全面查找安全生产标准化管理体系中存在的缺陷。

2. 持续改进

企业应根据安全生产标准化管理体系的自评结果和安全生产预测预警系统所反映的趋势，以及绩效评定情况，客观分析企业安全生产标准化管理体系的运行质量，及时调整完善相关制度文件和过程管控，持续改进，不断提高安全生产绩效。

典型例题

企业发生生产安全责任死亡事故，应（　　），全面查找安全生产标准化管理体系中存在的缺陷。

A. 开展应急处置评估　　B. 调整完善相关制度文件

C. 验证各项安全生产制度措施的适宜性　　D. 重新进行安全绩效评定

【答案】D。

第十五节　生产安全事故调查与分析

一、生产安全事故的分级

1. 按照安全事故伤害程度分类

根据《企业职工伤亡事故分类》（GB 6441—1986）规定，安全事故按伤害程度分为：

（1）轻伤，是指损失1个工作日至105个工作日的失能伤害。

（2）重伤，是指损失工作日等于和超过105个工作日的失能伤害，重伤的损失工作日最多不超过6000工日。

（3）死亡，是指损失工作日超过6000个工作日，这是根据我国职工的平均退休年龄和平均寿命计算出来的。

2. 按照安全事故类别分类

《企业职工伤亡事故分类》（GB 6441—1986）中，将事故类别划分为20类。

（1）物体打击，是指物体在重力或其他外力的作用下产生运动，打击人体而造成人身伤亡事故。不包括因机械设备、车辆、起重机械、坍塌等引发的物体打击。

（2）车辆伤害，是指企业机动车辆在行驶中引起的人体坠落和物体倒塌、飞落、挤压等造成的伤亡事故。不包括起重设备提升、牵引车辆和车辆停驶时发生的事故。

（3）机械伤害，是指机械设备运动或静止部件、工具、加工件直接与人体接触引起的挤压、碰撞、冲击、剪切、卷入、绞绕、甩出、切割、切断、刺扎等伤害。不包括车辆、起重机械引起的机械伤害。

（4）起重伤害，是指各种起重作业（包括起重机械安装、检修、试验）中发生的挤压、坠落（吊具、吊重物）、物体打击。

（5）触电，包括雷击伤亡事故。

（6）淹溺，包括高处坠落淹溺，不包括矿山、井下透水淹溺。

（7）灼烫，是指火焰烧伤、高温物体烫伤、化学灼伤（酸、碱、盐、有机物引起的体内外的灼伤）、物理灼伤（光、放射性物质引起的体内外的灼伤）。不包括电灼伤和火灾引起的烧伤。

（8）火灾，包括火灾引起的烧伤和死亡。

（9）高处坠落，是指在高处作业中发生坠落造成的伤害事故。不包括触电坠落事故。

（10）坍塌，是指物体在外力或重力作用下，超过自身的强度极限或因结构稳定性破坏而造成的事故。如挖沟时的土石塌方、脚手架坍塌、堆置物倒塌、建筑物坍塌等。不适用于矿山冒顶片帮和车辆、起重机械、爆破引起的坍塌。

（11）冒顶片帮。

（12）透水。

（13）放炮，是指爆破作业中发生的伤亡事故。

（14）火药爆炸，是指火药、炸药及其制品在生产、加工、运输、储存中发生的爆炸事故。

（15）瓦斯爆炸。

（16）锅炉爆炸。

（17）容器爆炸。

（18）其他爆炸。

（19）中毒和窒息。

（20）其他伤害。

3. 根据事故造成的人员伤亡或者直接经济损失分类

《生产安全事故报告和调查处理条例》（国务院令 493 号）第三条规定，根据事故造成的人员伤亡或者直接经济损失分类见表 1-7。

表 1-7　根据事故造成的人员伤亡或者直接经济损失分类

事故等级	造成死亡人数	造成重伤人数	造成直接经济损失
特别重大事故	30 人以上	100 人以上（包括急性工业中毒，下同）	1 亿元以上
重大事故	10 人以上 30 人以下	50 人以上 100 人以下	5000 万元以上 1 亿元以下
较大事故	3 人以上 10 人以下	10 人以上 50 人以下	1000 万元以上 5000 万元以下
一般事故	3 人以下死亡	10 人以下	1000 万元以下

注：“以上”包括本数，“以下”不包括本数。

典型例题

例 1：依据《企业职工伤亡事故分类》（GB 6441—1986），下列事故中，属于物体打击事故类别的有（　　）。

A. 某施工作业人员被高处坠落的瓦片砸伤

B. 某车间作业人员被电动机甩出的铁片划伤

C. 某职工在整理作业环境时被人为乱扔杂物砸伤

D. 起重机吊运货物时货物从空中坠落砸伤某作业人员

E. 某仓库管理人员在作业时被堆置物倒塌砸伤

【答案】AC。

例 2：根据《企业职工伤亡事故分类》（GB 6441—1986），重伤是指损失工作日等于和超过（　　）个工作日的失能损害。

A. 1～50　　B. 50～105　　C. 105　　D. 6000

【答案】C。

二、事故报告的要求

1. 事故发生单位的报告要求

《生产安全事故报告和调查处理条例》（国务院令第 493 号）第九条规定，事故发生后，事故现场有关人员应当立即向本单位负责人报告；单位负责人接到报告后，应当于 1h 内向事故发生地县级以上人民政府安全生产监督管理部门和负有安全生产监督管理职责的有关部门报告。

情况紧急时，事故现场有关人员可以直接向事故发生地县级以上人民政府安全生产监督管理部门和负有安全生产监督管理职责的有关部门报告。

2. 安全生产监督管理部门和有关部门事故报告要求

《生产安全事故报告和调查处理条例》（国务院令第 493 号）第十条规定，安全生产监督管理部门和负有安全生产监督管理职责的有关部门接到事故报告后，应当依照下列规定上报事故情况，并通知公安机关、劳动保障行政部门、工会和人民检察院：

（1）特别重大事故、重大事故逐级上报至国务院安全生产监督管理部门和负有安全生产监督管理职责的有关部门。

（2）较大事故逐级上报至省、自治区、直辖市人民政府安全生产监督管理部门和负有安全生产监督管理职责的有关部门。

（3）一般事故上报至设区的市级人民政府安全生产监督管理部门和负有安全生产监督管理职责的有关部门。

安全生产监督管理部门和负有安全生产监督管理职责的有关部门依照规定上报事故情况，应当同时报告本级人民政府。国务院安全生产监督管理部门和负有安全生产监督管理职责的有关部门以及省级人民政府接到发生特别重大事故、重大事故的报告后，应当立即报告国务院。

必要时，安全生产监督管理部门和负有安全生产监督管理职责的有关部门可以越级上报事故情况。

《生产安全事故报告和调查处理条例》（国务院令第 493 号）第十一条规定，安全生产监督管理部门和负有安全生产监督管理职责的有关部门逐级上报事故情况，每级上报的时间不得超过 2h。

《生产安全事故报告和调查处理条例》（国务院令第 493 号）第十三条规定，事故报告后出现新情况的，应当及时补报。自事故发生之日起 30d 内，事故造成的伤亡人数发生变化的，应当及时补报。道路交通事故、火灾事故自发生之日起 7d 内，事故造成的伤亡人数发生变化的，应当及时补报。

3. 事故报告的内容

《生产安全事故报告和调查处理条例》（国务院令第 493 号）第十二条规定，报告事故应当包括下列内容：

（1）事故发生单位概况。

（2）事故发生的时间、地点以及事故现场情况。

（3）事故的简要经过。

（4）事故已经造成或者可能造成的伤亡人数（包括下落不明的人数）和初步估计的直接经济损失。

（5）已经采取的措施。

（6）其他应当报告的情况。

典型例题

例 1：根据《生产安全事故报告和调查处理条例》（国务院令第 493 号），应逐级上报至省级人民政府负有安全生产监督管理职责部门的事故等级是（　　）。

A. 一般事故　　B. 较大事故

C. 9 人重伤的事故　　D. 900 万元直接经济损失的事故

【答案】B。

例 2：甲市乙区一道路施工项目施工时发生火药爆炸，造成 1 人死亡。事故调查结束后，事故调查组提交了事故调查报告，提出了相应的防范和整改措施。负责对该事故落实防范和整改措施进行监督检查的部门是（　　）。

A. 甲市负责安全生产监督管理的部门　　B. 甲市住建部门

C. 乙区负责安全生产监督管理的部门　　D. 乙区住建部门

【答案】C。1 人死亡为一般事故，因此应由乙区负责安全生产监督管理的部门监督检查，故选项 C 正确。

三、事故应急处理

《生产安全事故报告和调查处理条例》（国务院令第 493 号）第十四条 ~ 第十八条对事故应急处理的规定如下：

事故发生单位负责人接到事故报告后，应当立即启动事故相应应急预案，或者采取有效措施，组织抢救，防止事故扩大，减少人员伤亡和财产损失。

事故发生地有关地方人民政府、安全生产监督管理部门和负有安全生产监督管理职责的有关部门接到事故报告后，其负责人应当立即赶赴事故现场，组织事故救援。

事故发生后，有关单位和人员应当妥善保护事故现场以及相关证据，任何单位和个人不得破坏事故现场、毁灭相关证据。因抢救人员、防止事故扩大以及疏通交通等原因，需要移动事故现场物件的，应当做出标志，绘制现场简图并做出书面记录，妥善保存现场重要痕迹、物证。

事故发生地公安机关根据事故的情况，对涉嫌犯罪的，应当依法立案侦查，采取强制措施和侦查措施。犯罪嫌疑人逃匿的，公安机关应当迅速追捕归案。

安全生产监督管理部门和负有安全生产监督管理职责的有关部门应当建立值班制度，并向社会公布值班电话，受理事故报告和举报。

典型例题

根据《生产安全事故报告和调查处理条例》（国务院令第 493 号）的规定，事故发生单位负责人接到事故报告后，应当立即（　　），或者采取有效措施，组织抢救，防止事故扩大，减少人员伤亡和财产损失。

A. 启动事故相应应急预案　　B. 妥善保护事故现场以及相关证据

C. 妥善保存现场重要痕迹、物证　　D. 组织事故调查组进行调查

【答案】A。

四、事故调查

1. 事故调查的组织

事故调查工作实行“政府领导、分级负责”的原则，不管哪级事故，其事故调查工作都是由政府负责的；不管是政府直接组织事故调查还是授权或者委托有关部门组织事故调查，都是在政府的领导下，都是以政府的名义进行的，都是政府的调查行为，不是部门的调查行为。

《生产安全事故报告和调查处理条例》（国务院令第 493 号）第十九条 ~ 第二十一条对事故调查组织的规定如下：

特别重大事故由国务院或者国务院授权有关部门组织事故调查组进行调查。重大事故、较大事故、一般事故分别由事故发生地省级人民政府、设区的市级人民政府、县级人民政府负责调查。省级人民政府、设区的市级人民政府、县级人民政府可以直接组织事故调查组进行调查，也可以授权或者委托有关部门组织事故调查组进行调查。

未造成人员伤亡的一般事故，县级人民政府也可以委托事故发生单位组织事故调查组进行调查。

上级人民政府认为必要时，可以调查由下级人民政府负责调查的事故。

自事故发生之日起 30 日内（道路交通事故、火灾事故自发生之日起 7d 内），因事故伤亡人数变化导致事故等级发生变化，依照规定应当由上级人民政府负责调查的，上级人民政府可以另行组织事故调查组进行调查。

特别重大事故以下等级事故，事故发生地与事故发生单位不在同一个县级以上行政区域的，由事故发生地人民政府负责调查，事故发生单位所在地人民政府应当派人参加。

2. 事故调查组的组成

《生产安全事故报告和调查处理条例》（国务院令第 493 号）第二十二条 ~ 第二十四条对事故调查组组成的规定如下：

事故调查组的组成应当遵循精简、效能的原则。根据事故的具体情况，事故调查组由有关人民政府、安全生产监督管理部门、负有安全生产监督管理职责的有关部门、监察机关、公安机关以及工会派人组成，并应当邀请人民检察院派人参加。事故调查组可以聘请有关专家参与调查。

事故调查组成员应当具有事故调查所需要的知识和专长，并与所调查的事故没有直接利害关系。

事故调查组组长由负责事故调查的人民政府指定。事故调查组组长主持事故调查组的工作。

3. 事故调查组的职责

《生产安全事故报告和调查处理条例》（国务院令第 493 号）第二十五条规定，事故调查组履行的职责包括：①查明事故发生的经过、原因、人员伤亡情况及直接经济损失；②认定事故的性质和事故责任；③提出对事故责任者的处理建议；④总结事故教训，提出防范和整改措施；⑤提交事故调查报告。

《生产安全事故报告和调查处理条例》（国务院令第 493 号）第三十条规定，事故调查报告应当包括下列内容：

1）事故发生单位概况。

2）事故发生经过和事故救援情况。

3）事故造成的人员伤亡和直接经济损失。

4）事故发生的原因和事故性质。

5）事故责任的认定以及对事故责任者的处理建议。

6）事故防范和整改措施。

事故调查报告应当附具有关证据材料。事故调查组成员应当在事故调查报告上签名。

《生产安全事故报告和调查处理条例》（国务院令第 493 号）第三十一条规定，事故调查报告报送负责事故调查的人民政府后，事故调查工作即告结束。事故调查的有关资料应当归档保存。

4. 事故调查组的职权

《生产安全事故报告和调查处理条例》（国务院令第 493 号）第二十六条规定，事故调查组有权向有关单位和个人了解与事故有关的情况，并要求其提供相关文件、资料，有关单位和个人不得拒绝。事故发生单位的负责人和有关人员在事故调查期间不得擅离职守，并应当随时接受事故调查组的询问，如实提供有关情况。事故调查中发现涉嫌犯罪的，事故调查组应当及时将有关材料或者其复印件移交司法机关处理。

《生产安全事故报告和调查处理条例》（国务院令第 493 号）第二十七条规定，事故调查中需要进行技术鉴定的，事故调查组应当委托具有国家规定资质的单位进行技术鉴定。必要时，事故调查组可以直接组织专家进行技术鉴定。技术鉴定所需时间不计入事故调查期限。

5. 事故调查组的纪律和期限

《生产安全事故报告和调查处理条例》（国务院令第 493 号）第二十八条规定，事故调查组成员在事故调查工作中应当诚信公正、恪尽职守，遵守事故调查组的纪律，保守事故调查的秘密。未经事故调查组组长允许，事故调查组成员不得擅自发布有关事故的信息。

《生产安全事故报告和调查处理条例》（国务院令第 493 号）第二十九条规定，事故调查组应当自事故发生之日起 60d 内提交事故调查报告；特殊情况下，经负责事故调查的人民政府批准，提交事故调查报告的期限可以适当延长，但延长的期限最长不超过 60d。

典型例题

例 1：某市一路段公交车发生爆炸事故，事故当时造成 2 人死亡，23 人重伤。重伤者经过 10d 抢救，有 8 人未能脱离生命危险而死亡。负责组织调查此次事故的政府部门应当是（　　）。

A. 县级有关部门　　B. 市级有关部门

C. 省级有关部门　　D. 国务院授权的有关部门

【答案】B。

例 2：某市 A 路段发生重大交通事故，在事故调查过程中，调查组现场勘查用了 5d 时间。根据《生产安全事故报告和调查处理条例》（国务院令第 493 号），该事故从事故发生之日起到提交事故调查报告，特殊情况下经批准，最长不能超过（　　）d。

A. 60　　B. 65　　C. 120　　D. 125

【答案】C。

例 3：甲省乙市丙县某路段发生一起交通事故，9 人死亡，10 人重伤，事故发生后第 10 天，又有 2 名重伤人员医治无效死亡。根据《生产安全事故报告和调查处理条例》（国务院令第 493 号），关于该起事故调查的说法，正确的是（　　）。

A. 应由甲省应急管理部门负责调查　　B. 应由甲省人民政府负责调查

C. 应由丙县人民政府负责调查　　D. 应由乙市人民政府负责调查

【答案】D。

五、事故调查报告的批复

《生产安全事故报告和调查处理条例》（国务院令第 493 号）第三十二条规定，重大事故、较大事故、一般事故，负责事故调查的人民政府应当自收到事故调查报告之日起 15d 内做出批复；特别重大事故，30d 内做出批复，特殊情况下，批复时间可以适当延长，但延长的时间最长不超过 30d。

有关机关应当按照人民政府的批复，依照法律、行政法规规定的权限和程序，对事故发生单位和有关人员进行行政处罚，对负有事故责任的国家工作人员进行处分。

事故发生单位应当按照负责事故调查的人民政府的批复，对本单位负有事故责任的人员进行处理。

负有事故责任的人员涉嫌犯罪的，依法追究刑事责任。

典型例题

《生产安全事故报告和调查处理条例》（国务院令第 493 号）规定，重大事故、较大事故、一般事故，负责事故调查的人民政府应当自收到事故调查报告之日起（　　）d 内做出批复。

A. 10　　B. 15　　C. 30　　D. 45

【答案】B。

六、企业职工伤亡事故经济损失计算方法

《企业职工伤亡事故经济损失统计标准》（GB 6721—1986）规定了企业职工伤亡事故的基本定义、直接经济损失与间接经济损失的统计范围与计算方法。

伤亡事故经济损失是指企业职工在劳动生产过程中发生伤亡事故所引起的一切经济损失，包括直接经济损失和间接经济损失。

1. 直接经济损失

直接经济损失是指因事故造成人身伤亡及善后处理支出的费用和毁坏财产的价值。

2. 间接经济损失

间接经济损失是指因事故导致产值减少、资源破坏和受事故影响而造成其他损失的价值。

3. 直接经济损失的统计范围

（1）人身伤亡后所支出的费用：①医疗费用（含护理费用）；②丧葬及抚恤费用；③补助及救济费用；④歇工工资。

（2）善后处理费用：①处理事故的事务性费用；②现场抢救费用；③清理现场费用；④事故罚款和赔偿费用。

（3）财产损失价值：①固定资产损失价值；②流动资产损失价值。

4. 间接经济损失的统计范围

（1）停产、减产损失价值。

（2）工作损失价值。

（3）资源损失价值。

（4）处理环境污染的费用。

（5）补充新职工的培训费用。

（6）其他损失费用。

5. 计算方法

（1）经济损失计算。

$$E = E_d + E_i$$

式中 E——经济损失（万元）；

E_d——直接经济损失（万元）；

E_i——间接经济损失（万元）。

（2）工作损失价值计算。

$$V_W = D_L M/(SD)$$

式中 V_W——工作损失价值（万元）；

D_L——一起事故的总损失工作日数（日），死亡一名职工按6000个工作日计算，受伤职工视伤害情况按《企业职工伤亡事故分类》（GB 6441—1986）的附表确定；

M——企业上年税利（税金加利润）（万元）；

S——企业上年平均职工人数（人）；

D——企业上年法定工作日数（日）。

（3）固定资产损失价值按下列情况计算。

1）报废的固定资产，以固定资产净值减去残值计算。

2）损坏的固定资产，以修复费用计算。

（4）流动资产损失价值按下列情况计算。

1）原材料、燃料、辅助材料等均按账面值减去残值计算。

2）成品、半成品、在制品等均以企业实际成本减去残值计算。

（5）事故已处理结案而未能结算的医疗费、歇工工资等，采用测算方法计算。

（6）对分期支付的抚恤、补助等费用，按审定支出的费用，从开始支付日期累计到停发日期。

（7）停产、减产损失，按事故发生之日起到恢复正常生产水平时止，计算其损失价值。

6. 经济损失的评价指标

（1）千人经济损失率。

$$R_s(‰) = E/S \times 1000$$

式中　R_s——千人经济损失率；

E——全年内经济损失（万元）；

S——企业平均职工人数（人）。

（2）百万元产值经济损失率。

$$R_v(\%) = E/V \times 100$$

式中　R_v——百万元产值经济损失率；

E——全年内经济损失（万元）；

V——企业总产值（万元）。

典型例题

例1：2019年A市B路段货运车辆发生爆炸事故，造成3人死亡，多车辆损毁。事故善后发生费用40万元，支付丧葬费30万元，抚恤金360万元，车辆原值280万元。保险公司赔付人身意外伤害保险360万元，车辆原值280万元。事故调查结束后，地方政府有关部门对企业总经理处罚2万元，对企业处罚50万元。该事故直接经济损失是（　　）万元。

A. 70　　B. 760　　C. 140　　D. 708

【答案】B。直接经济损失＝（360＋280＋50＋40＋30）万元＝760万元。

例2：某道路发生一起运输车辆爆炸事故，造成3名人员伤亡，并对环境造成污染，依据《企业职工伤亡事故经济损失统计标准》（GB 6721—1986），下列费用中，属于该起事故间接经济损失的有（　　）。

A. 人员治疗费用

B. 处理事故过程中所使用车辆的运输费

C. 处理事故造成的环境污染费用

D. 该设备停产的损失价值

E. 上级单位对该起事故的罚款

【答案】CD。

第二章　安全生产技术基础

学习要求

1）熟悉机械、电气的危险、有害因素及其伤害与事故类别，制定相应的事故预防措施。

2）针对不同物质材料、不同类型的火灾，制定相应的防火措施和扑救方法；制定电气设备、粉尘、民用爆炸物品和烟花爆竹等的防爆措施。

3）根据生产经营单位的实际情况，编制特种设备的安全管理及技术措施、特种设备安全附件使用要求，以及特种设备事故的预防、控制和应急措施。

4）根据危险化学品的特性，选用相应的包装与储运方法，以及泄漏控制、火灾控制和销毁处置的措施。根据危险化学品对人体危害的特性，选用适当的防护措施与现场抢救方法。

5）根据相关安全标准和动火、受限空间（有限空间）等特殊作业管理制度，进行风险分析，编制作业安全防范措施。

第一节　机械安全技术基础

一、机械使用过程中的危险有害因素

1. 机械性危害

机械性危害是指致伤物通过机械运动作用于人体，致使人体组织或机能被破坏。产生机械性危害的条件因素主要有：

（1）刀刃、锐边、尖角、粗糙或光滑表面。

（2）挤压、剪切、缠绕区域的相对位置。

（3）零部件因运动松动、脱落、折断、碎裂、甩出。

（4）人或物的重力势能或物在特定条件的弹性势能。

注意：高处作业跌落属于机械性危险的特殊类型。

（5）抗倾翻性或移动机器防风抗滑的稳定性。

（6）机械强度不够导致的断裂或破裂。

（7）料堆坍塌、土岩滑动造成掩埋所致的窒息危险。

注意：机械性窒息是机械性暴力引起呼吸障碍，导致氧气吸入减少或停止，二氧化碳在体内滞留，大多数情况为外窒息；中毒窒息、电击窒息、疾病窒息均不属于机械性窒息。

2. 非机械性危险

（1）电气危险：触电（电击、电伤），静电危险。

（2）危险温度：高温灼烫烫伤、低温冷冻冻伤。

（3）噪声危险：机械噪声、动力噪声、电磁噪声。

（4）振动危险：局部振动、全身振动。

注意：振动多因时间累积造成的生理性伤害，不属于机械危险。

（5）辐射危险：电离辐射（X 射线）、非电离辐射（红外光）。

（6）材料和物质产生的危险：酸、碱、毒、粉尘、易燃爆。

（7）未履行安全人机工程学原则而产生的危险：外界环境等。

典型例题

例1：机械使用过程中的危险可能来自机械设备和工具自身、原材料、工艺方法和使用手段等多方面，危险因素可分为机械性危险因素和非机械性危险因素。下列危险因素中，属于非机械性的是（　　）。

A. 噪声　　B. 挤压　　C. 碰撞　　D. 冲击

【答案】A。

例2：机械性危害是指致伤物通过机械运动作用于人体，致使人体组织或机能被破坏。产生机械性危害的条件因素主要有（　　）。

A. 光滑表面　　B. 相对位置　　C. 势能　　D. 断裂

E. 危险温度

【答案】ABCD。

二、机械伤害类型

机械装置在正常工作状态、非正常工作状态乃至非工作状态都存在危险性。在机械行业，伤害类型包括物体打击、车辆伤害、机械伤害、起重伤害、触电、灼烫、火灾、高处坠落、坍塌、火药爆炸、化学性爆炸、物理性爆炸、中毒、窒息及其他伤害。

典型例题

在机械行业，伤害类型包括物体打击、车辆伤害、机械伤害、起重伤害、触电、灼烫、火灾、高处坠落、坍塌、火药爆炸、化学性爆炸、物理性爆炸、中毒、窒息及其他伤害。下列各种事故中，属于物体打击的伤害是（　　）。

A. 建筑构件坍塌砸人　　B. 车辆对人的撞击

C. 起吊重物砸人　　D. 机床上工件飞出伤人

【答案】D。

三、机械设备的危险部位及预防对策措施

1. 机械设备的危险部位

（1）转动的危险部位。包括无凸起部分转动轴、有凸起部分转动轴、对旋式轧辊、牵引辊、辊式输送机、轴流风机、径流通风机、砂轮机、旋转的刀具。

（2）直线运动的危害部位。包括切割刀刃、砂带机、带锯机、冲压机和铆接机、剪式升降机、机械工作台和滑枕、配重块。

（3）转动和直线运动的危险部位。包括传送带传动、齿条和齿轮、输送链和链轮。

2. 预防机械伤害的对策

（1）实现机械本质安全设计。通过适当选择机器的设计特性和暴露人员与机器的交互作用，消除或减少相关的风险。

（2）安全防护或补充保护措施。

（3）提示性安全技术措施。使用信息明确警告剩余风险。

典型例题

实现本质安全，是预防机械伤害事故的治本之策。下列机械安全措施中，不属于机械本质安全措施的是（　　）。

A. 避免材料毒性　　B. 事故急停装置　　C. 采用安全电源　　D. 机器的稳定性

【答案】B。

四、机械安全防护措施

1. 防护装置

机器的安全防护装置有很多，主要有以下类型：

（1）固定安全防护装置。防止操作，人员接触机器的危险部件，只有用改锥、扳手等专用工具才能拆卸。

（2）连锁安全装置。只有安全装置关合时，机器才能运转，机器的危险部件停止，安全装置才能开启。

（3）控制安全装置。使机器迅速停止运动。

（4）自动安全装置。把暴露在危险中的人体从危险区域中移开，仅限于在低速运动的机器上采用。

（5）隔离安全装置。阻止身体的任何部分靠近危险区域的设施，如固定的栅栏。

（6）可调安全装置。在无法实现对危险区域进行隔离的情况下，可以使用部分可调安全装置。

（7）自动调节安全装置。由于工件的运动而自动开启，操作完毕后回到关闭的状态。

（8）跳闸安全装置。在操作到危险点之前，自动使机器停止或反向运动。

（9）双手控制安全装置。迫使操作者应用两只手来操纵控制器。控制器之间有适当的距离，仅能对操作者提供保护。

2. 保护装置

（1）固定保护装置。永久固定（焊接）；借助紧固件（螺钉螺栓）固定，不要在没有工具的情况下拆卸或打开，如联轴器、皮带轮、链轮等。

（2）封闭式保护装置。防止从各个方向进入危险区域的保护装置。如 BLT150A-8 空压机、圆盘卸灰机。

（3）距离防护装置。一种不完全封闭危险区的防护装置，然而，它可以依赖其尺寸和功能以及与危险区域的距离，或减少其进入危险区域的机会，如栅栏、通道、警戒绳等。

（4）可调保护装置。固定式或移动式保护装置，整体装置或部分可调，在特定操作期间调整件保持固定（冲床、钻床）。

（5）自动关闭防护装置。靠机器零件（如移动）、用于操作工件或机器夹具零件的可移动保护装置，以便让工件（夹具）通过，当工件一离开让其通过的关口，就自动（借助重力、弹簧、其他外部动力等）恢复到关闭位置，如无齿锯。

（6）与联锁装置一起使用的保护装置。也就是说，如果防护装置打开，机器就不能工作，如数控车床。

3. 防护措施

缺乏安全装置是出现机械伤害事故的主要原因之一，如有的机械传动带、齿机、接近地面的联轴节、皮带轮、飞轮等易伤害人体的部位没有完好的防护装置；还有的人孔、投料口、绞笼井等部位缺护栏及盖板，无警示牌，人一疏忽误接触这些部位，就会造成事故。

防止机械伤害事故的发生，必须从安全管理工作入手，并在工程技术方面解决传动机械设备的安全防护和安全保险等问题。所有的机械传动部分都具有危险性，特别在机器外露部分和凸出部位，如无防护装置时，极易使工人受到伤害，因无防护装置而碰伤工人，或被机器传动部分卷入的情况屡屡发生。因此，对于机器传动部分必须有可靠的防护装置。

常用的机械设备的结构有很大差异，具体的安全防护措施也不同。但一般来说，可采取以下防护措施：

1）凡操作人员有可能碰触、卷入的可动零部件，都必须安装安全门或防护罩。安全门和防护罩设置的位置、与设备的间隔、是否需要预留进出料口等，必须根据操作工的手和身体的活动范围以及生产工艺来决定。

2）为防止传动机械的运行超过极限位置，应装配可靠的限位保险装置。

3）对高速旋转的离心机、砂轮和大型风扇，必须采取防护措施，确保操作人员或附近装置不受损伤。

典型例题

下列装置中，属于机械保护装置的有（　　）。

A. 隔离安全装置

B. 可调保护装置

C. 距离装置

D. 封闭式保护装置

E. 自动关闭防护装置

【答案】BCDE。

第二节　电气安全技术基础

一、防止直接接触电击的安全技术措施

1. 绝缘

（1）绝缘检测。

1）绝缘电阻试验。绝缘电阻是衡量绝缘性能优劣的最基本的指标。在绝缘结构的制造和使用中，经常需要测定其绝缘电阻。绝缘材料的电阻通常用绝缘电阻表测量。绝缘电阻表主要由作为电源的手摇发电机（或其他直流电源）和作为测量机构的磁电式比率计（双动线圈比率计）组成。测量时实际上是给被测物加上直流电压，测量其通过的泄漏电流，在表的盘面上读到的是经过换算的绝缘电阻值。

2）外观检查。主要是绝缘机构物理性能的观察和检查。

（2）绝缘破坏。

当绝缘体受潮或受到过高的温度、过高的电压时，可能会因完全失去绝缘能力而导电，这种现象称为绝缘击穿或绝缘破坏。

电气设备绝缘破坏的主要原因有：

1）绝缘材料所承受的电压或电场强度超过其允许的最大值。

2）绝缘材料接触到腐蚀性气体、蒸气、潮气、粉尘、污水或受到机械损伤时，其绝缘性能都会降低，以至绝缘性能被破坏。

3）在正常工作条件下，绝缘材料由于受到温度、气候、时间、环境的长期影响而逐渐老化，进而失去绝缘性能。

2. 屏护

屏护是一种对电击危险因素进行隔离的手段，即采用遮栏、护罩、护盖、箱匣等把危险的带电体同外界隔离开来，以防止人体触及或接近带电体所引起的触电事故。

屏护装置应符合下列安全条件：

1）屏护装置应安装牢固。凡用金属材料制成的屏护装置必须接地或接零。

2）屏护装置应有足够的尺寸，与带电体之间应保持必要的距离。

3）遮栏、栅遮栏等屏护装置上，应有“止步，高压危险！”等标志。

4）必要时应配合采用声光报警信号和联锁装置。

3. 间距

1）架空线路应避免跨越建筑物，也不应跨越可燃材料屋顶的建筑物。

2）架空线路断线接地时，在离接地点 4～8m 范围内不能随意进入。

3）人体及其所携带工具与带电体的距离，在低压作业中，不应小于 0.1m；在 10kV 作业中且无遮栏时，不应小于 0.7m；在 10kV 作业中且有遮栏时，遮栏与带电体之间的距离不应小于 0.35m。

典型例题

所有电气装置都必须具备防止电击伤害的直接接触防护和间接接触防护措施，下列防护措施中，属于防止直接接触电击防护措施的是（　　）。

A. 利用避雷器防止雷电侵害

B. 利用绝缘体对带电体进行封闭和隔离

C. TT 系统

D. TN 系统

【答案】B。

二、防止间接接触电击的安全技术措施

（一）保护接地

保护接地就是将正常情况下不带电，而在绝缘材料损坏后或其他情况下可能带电的电器金属部分（即与带电部分相绝缘的金属结构部分）用导线与接地体可靠连接起来的一种保护接线方式。

1. IT 系统

IT 系统就是保护接地系统。保护接地的做法是将电气设备在故障情况下可能呈现危险电压的金属部位经接地线、接地体同大地紧密地连接起来；其安全原理是通过低电阻接地，把故障电压限制在安全范围以内。但应注意漏电状态并未因保护接地而消失。保护接地适用于各种不接地配电网。

2. TT 系统

TT 系统用于未装备配电变压器，从外面引进低压电源的小型用户。采用 TT 系统必须装设剩余电流动作保护装置或过电流保护装置，并优先采用前者。

（二）保护接零

1. 保护接零的安全原理

保护接零的安全原理是当某相带电部分碰连设备外壳时，形成该相对零线的单相短路，短路电流促使线路上的短路保护元件迅速动作，从而把故障设备电源断开，消除电击危险。虽然保护接零也能降低漏电设备上的故障电压，但一般不能降低到安全范围以内。其第一位的安全作用是迅速切断电源。

2. TN 系统

（1）TN-C 系统。它是用工作零线兼作接零保护线，可以称作保护中性线，用 PEN 表示。

（2）TN-S 供电系统。它是把工作零线 N 和专用保护线 PE 严格分开的供电系统。TN-S 供电系统的特点如下。

1）系统正常运行时，专用保护线上没有电流，只是工作零线上有不平衡电流。PE 线对地没有电压，所以电气设备金属外壳接零保护是接在专用的保护线 PE 上的，这样既安全又可靠。

2）工作零线只用作单相照明负载回路。

3）专用保护线 PE 不许断线，也不许进入漏电开关。

4）干线上使用漏电保护器，工作零线不得有重复接地，而 PE 线有重复接地，但是不经过漏电保护器，所以 TN-S 系统供电干线上也可以安装漏电保护器。

5）TN-S 供电系统安全可靠，适用于工业与民用建筑等低压供电系统。

（3）TN-C-S 系统。它是指前一段保护零线与中性线共用，后一段保护零线与中性线分开的系统，宜用于厂内设有总变电站，厂内低压配电的场所及非生产性楼房。

3. 重复接地

在工作中，对于工作零线回路来说，为了避免出现断开现象，一方面对中性点接地处理，另一方面对工作零线进行重复接地处理。重复接地的安全作用是：

1）减轻 PE 线和 PEN 线断开或接触不良的危险性。

2）进一步降低漏电设备对地电压。

3）缩短漏电故障持续时间，加速了线路保护装置的作用。

4）改善架空线路的防雷性能。

4. 工作接地

工作接地是指将电力系统的某点（如中性点）直接接大地，或经消弧线圈、电阻等与大地金属连接，如变压器、互感器中性点接地等。其作用包括：系统运行需要；降低人体接触电压；迅速切断故障设备；降低设计绝缘等级。

5. 等电位联结

等电位联结是将建筑物中各电气装置和其他装置外露的金属及可导电部分与人工或自然接地体同导体连接起来以达到减少电位差的目的。

（三）保护导体和接地装置

1. 保护导体

（1）保护导体的组成。保护导体包括保护接线、保护接零线和等电位联结线。所有保护导体，包括有保护作用的 PEN 线上均不得安装单级开关和熔断器；保护导体应有防机械损伤和化学腐蚀的措施。

（2）保护导体的安全性。保护导体断开或缺陷除可能导致触电事故外，还可能导致电气火灾和设备损坏。因此，必须保证保护导体的可靠性。

2. 接地装置

（1）安装。

1）深度要求：上端离地面不应小于 0.6m，对于农田地带不应小于 1m，并应在冰冻层以下。

2）接地体位置：宜避开人行道和建筑物出入口附近。

3）引出导体的设置：应引出地面 0.3m 以上。

4）水平距离要求：接地体离独立避雷针接地体之间不得小于 3m；接地体离建筑物墙基之间不得小于 1.5m。

5）接地线穿过墙壁、楼板、地坪时：应敷设在明孔、管道或其他坚固的保护管中。

（2）连接。

1）连接方式：采用搭焊焊接，不得有虚焊。

2）建筑物的钢结构、起重机轨道、工业管道等自然导体作接地线：伸缩缝或接头处应另加跨接线。

3）接地线与管道的连接：采用螺纹连接或抱箍螺纹连接，必须采用镀锌件。

（四）电气隔离和不导电环境

1. 电气隔离

电气隔离就是将电源与用电回路做电气上的隔离，即将用电的分支电路与整个电气系统隔离，使之成为一个在电气上被隔离的、独立的不接地安全系统，以防止在裸露导体故障带电情况下发生间接触电危险。

2. 不导电环境

不导电环境是指利用不导电的材料制成地板、墙壁等，使人员所处的场所成为一个对地绝缘水平较高的环境，这种场所又称为非导电场所。不导电环境必须符合以下安全要求：

1）地板和墙每一点的电阻电压500V及以下者：不应低于50kΩ；电压500V以上者不应低于100kΩ。

2）为了防止人体在工作绝缘损坏后同时触及不同电位的导体，应保持间距或设置屏障。

3）具有永久性。

4）场所内不得有保护零线或保护地线。

（五）双重绝缘

1）工作绝缘又称基本绝缘，是带电体与不可触及的导体之间的绝缘，位于带电体与不可触及金属件之间。

2）加强绝缘又称附加绝缘，是在工作绝缘因机械破损或击穿等而失效的情况下，可防止触电的独立绝缘，位于不可触及金属件与可触及金属件之间。在绝缘强度和力学性能上具备了与双重绝缘同等防触电能力的单一绝缘。

具有双重绝缘和加强绝缘的设备属于Ⅱ类设备。

典型例题

例1：下列电气保护系统中，属于PE保护接零的是（　　）。

A. IT系统　　B. TT系统　　C. TN-C系统　　D. TN-S系统

【答案】D。

例2：保护接地的做法是将电气设备故障情况下可能呈现危险电压的金属部位经接地线、接地体同大地紧密地连接起来。下列关于保护接地的说法中，正确的是（　　）。

A. 保护接地的安全原理是通过高电阻接地，把故障电压限制在安全范围之内

B. 保护接地防护措施可以消除电气设备漏电状态

C. 保护接地不适用于所有不接地配电网

D. 保护接地是防止间接接触电击的安全技术措施

【答案】D。

例3：重复接地是指PE线或PEN线上除工作接地外的其他点再次接地。关于重复接地作用的说法，正确的是（　　）。

A. 减小零线断开的故障率　　B. 加速线路保护装置的动作

C. 提高漏电设备的对地电压　　D. 不影响架空线路的防雷性能

【答案】B。

例4：电气设备在运行中，接地装置应始终保持良好状态，接地装置包括接地体和接地线。关于接地装置连接的说法，正确的是（　　）。

A. 有伸缩缝的建筑物的钢结构可直接作接地线

B. 接地线与管道的连接可采用镀铜件螺纹连接

C. 接地装置地下部分的连接应采用搭焊

D. 接地线的连接处有振动隐患时应采用螺纹连接

【答案】C。

三、兼有直接接触电击和间接接触电击防护的安全措施

1. 安全电压

安全电压是指不致使人直接死亡或残疾的电压，一般环境条件下允许持续接触的“安全特低电压”是36V。

安全电压应满足三个条件：①标称电压不超过交流50V、直流120V；②由安全隔离变压器供电；③安全电压电路与供电电路及大地隔离。

我国规定的安全电压额定值的等级为42V、36V、24V、12V、6V。当电气设备采用的电压超过安全电压时，必须按规定采取防止直接接触带电体的保护措施。

2. 剩余电流动作保护

剩余电流动作保护装置是在规定条件下，当被保护电路中剩余电流超过设定值时，能自动断开电路或发出报警信号的继电保护装置。

剩余电流动作保护装置采用自动切断电源的保护原理。在直接接触防护中作为防止电击危险的基本保护措施的附加保护；在间接接触防护中作为防止因接地故障使电气设备外露导电部分带有危险电压而引发电击危害或电气火灾危险的有限保护。

典型例题

下列安全技术措施中，既能防止直接接触电击又能防止间接接触电击的是（　　）。

A. 安全电压　　B. 重复接地

C. 屏护　　D. 双重绝缘

【答案】A。

四、爆炸危险环境

1. 爆炸性气体环境危险区域划分

《爆炸危险环境电力装置设计规范》（GB 50058—2014）第3.2.1条规定，爆炸性气体环境应根据爆炸性气体混合物出现的频繁程度和持续时间分为0区、1区、2区，分区应符合下列规定：

1）0区应为连续出现或长期出现爆炸性气体混合物的环境。

2）1区应为在正常运行时可能出现爆炸性气体混合物的环境。

3）2区应为在正常运行时不太可能出现爆炸性气体混合物的环境，或即使出现也仅是短时存在的爆炸性气体混合物的环境。

《爆炸危险环境电力装置设计规范》（GB 50058—2014）第3.2.5条规定，爆炸危险区域的划分应按释放源级别和通风条件确定，存在连续级释放源的区域可划为0区，存在一级释放源的区域可划为1区，存在二级释放源的区域可划为2区，并应根据通风条件按下列规定调整区域划分：

1）当通风良好时，可降低爆炸危险区域等级；当通风不良时，应提高爆炸危险区域等级。

2）局部机械通风在降低爆炸性气体混合物浓度方面比自然通风和一般机械通风更为有效时，可采用局部机械通风降低爆炸危险区域等级。

3）在障碍物、凹坑和死角处，应局部提高爆炸危险区域等级。

4）利用堤或墙等障碍物，限制比空气重的爆炸性气体混合物的扩散，可缩小爆炸危险区域

的范围。

2. 爆炸性粉尘环境危险区域划分

《爆炸危险环境电力装置设计规范》（GB 50058—2014）第 4.2.2 条规定，爆炸危险区域应根据爆炸性粉尘环境出现的频繁程度和持续时间分为 20 区、21 区、22 区，分区应符合下列规定：

1）20 区应为空气中的可燃性粉尘云持续地或长期地或频繁地出现于爆炸性环境中的区域。

2）21 区应为在正常运行时，空气中的可燃性粉尘云很可能偶尔出现于爆炸性环境中的区域。

3）22 区应为在正常运行时，空气中的可燃粉尘云一般不可能出现于爆炸性粉尘环境中的区域，即使出现，持续时间也是短暂的。

典型例题

例 1：爆炸性粉尘环境是指在一定条件下，粉尘、纤维或飞絮的可燃物质与空气形成的混合物被点燃后，能够保持燃烧自行传播的环境，根据粉尘、纤维或飞絮的可燃物质与空气形成的混合物出现的频率和持续时间及粉尘厚度进行分类，将爆炸性危险环境分为（　　）。

A. 00 区、01 区、02 区　　B. 10 区、11 区、12 区

C. 20 区、21 区、22 区　　D. 30 区、31 区、32 区

【答案】C。

例 2：释放源是划分爆炸危险区域的基础，通风条件是划分爆炸危险区域的重要因素。因此，划分爆炸危险区域时应综合考虑释放源和通风条件。关于爆炸危险区划分原则的说法，正确的有（　　）。

A. 局部机械通风不能降低爆炸危险区域等级

B. 存在连续级释放源的区域可划分为 1 区

C. 存在第一级释放源的区域可划分为 2 区

D. 在凹坑处，应局部提高爆炸危险区域等级

E. 如通风良好，可降低爆炸危险区域等级

【答案】DE。

五、防爆电气设备保护

1. 防爆电气设备防爆结构形式

1）爆炸性气体环境防爆电气设备结构形式及符号：隔爆型（d）、增安型（e）、本质安全型（i，对应不同的保护等级分为 ia、ib、ic）、浇封型（m，对应不同的保护等级分为 ma、mb、mc）、无火花型（nA）、火花保护（nC）、限制呼吸型（nR）、限能型（nL）、油浸型（o）、正压型（p，对应不同的保护等级分为 px、py、pz）、充砂型（q）等设备。

2）爆炸性粉尘环境防爆电气设备结构形式及符号：隔爆型（t，对应不同的保护等级分为 ta、tb、tc）、本质安全型（i，对应不同的保护等级分为 ia、ib、ic）、浇封型（m，对应不同的保护等级 EPL 分为 ma、mb、mc）、正压型（p）等设备。

2. 防爆电气设备的保护级别（EPL）

1）EPL 用于表示设备的固有点燃风险。

2）用于煤矿有甲烷的爆炸性环境中的Ⅰ类设备的 EPL 分为 Ma、Mb 两级（Ma > Mb）。

3）用于爆炸性气体环境的Ⅱ类设备的 EPL 分为 Ga、Gb、Gc 三级（Ga > Gb > Gc）。

4）用于爆炸性粉尘环境的Ⅲ类设备的 EPL 分为 Da、Db、Dc 三级（Da > Db > Dc）。

5）Ma、Ga、Da 级的设备具有“很高”的保护级别。

6）Mb、Gb、Db 级的设备具有“高”的保护级别。

7）Gc、Dc 级的设备具有“加强”的保护级别。

典型例题

防爆电气设备的标志包含形式、等级、类别和组别，应设置在设备外部主体部分的明显地方，且应在设备安装后能清楚看到。标志“Ex d ⅡB T3 Gb”的正确含义是（　　）。

A. 增安型“d”，防护等级为 Gb，用于 T3 类ⅡB 组的爆炸性气体环境的防爆电气设备

B. 浇封型“d”，防护等级为 T3，用于 Gb 类ⅡB 组的爆炸性气体环境的防爆电气设备

C. 隔爆型“d”，防护等级为 Gb，用于ⅡB 类 T3 组的爆炸性气体环境的防爆电气设备

D. 本质安全型“d”，防护等级为ⅡB，用于 T3 类 Gb 组的爆炸性气体环境的防爆电气设备

【答案】C。

六、防爆电气线路的保护

《爆炸危险环境电力装置设计规范》（GB 50058—2014）第 5.4.3 条规定，爆炸性环境电气线路的安装应符合下列规定：

1）电气线路宜在爆炸危险性较小的环境或远离释放源的地方敷设，并应符合下列规定：

①当可燃物质比空气重时，电气线路宜在较高处敷设或直接埋地；架空敷设时宜采用电缆桥架；电缆沟敷设时沟内应充砂，并宜设置排水措施。

②电气线路宜在有爆炸危险的建筑物、构筑物的墙外敷设。

③在爆炸粉尘环境，电缆应沿粉尘不易堆积并且易于粉尘清除的位置敷设。

2）敷设电气线路的沟道、电缆桥架或导管，所穿过的不同区域之间墙或楼板处的孔洞应采用非燃性材料严密堵塞。

3）敷设电气线路时宜避开可能受到机械损伤、振动、腐蚀、紫外线照射以及可能受热的地方，不能避开时，应采取预防措施。

4）钢管配线可采用无护套的绝缘单芯或多芯导线。当钢管中含有三根或多根导线时，导线包括绝缘层的总截面面积不宜超过钢管截面面积的 40%。钢管应采用低压流体输送用镀锌焊接钢管。钢管连接的螺纹部分应涂以铅油或磷化膏。在可能凝结冷凝水的地方，管线上应装设排除冷凝水的密封接头。

5）在爆炸性气体环境内钢管配线的电气线路应做好隔离密封，且应符合下列规定：

①在正常运行时，所有点燃源外壳的 450mm 范围内应做隔离密封。

②直径 50mm 以上钢管距引入的接线箱 450mm 以内处应做隔离密封。

③相邻的爆炸性环境之间以及爆炸性环境与相邻的其他危险环境或非危险环境之间应进行隔离密封。进行密封时，密封内部应用纤维作填充层的底层或隔层，填充层的有效厚度不应小于钢管的内径，且不得小于 16mm。

④供隔离密封用的连接部件，不应作为导线的连接或分线用。

6）在 1 区内电缆线路严禁有中间接头，在 2 区、20 区、21 区内不应有中间接头。

7）当电缆或导线的终端连接时，电缆内部的导线如果为绞线，其终端应采用定型端子或接线鼻子进行连接。铝芯绝缘导线或电缆的连接与封端应采用压接、熔焊或钎焊，当与设备（照明灯具除外）连接时，应采用铜-铝过渡接头。

8）架空电力线路不得跨越爆炸性气体环境，架空线路与爆炸性气体环境的水平距离不应小于杆塔高度的 1.5 倍。在特殊情况下，采取有效措施后，可适当减少距离。

典型例题

在防爆电气线路中，当钢管中含有三根或多根导线时，导线包括绝缘层的总截面不宜超过钢

管截面的（　　）。

A. 20%　　B. 30%　　C. 40%　　D. 50%

【答案】C。

七、防雷装置与防雷技术

（一）防雷装置

1. 外部防雷装置

（1）接闪器。常用的接闪器有接闪杆（避雷针）、接闪带（避雷带）、接闪线（避雷线）、接闪网（避雷网）。

（2）引下线。《建筑物防雷设计规范》（GB 50057—2010）第5.3.3条规定，引下线宜采用热镀锌圆钢或扁钢，宜优先采用圆钢。当独立烟囱上的引下线采用圆钢时，其直径不应小于12mm；采用扁钢时，其截面面积不应小于100mm^2，厚度不应小于4mm。

（3）防雷接地装置。除独立接闪杆外，在接地电阻满足要求的前提下，防雷接地装置可以和其他接地装置共用。

避雷针分为独立避雷针和附设避雷针两种。独立避雷针是离开建筑物单独装设的，一般情况下，其接地装置应当单设。独立避雷针的冲击接地电阻一般不应大于10Ω；附设接闪器每一引下线的冲击接地电阻一般也不应大于10Ω。附设避雷针是装设在建筑物或构筑物屋面上的避雷针，其接地装置可以与其他接地装置共用，接地电阻不宜超过1～2Ω。

2. 内部防雷装置

内部防雷装置主要指防雷等电位联结及防雷间距。

（二）防雷技术

1. 直击雷防护

装设独立接闪杆、接闪线、接闪网、接闪带是最常用的，也是比较成熟的直击雷防护措施。

1）第一类防雷建筑物、第二类防雷建筑物和第三类防雷建筑物均应设置防直击雷的外部防雷装置。

2）可能遭受雷击，且一旦遭受雷击后果比较严重的设施或堆料应采取防直击雷的措施。

3）35kV及以上的高压架空电力线路、发电厂、变电站等应采取防直击雷的措施。

2. 二次放电防护

二次放电是指由于雷电冲击过电压的作用，在雷击点以外其他点发生的再次放电。二次放电可能引起爆炸和火灾，也可能造成电击，跨接是防止二次放电的基本方法。

为了防止二次放电，必须保证接闪器、引下线、接地装置与邻近导体之间有足够的安全距离。例如，第一类防雷建筑物独立架设的防雷装置与不相连的导体之间的距离不得小于3m。

3. 感应雷防护

在电力系统、有爆炸和火灾危险的建筑中应采取雷电感应防护措施。

1）静电感应防护：①防止作业人员受到静电感应，应穿屏蔽服，限制流过人体的电流，以保证作业安全。②吊起的金属物体应接地，保持等电位。塔上作业时，被绝缘的金属物体与塔体等电位，即可防止静电感应。

2）电磁感应防护：对于平行敷设的管道、构架和电缆金属外皮等长金属物，其净距小于100mm时，应采用金属线跨接；交叉净距小于100mm时，交叉处应采用跨接。

4. 雷电冲击波防护

变配电装置、可能有雷电冲击波进入室内的建筑物应考虑雷电冲击波防护。为了防止雷电冲击波侵入变配电装置，可在线路引入端安装阀型接闪器。

5. 电涌防护

电涌防护是指对室内浪涌电压的防护。采取的措施是在配电箱或开关箱内安装电涌保护器。

典型例题

例 1：防雷装置包括外部防雷装置和内部防雷装置。外部防雷装置由接闪器和接地装置组成，内部防雷装置由避雷器、引下线和接地装置组成。下列安全技术要求中，正确的是（　　）。

A. 金属屋面不能作为外部防雷装置的接闪器

B. 独立避雷针的冲击接地电阻应小于100Ω

C. 独立避雷针可与其他接地装置共用

D. 避雷器应装设在被保护设施的引入端

【答案】D。

例 2：针对直击雷、电磁感应雷、静电感应雷、雷电行进波（冲击波）的不同危害方式，人们设计了多种防雷装置。下列防雷装置中，用于直击雷防护的是（　　）。

A. 阀型接闪器　　B. 易击穿间隙

C. 电涌保护器　　D. 接闪杆

【答案】D。

八、静电防护技术

（一）静电的产生

静电产生最常见的方式是接触—分离起电。静电产生和积累的影响因素有材质、工艺设备和工艺参数、环境条件等。

1）电阻率很高的材料容易产生和积累静电。在一般情况下，杂质有增强静电的趋势。

2）接触面积越大，双电层正、负电荷越多，产生的静电就越多。接触压力越大或摩擦越强烈，会增加电荷分离强度，产生的静电也较多。

3）湿度增加，使绝缘体表面电阻大为降低，从而加速静电泄漏。

（二）静电危害与防护措施

1. 静电危害

静电危害包括：引起爆炸和火灾，给人以电击，妨碍生产，其中，最为严重的是引起爆炸和火灾。

2. 静电防护措施

（1）环境危险程度的控制。

1）取代易燃介质。例如，用三氯乙烯、四氯化碳、苛性钠或苛性钾代替汽油、煤油。

2）降低爆炸性气体、蒸气混合物的浓度。在爆炸和火灾危险环境，采用机械通风装置。

3）减少氧化剂含量。充填氮、二氧化碳或其他不活泼的气体，减少爆炸性气体、蒸气或爆炸性粉尘中氧的含量，以消除燃烧条件。

（2）工艺控制。主要是从工艺上采取适当的措施，限制和避免静电的产生和积累。方法包括材料的选用、摩擦速度或流速的限制、静电松弛过程的增强、附加静电的消除等。

（3）静电接地。接地目的是使工艺设备与大地之间构成电气上的泄漏通路，将产生在工艺过程的静电泄漏于大地，防止静电的积聚。在静电危险场所，所有属于静电导体的物体必须接地。

（4）增湿。增湿的作用主要是增强静电沿绝缘体表面的泄漏。

（5）抗静电添加剂。抗静电添加剂是具有良好导电性或较强吸湿性的化学药剂。

（6）静电消除器。主要用来消除非导体上的静电。

典型例题

例1：生产过程中产生的静电可能造成人员电击，甚至引起火灾或爆炸。静电的产生受多种因素的影响。关于产生静电的说法，正确的是（　　）。

A. 接触面积越大，接触压力越小，产生的静电越多

B. V带比平带产生的静电更多

C. 空气湿度越大，越容易产生静电

D. 材料的电阻率越高，越容易产生静电

【答案】D。

例2：电气设备运行过程中，可能产生静电积累，应对电气设备采取有效的静电防护措施。关于静电防护措施的说法，正确的是（　　）。

A. 用非导电性工具可有效泄放接触—分离静电

B. 接地措施可以从根本上消除感应静电

C. 静电消除器主要用来消除导体上的静电

D. 增湿措施不宜用于消除高温绝缘体上的静电

【答案】D。

第三节　特种设备安全技术基础

一、气瓶使用安全技术

（一）瓶阀

1. 瓶阀结构

《气瓶安全技术规程》（TSG 23—2021）第7.2.1.3条规定，瓶阀设计应当符合相关标准的规定，其结构应当满足以下要求：

1）瓶阀与气瓶的连接螺纹与瓶口螺纹匹配，保证密封可靠。

2）瓶阀出气口的连接形式和尺寸，采用能够防止错装、使用气体的结构。

3）工业用非重复充装焊接气瓶瓶阀，采用不可重复充装的结构，并且瓶阀与瓶体的连接采用焊接形式。

4）液化石油气瓶阀可以设计成角阀或者直阀，并且在出气口设置自闭装置或者在进气口装设过流关闭装置；对于分别设置液相和气相出口、公称容积大于或者等于100L的液化石油气钢瓶，液相出口所装设瓶阀的出气口采用快装接头。

5）氧气瓶阀结构具有剩余压力保持功能（采用先抽真空后充装工艺的气瓶阀门除外）。

2. 瓶阀安装

《气瓶安全技术规程》（TSG 23—2021）第7.2.1.4条规定，气瓶制造单位或者检验、充装等单位应当采用力矩扳手或者力矩装阀机安装瓶阀，并且应当防止异物落入气瓶；力矩大小应当符

合相关标准的规定。

（二）安全泄压装置安全要求

《气瓶安全技术规程》（TSG 23—2021）第7.2.2.2条规定，装设及选用原则应符合下列规定：

1）车用气瓶、溶解乙炔气瓶、焊接绝热气瓶、液化气体气瓶集束装置以及长管拖车和管束式集装箱用大容积气瓶，应当装设安全泄压装置。

2）盛装剧毒气体、自燃气体的气瓶，禁止装设安全泄压装置。

3）盛装有毒气体的气瓶不应当单独装设安全阀，盛装高压有毒气体的气瓶应当选用爆破片—易熔合金塞复合装置。

4）燃气气瓶和氧气、氮气以及惰性气体气瓶，一般不装设安全泄压装置。

5）盛装易于分解或者聚合的可燃气体、溶解乙炔气体的气瓶，应当装设易熔合金塞装置。

6）盛装液化天然气以及其他可燃气体的低温绝热气瓶内胆，至少装设2只安全阀；盛装其他低温液化气体的低温绝热气瓶，应当装设爆破片装置和安全阀。

7）车用液化石油气钢瓶、车用二甲醚钢瓶，应当装设带安全阀的组合阀或者分立的安全阀；车用压缩天然气气瓶，应当装设爆破片—易熔合金塞串联复合装置或者玻璃泡装置。

8）工业用非重复充装焊接钢瓶应当装设爆破片。

（三）充装作业安全要求

（1）压缩气体充装。《气瓶安全技术规程》（TSG 23—2021）第8.6.4条规定：

1）充装压缩气体时，应当考虑充装温度对最高充装压力的影响。压缩气体充装后的压力（换算成20℃时，下同）不得超过气瓶的公称工作压力。

2）充装单位采用电解法制取氢气、氧气，应当装设氢、氧浓度自动测定仪器和超标报警装置，测定氢、氧浓度，同时应当定期对氢、氧浓度进行人工检测；当氢气中含氧量或者氧气中含氢量超过0.5%（体积比）时，应当停止充装作业，同时查明原因并采取有效措施进行处置。

3）充装氟或者二氟化氧的气瓶，最大充装量不得大于5kg，充装压力不得大于3MPa（20℃时）。

（2）高（低）压液化气体充装。《气瓶安全技术规程》（TSG 23—2021）第8.6.5.1条规定：

1）充装前应当逐瓶称重（车用气瓶除外）。

2）应当配置与充装接头相适应的衡器。

3）衡器的选用、规格以及检定等，应当符合相关技术规范以及相关标准的规定，衡器应当装设有超装警报或者自动切断气源的装置。

4）应当采用复检用衡器，对充装量逐瓶复检；自动化充装的，按照批量抽样有关规定进行复检；充装超量的气瓶应当及时采取有效措施进行处置，否则不允许出充装站。

（3）溶解乙炔充装。《气瓶安全技术规程》（TSG 23—2021）第8.6.7条规定：

1）溶解乙炔气体充装量以及乙炔气体与溶剂的重量比，应当符合相关标准的要求。

2）充装前，充装单位应当按照相关标准的要求测定溶剂补加量。对于溶剂量未满足相关标准要求的，应当补加。

3）溶解乙炔气体充装过程中，气瓶瓶壁温度不得超过40℃，充装溶解乙炔气体的容积流速应当小于0.015m^3/(h·L)。

4）溶解乙炔气体充装应当采取多次充装的方式进行，每次充装间隔时间不少于8h，静置8h后的气瓶压力符合相关标准的要求时，方可再次充装。

（4）混合气体充装。《气瓶安全技术规程》（TSG 23—2021）第8.6.8条规定：

1）充装前，应当采用加温、抽真空等适当方式进行预处理，并且按照相应混合气体充装标准的规定，确定各气体组分的充装顺序。

2）充装每一气体组分之前，应当使用待充装的气体对充装装置和管道进行置换。

典型例题

气瓶充装作业安全是气瓶使用安全的重要环节之一。下列气瓶充装安全要求中，说法错误的是（　　）。

A. 气瓶充装单位应当按照规定，取得气瓶充装许可

B. 充装高（低）压液化气体，应当对充装量逐瓶复检

C. 除特殊情况下，应当充装本单位自有并已办理使用登记的气瓶

D. 气瓶充装单位不得对气瓶充装混合气体

【答案】D。

二、压力容器安全附件及仪表

1. 安全阀

安全阀是最常见的安全泄压装置。通过阀的自动开启排出介质来降低容器内部压力。其优点是只排出超出的压力，压力降至安全值以下时，自动关闭。缺点是密封性差、泄压反应慢、部分介质（粘连、有毒、易发生急剧升高）不适用。

2. 爆破片

爆破片又称防爆膜、防爆片，是一种断裂型的泄压装置，它利用膜片的断裂来泄压，泄压后爆破片不能继续有效使用，压力容器也被迫停止工作。

3. 安全阀与爆破片装置的组合

根据《安全阀与爆破片安全装置的组合》（GB/T 38599—2020）第 4.1 条规定，组合装置用于防止压力容器、管道和其他密闭容器超压，主要用于以下目的：

1）防止安全阀腐蚀、结垢，或其他影响安全阀性能的工况。

2）防止安全阀泄漏。

3）防止爆破片爆破后造成物料损失。

安全阀与爆破片装置的组合包括三种方式：

1）并联组合。此时爆破片的标定爆破压力不得超过压力容器的设计压力，安全阀的开启压力应略低于爆破片的标定爆破压力。

2）安全阀进口侧串联安装爆破片。爆破片将安全阀与进口的工艺介质隔离，系统无泄漏。一旦系统超压，爆破片和安全阀能够同时爆破和开始泄压，当系统压力恢复正常后，安全阀又能自动关闭，大大减少了工艺介质的损失。爆破片破裂后的泄放面积应小于安全阀进口面积，并且应保证爆破片碎裂的碎片不影响安全阀的正常动作。

3）安全阀出口侧串联安装爆破片。安全阀与爆破片装置之间应设置放空管或排污管，以防止该空间的压力累积。爆破片破裂后的泄放面积不得小于安全阀进口面积。

4. 爆破帽

爆破帽也是一种断裂型的安全泄压装置。为了防止爆破帽断裂后飞出伤人，在它的外面常装有保护装置，但它一般只适用于超高压容器。

5. 易熔塞

易熔塞是利用装置内的低熔点合金在较高的温度下即熔化，打开通道使气体从原来填充的易熔合金的孔中排出来泄放压力。它主要用于中、低压的小型压力容器，在盛装液化气体的钢瓶中

应用更为广泛。

6. 压力表

压力表有液柱式、弹性元件式、活塞式和电量式四大类。目前，单弹簧管式压力表广泛用于压力容器中。

在压力容器上装压力表是为了测量容器内介质的压力，操作人员根据压力表所指示的压力进行操作，将压力控制在允许范围内。如果压力表不准或失灵，安全阀也同时失灵的话，则压力容器将可能发生事故。因此，压力表准确与否直接关系到容器的安全，未装置压力表或压力表损坏的压力容器是不准运行的。

7. 液位（面）计

液位（面）计应安装在便于观察的位置，并有防爆、照明装置。通常情况下，当液位（面）计的液位距离操作地面大于2m或大型容器采用多段连接的板式液位（面）计时，为了便于观察与操作，应按规定位置安装操作平台或工作梯。大型压力容器还应有集中控制的设施和报警装置。液位（面）计上最高和最低安全液位，应做出明显的标志。

典型例题

例1：某压力容器内的介质不洁净、易于结晶或聚合，为预防该容器内压力过高导致爆炸，拟安装安全液压装置，下列安全液压装置中，该容器应安装的是（　　）。

A. 爆破片　　B. 安全阀　　C. 易熔塞　　D. 防爆门

【答案】A。

例2：在盛装危险介质的压力容器上，经常进行安全阀和爆破片的组合配置。下列关于安全阀和爆破片的组合设置的说法中，正确的是（　　）。

A. 并联设置时，爆破片的标定爆破压力不得小于容器的设计压力

B. 并联设置时，安全阀的开启压力应略高于爆破片的标定爆破压力

C. 安全阀出口侧串联安装爆破片时，爆破片的泄放面积不得小于安全阀的进口面积

D. 安全阀进口侧串联安装爆破片时，爆破片的泄放面积不得大于安全阀的进口面积

【答案】C。

三、压力容器安全操作要点

1. 严禁超温、超压运行

由于压力容器允许使用的温度、压力、流量及介质充装等参数是根据工艺设计要求和在保证安全生产的前提下制定的，故在设计压力和设计温度范围内操作压力容器可确保运行安全。反之，如果容器超载、超温、超压运行，就会造成容器的承受能力不足，因而可能导致爆炸事故发生。防止超温、超压应采取以下预防措施：

1）避免误操作造成超温、超压事故。

2）必须严格控制每次投料量及其杂质含量，并有防止超量的严密措施。

3）对固定式液化气体罐和槽车等容器一定要装设灵敏可靠的液位计，严格按规定充装量进行充装，当容器内温度超过设计温度时，要采取降温措施，并防止容器意外受热。

4）储装易于发生聚合反应的碳氢化合物的容器，应该在物料中加入阻聚剂和防止混入能促进聚合的杂质，同时，容器内物料储存时间不能过长。

2. 平稳操作

平稳操作主要是指缓慢地进行加载和卸载，以及运行期间保持载荷的相对稳定。压力容器开始加压时，速度不宜过快。尤其要防止压力的突然升高，因为过高的加载速度会降低材料的断裂

韧性，可能使存有微小缺陷的容器在压力的冲击下发生脆性断裂。高温容器或工作壁温在零度以下的容器，加热或冷却也应缓慢进行，以减小壳体的温度梯度。运行中更应该避免容器壁温度的突然变化，以免产生较大的温度应力。运行中压力频繁地或大幅度地波动，对压力容器的抗疲劳破坏是极为不利的，应尽量避免压力波动，保持操作压力平稳。

3. 不得带压松、紧螺栓

压力容器处于工作状况时，如发现连接部位有泄漏现象，不得拆卸螺栓或拆卸压盖更换垫片和加压填料。因为容器内部压力高于外部压力，一旦拆卸部分螺栓，轻者容器内部介质在螺栓松动的部位产生更大的泄漏；严重者可能由于部分螺栓卸掉，剩余螺栓承受的拉力增大，如果超过螺栓材料的抗拉强度则螺栓就会被拉断，容器介质将大量喷出，造成严重的设备和人身事故。

4. 坚持容器运行期间的巡回检查

巡回检查是压力容器动态监测的重要手段，其目的是及时发现事故隐患。检查内容包括工艺条件、设备状况以及安全装置等方面。

工艺条件检查主要是检查操作条件，包括操作压力、操作温度、液位（液化气体储罐等容器）是否在安全操作规程规定的范围内；容器工作介质的化学成分、物料配比、投量数量等，特别是那些影响容器安全（如产生腐蚀，使压力升高等）的成分是否符合要求。

设备状况检查就是对运行设备的现行状况进行安全检查，包括工艺条件、设备状况和安全附件方面的检查。设备状况检查主要是检查容器各连接部位有无泄漏、渗漏现象；容器有无明显变形、鼓包；容器外表面有无腐蚀，保温层是否完好；容器及其连接管道有无异常振动、磨损等现象；支撑、支座、紧固螺栓是否完好，基础有无下沉、倾斜；重要阀门的“启闭”与挂牌是否一致，联锁装置是否完好。

安全装置检查主要是检查安全附件以及与安全有关的器具（如温度计、流量计等）是否保持良好状态，即检查安全附件和计量器具是否在规定的使用期限内，其精度是否符合要求（如压力表的取压管有无泄漏或堵塞现象，同一系统上的压力表读数是否一致）；弹簧式安全阀是否有生锈、被油污粘住等情况；杠杆式安全阀的重锤有无移动的迹象等；安全装置和计量器具表面是否被油污或杂物覆盖，是否达到防冻、防晒和防雨淋的安全要求。

5. 及时处理和消除“跑、冒、滴、漏”

“跑、冒、滴、漏”现象既浪费资源、能源和污染环境，又是发生火灾、爆炸事故的重要原因之一，因此在巡回检查中若有发现，应记录在卷并进行处理。

6. 压力容器的停止运行

（1）正常停止运行。压力容器由于按生产规程要进行定期检验、检修、技术改造，因原料、能源供应不及时，或因容器本身要求采用间歇式操作工艺的方法等正常原因而停止运行（简称停运），均属正常停止运行。

正常停运时应注意以下安全问题：

1）停运时应控制降温速度。对于高温下工作的压力容器，急剧降温，会使容器壳壁产生较大的收缩应力，严重时会使容器产生裂纹、变形、零件松脱、连接部位发生泄漏等现象，因而应控制降温速度。

2）采取降温的方法降压。对于储存液化气的容器，由于容器内的压力取决于温度，所以单纯排放液化气的气体或液体均达不到降压的目的，必须先降温，才能实现降压。

3）应清除干净剩余物料。容器内的剩余物料多为有毒或剧毒、易燃易爆、腐蚀性等有害物质，若不清除干净，无法进入容器内部检查和修理。

4）应准确执行各项操作规程。停运时的操作不同于正常生产操作，要求更加严格、准确无误。

5）杜绝火源。停运操作期间，容器周围应杜绝一切火源。对残留物料的排放与清理应采取相应措施，特别是可燃有毒气体应排至安全区域。

（2）紧急停止运行。压力容器在运行过程中如发生下列异常现象之一时，操作人员应立即采取紧急措施，并按规定的报告程序，及时向有关部门报告，实行紧急停运。

1）压力容器工作压力、介质温度或壁温超过许用值，采取措施仍不能得到有效控制。

2）压力容器的主要受压元件产生裂缝、鼓包、变形、泄漏等危及安全的缺陷。

3）安全附件失效。

4）接管、紧固件损坏，难以保证安全运行。

5）发生火灾，直接威胁到压力容器安全运行。

6）过量充装。

7）压力容器液位失去控制，采取措施后仍得不到有效控制。

8）压力容器与管道发生严重振动，危及安全运行。

紧急停止运行的操纵步骤是：迅速切断电源，使向压力容器内输送物料的运转设备，如泵、压缩机等停止运行；联系有关岗位停止向压力容器内输送物料；迅速打开出口阀，泄放压力容器内的气体或其他物料；必要时打开放空阀，把气体排入大气中；对于系统性连续生产的压力容器，紧急停止运行时必须做好与前后有关岗位的联系工作；操作人员在处理紧急情况的同时，应立即与上级主管部门及有关技术人员取得联系，以便更有效地控制险情，避免发生更大的事故。

典型例题

例 1：压力容器充装介质时，充装速度不宜过快，尤其要防止压力快速升高，因为过快的充装速度会降低压力容器本体材料的（　　）。

A. 耐腐蚀性　　B. 耐热性能

C. 介电性能　　D. 断裂韧性

【答案】D。

例 2：压力容器专职操作人员在容器运行期间应经常检查压力容器的工作状态，以便及时发现设备上的不正常状态，采取相应的措施进行调整或消除，保证压力容器安全运行。压力容器运行中出现下列异常情况时，应立即停止运行的是（　　）。

A. 操作压力达到规定的标称值　　B. 运行温度达到规定的标称值

C. 安全阀起跳　　D. 承压部件鼓包变形

【答案】D。

四、起重机械安全防护装置

（一）限制运动行程和工作位置的装置

1. 起升高度限位器

《起重机械安全规程　第 1 部分：总则》（GB 6067.1—2010）第 9.2.1 条规定，起升机构均应装设起升高度限位器。用内燃机驱动，中间无电气、液压、气压等传动环节而直接进行机械连接的起升机构，可以配备灯光或声响报警装置，以替代限位开关。当取物装置上升到设计规定的上极限位置时，应能立即切断起升动力源。在此极限位置的上方，还应留有足够的空余高度，以适应上升制动行程的要求。在特殊情况下，如吊运熔融金属，还应装设防止越程冲顶的第二级起升高度限位器，第二级起升高度限位器应分断更高一级的动力源。需要时，还应设下降深度限位器；当取物装置下降到设计规定的下极限位置时，应能立即切断下降动力源。上述运动方向的电源切断后，仍可进行相反方向运动（第二级起升高度限位器除外）。

2. 运行行程限位器

《起重机械安全规程　第1部分：总则》（GB 6067.1—2010）第9.2.2条规定，起重机和起重小车（悬挂型电动葫芦运行小车除外），应在每个运行方向装设运行行程限位器，达到设计规定的极限位置时自动切断前进方向的动力源。在运行速度大于100m/min，或停车定位要求较严的情况下，宜根据需要装设两级运行行程限位器，第一级发出减速信号并按规定要求减速，第二级应能自动断电并停车。如果在正常作业时起重机和起重小车经常到达运行的极限位置，驾驶员室的最大减速度不应超过2.5m/s^2。

3. 幅度限位器

《起重机械安全规程　第1部分：总则》（GB 6067.1—2010）第9.2.3条规定，对动力驱动的动臂变幅的起重机（液压变幅除外），应在臂架俯仰行程的极限位置处设臂架低位置和高位置的幅度限位器。对采用移动小车变幅的塔式起重机，应装设幅度限位装置以防止可移动的起重小车快速达到其最大幅度或最小幅度处。最大变幅速度超过40m/min的起重机，在小车向外运行且当起重力矩达到额定值的80%时，应自动转换为低于40m/min的低速运行。

4. 幅度指示器

《起重机械安全规程　第1部分：总则》（GB 6067.1—2010）第9.2.4条规定，具有变幅机构的起重机械，应装设幅度指示器（或臂架仰角指示器）。

5. 防止臂架向后倾翻的装置

《起重机械安全规程　第1部分：总则》（GB 6067.1—2010）第9.2.5条规定，具有臂架俯仰变幅机构（液压油缸变幅除外）的起重机，应装设防止臂架后倾装置（例如一个带缓冲的机械式的止挡杆），以保证当变幅机构的行程开关失灵时，能阻止臂架向后倾翻。

6. 回转限位

《起重机械安全规程　第1部分：总则》（GB 6067.1—2010）第9.2.6条规定，需要限制回转范围时，回转机构应装设回转角度限位器。

7. 回转锁定装置

《起重机械安全规程　第1部分：总则》（GB 6067.1—2010）第9.2.7条规定，需要时，流动式起重机及其他回转起重机的回转部分应装设回转锁定装置。

8. 支腿回缩锁定装置

《起重机械安全规程　第1部分：总则》（GB 6067.1—2010）第9.2.8条规定，工作时利用垂直支腿支撑作业的流动式起重机械，垂直支腿伸出定位应由液压系统实现；且应装设支腿回缩锁定装置，使支腿在缩回后，能可靠地锁定。

9. 防碰撞装置

《起重机械安全规程　第1部分：总则》（GB 6067.1—2010）第9.2.9条规定，当两台或两台以上的起重机械或起重小车运行在同一轨道上时，应装设防碰撞装置。在发生碰撞的任何情况下，驾驶员室内的减速度不应超过5m/s^2。

10. 缓冲器及端部止挡

《起重机械安全规程　第1部分：总则》（GB 6067.1—2010）第9.2.10条规定，在轨道上运行的起重机的运行机构、起重小车的运行机构及起重机的变幅机构等均应装设缓冲器或缓冲装置。缓冲器或缓冲装置可以安装在起重机上或轨道端部止挡装置上。轨道端部止挡装置应牢固可靠，防止起重机脱轨。有螺杆和齿条等的变幅驱动机构，还应在变幅齿条和变幅螺杆的末端装设端部止挡防脱装置，以防止臂架在低位置发生坠落。

11. 偏斜指示器或限制器

《起重机械安全规程　第1部分：总则》（GB 6067.1—2010）第9.2.11条规定，跨度大于40m的门式起重机和装卸桥应装设偏斜指示器或限制器。当两侧支腿运行不同步而发生偏斜时，能向驾驶员指示出偏斜情况，在达到设计规定值时，还应使运行偏斜得到调整和纠正。

12. 水平仪

《起重机械安全规程　第1部分：总则》（GB 6067.1—2010）第9.2.12条规定，利用支腿支撑或履带支撑进行作业的起重机，应装设水平仪，用来检查起重机底座的倾斜程度。

（二）防起重机超载的装置

1. 起重量限制器

《起重机械安全规程　第1部分：总则》（GB 6067.1—2010）第9.3.1条规定，对于动力驱动的1t及以上无倾覆危险的起重机械应装设起重量限制器。对于有倾覆危险的且在一定的幅度变化范围内额定起重量不变化的起重机械也应装设起重量限制器。需要时，当实际起重量超过95%额定起重量时，起重量限制器宜发出报警信号（机械式除外）。

当实际起重量在100%～110%的额定起重量之间时，起重量限制器起作用，此时应自动切断起升动力源，但应允许机构做下降运动。内燃机驱动的起升和/或非平衡变幅机构，如果中间没有电气、液压或气压等传动环节而直接与机械连接，该起重机械可以配备灯光或声响报警装置来替代起重量限制器。

2. 起重力矩限制器

《起重机械安全规程　第1部分：总则》（GB 6067.1—2010）第9.3.2条规定，额定起重量随工作幅度变化的起重机，应装设起重力矩限制器。当实际起重量超过实际幅度所对应的起重量的额定值的95%时，起重力矩限制器宜发出报警信号。当实际起重量大于实际幅度所对应的额定值但小于110%的额定值时，起重力矩限制器起作用，此时应自动切断不安全方向（上升、幅度增大、臂架外伸或这些动作的组合）的动力源，但应允许机构做安全方向的运动。

内燃机驱动的起升和/或平衡变幅机构，如果中间没有电气、液压或气压等传动环节而直接与机械连接，该起重机械可以配备灯光或声响报警装置来替代起重力矩限制器。

3. 极限力矩限制装置

《起重机械安全规程　第1部分：总则》（GB 6067.1—2010）第9.3.3条规定，对有自锁作用的回转机构，应设极限力矩限制装置，保证当回转运动受到阻碍时，能由此力矩限制器发生的滑动而起到对超载的保护作用。

（三）抗风防滑和防倾翻的装置

1. 抗风防滑装置

《起重机械安全规程　第1部分：总则》（GB 6067.1—2010）第9.4.1.1条规定，室外工作的轨道式起重机应装设可靠的抗风防滑装置，并应满足规定的工作状态和非工作状态抗风防滑要求。

《起重机械安全规程　第1部分：总则》（GB 6067.1—2010）第9.4.1.2条规定，工作状态下的抗风制动装置可采用制动器、轮边制动器、夹轨器、顶轨器、压轨器、别轨器等，其制动与释放动作应考虑与运行机构联锁并应能从控制室内自动进行操作。

2. 防倾翻安全钩

《起重机械安全规程　第1部分：总则》（GB 6067.1—2010）第9.4.2条规定，起重吊钩装在主梁一侧的单主梁起重机、有抗震要求的起重机及其他有类似防止起重小车发生倾翻要求的起重机，应装设防倾翻安全钩。

（四）联锁保护装置

《起重机械安全规程　第1部分：总则》（GB 6067.1—2010）第9.5.1条~第9.5.6条规定，联锁保护的设置应符合下列规定：

1）进入桥式起重机和门式起重机的门，和从驾驶员室登上桥架的舱口门，应能联锁保护；当门打开时，应断开由于机构动作可能会对人员造成危险的机构的电源。

2）驾驶员室与进入通道有相对运动时，进入驾驶员室的通道口，应设联锁保护；当通道口的门打开时，应断开由于机构动作可能会对人员造成危险的机构的电源。

3）可在两处或多处操作的起重机，应有联锁保护，以保证只能在一处操作，防止两处或多处同时都能操作。

4）当既可以电动，也可以手动驱动时，相互间的操作转换应能联锁。

5）夹轨器等制动装置和锚定装置应能与运行机构联锁。

6）对小车在可俯仰的悬臂上运行的起重机，悬臂俯仰机构与小车运行机构应能联锁，使俯仰悬臂放平后小车方能运行。

（五）其他安全防护装置

1. 风速仪及风速报警器

《起重机械安全规程　第1部分：总则》（GB 6067.1—2010）第9.6.1条规定，对于室外作业的高大起重机应安装风速仪，风速仪应安置在起重机上部迎风处。对室外作业的高大起重机应装有显示瞬时风速的风速报警器，且当风力大于工作状态的计算风速设定值时，应能发出报警信号。

2. 轨道清扫器

《起重机械安全规程　第1部分：总则》（GB 6067.1—2010）第9.6.2条规定，当物料有可能积存在轨道上成为运行的障碍时，在轨道上行驶的起重机和起重小车，在台车架（或端梁）下面和小车架下面应装设轨道清扫器，其扫轨板底面与轨道顶面之间的间隙一般为5~10mm。

3. 防小车坠落保护

《起重机械安全规程　第1部分：总则》（GB 6067.1—2010）第9.6.3条规定，塔式起重机的变幅小车及其他起重机要求防坠落的小车，应设置使小车运行时不脱轨的装置，即使轮轴断裂，小车也不能坠落。

4. 检修吊笼或平台

《起重机械安全规程　第1部分：总则》（GB 6067.1—2010）第9.6.4条规定，需要经常在高处进行起重机械自身检修作业的起重机，应装设安全可靠的检修吊笼或平台。

5. 导电滑触线的安全防护

《起重机械安全规程　第1部分：总则》（GB 6067.1—2010）第9.6.5条规定，桥式起重机驾驶员室位于大车滑触线一侧，在有触电危险的区段，通向起重机的梯子和走台与滑触线间应设置防护板进行隔离。桥式起重机大车滑触线侧应设置防护装置，以防止小车在端部极限位置时因吊具或钢丝绳摇摆与滑触线意外接触。多层布置桥式起重机时，下层起重机应采用电缆或安全滑触线供电。其他使用滑触线的起重机械，对易发生触电的部位应设防护装置。

6. 报警装置

《起重机械安全规程　第1部分：总则》（GB 6067.1—2010）第9.6.6条规定，必要时，在起重机上应设置蜂鸣器、闪光灯等作业报警装置。流动式起重机倒退运行时，应发出清晰的报警音响并伴有灯光闪烁信号。

7. 防护罩

《起重机械安全规程　第1部分：总则》（GB 6067.1—2010）第9.6.7条规定，在正常工作或维修时，为防止异物进入或防止其运行对人员可能造成危险的零部件，应设有保护装置。起重机上外露的、有可能伤人的运动零部件，如开式齿轮、联轴器、传动轴、链轮、链条、传动带、带轮等，均应装设防护罩/栏。在露天工作的起重机上的电气设备应采取防雨措施。

典型例题

例1：起重机的安全装置包括电气保护装置、防止吊臂后倾装置、回转限位装置、抗风防滑装置、力矩限制器等。夹轨钳、锚定装置和铁鞋属于（　　）。

A. 防止吊臂后倾装置　　B. 抗风防滑装置

C. 回转限位装置　　D. 力矩限制器

【答案】B。

例2：根据《起重机械安全规程　第1部分：总则》（GB 6067.1—2010），电动葫芦应配备的安全防护装置是（　　）。

A. 起重量限制器、起升高度限位器　　B. 起重量限制器、运行行程限位器

C. 联锁保护安全装置、起升高度限位器　　D. 联锁保护安全装置、运行行程限位器

【答案】A。

五、起重机械使用安全技术

1. 起重机安全操作的基本要求

根据《起重机械安全规程　第1部分：总则》（GB 6067.1—2010）第17.1条规定，起重机械安全操作一般要求如下：

1）司机操作起重机械时，不允许从事分散注意力的其他操作。

2）司机体力和精神不适时，不得操作起重设备。

3）司机应接受起重作业人员的起重作业指挥信号的指挥。当起重机的操作不需要信号员时，司机负有起重作业的责任。无论何时，司机随时都应执行来自任何人发出的停止信号。

4）司机应对自己直接控制的操作负责。无论何时，当怀疑有不安全情况时，司机在起吊物品前应和管理人员协商。

5）在离开无人看管的起重机之前，司机应做到下列要求：

①被吊载荷应下放到地面，不得悬吊。

②使运行机构制动器上闸或设置其他的保险装置。

③把吊具起升到规定位置。

④根据情况，断开电源或脱开主离合器。

⑤将所有控制器置于“零位”或空挡位置。

⑥固定住起重机械防止发生意外的移动。

⑦当采用发动机提供动力时，应使发动机熄火。

⑧露天工作的起重机械，当有超过工作状态极限风速的大风警报或起重机处于非工作状态时，为避免起重机移动应采用夹轨器和/或其他装置使起重机固定。

6）如对于电源切断装置或启动控制器有报警信号，在指定人员取消这类信号之前，司机不得接通电路或开动设备。

7）在接通电源或开动设备之前，司机应查看所有控制器，使其处于“零位”或空挡位置。

所有现场人员均在安全区内。

8）如果在作业期间发生供电故障，司机应该做到下列要求：

①在适合的情况下，使制动器上闸或设置其他保险装置。

②应切断所有动力电源或使离合器处于空挡位置。

③如果可行，可借助对制动器的控制把使悬吊载荷放到地面。

9）司机应熟悉设备和设备的正常维护。如起重机械需要调试或修理，司机应把情况迅速地报告给管理人员并应通知接班司机。

10）在每一个工作班开始时，司机应试验所有控制装置。如果控制装置操作不正常，应在起重机械运行之前调试和修理。

11）当风速超过制造厂规定的最大工作风速时，不允许操作起重机械。

12）在起重机械的轨道或结构上结冰或其周围能见度下降的气候条件下操作起重机械时，应减慢速度或提供有效的通信等手段保证起重机的安全操作。

13）夜班操作起重机时，作业现场应有足够的照度。

2. 起重机停止作业时的安全操作要求

1）起重机停止作业时，应将重物稳妥地放置于地面。

2）多人挂钩操作时，驾驶人员应服从预先确定的指挥人员的指挥；吊运中发生紧急情况时，任何人都可以发出停止作业的信号，驾驶人员应紧急停车。

3）起重机起吊重物时，一定要进行试吊，试吊高度 $H<0.5\text{m}$，经试吊发现无危险时方可进行起吊。

4）在任何情况下，吊运重物不准从人的上方通过，吊臂下方不得有人。

5）在吊运过程中，重物一般距离人头顶 0.5m 以上，吊物下方严禁站人，在旋转起重机工作地带，人员应站在起重机动臂旋转范围之外。

6）在轨道上露天作业的起重机，当工作结束时，应将起重机锚定住。

7）起重作业人员进行维护保养时，应切断主电源并挂上标志牌或加锁，如有未消除的故障应通知接班人员。

8）控制器应逐步开动，不要将控制器手柄从顺转位置直接猛转到反转位置（特殊情况下例外），而应先将控制器转到零位，再转到反方向，否则吊起的重物容易晃动摇摆或因销子、轴等受力过大而发生事故。

9）起重机工作时不得进行检查和维修，不得在有载荷的情况下调整起升、变幅机构的制动器。

10）不准利用极限位置限制器停车，无下降极限位置限制器的起重机，吊钩在最低工作位置时，卷筒上的钢丝绳必须保证《起重机设计规范》（GB/T 3811—2008）所规定的安全圈数。

3. 起重机作业时的安全操作要求

1）起重机作业时，臂架、吊具、索具、辅具、缆风绳及重物等与输电线的最小距离必须符合有关规定。

2）自行式起重机，工作前应按使用说明书的要求平整停车场地，牢固可靠地打好支腿。

3）对无反接制动性能的起重机，除紧急情况外，不准利用打反车进行制动。

4）用两台或多台起重机吊运同一重物时，钢丝绳应保持垂直；各台起重机的升降、运行应保持同步；各台起重机所承受的载荷均不得超过各自的额定起重能力；如达不到上述要求，应降低至额定起重能力的 80%；对细高件吊装时，每台起重机的起重量降至额定起重量的 75%。

5）有主、副两套起升机构的起重机，主、副钩不应同时开动（对于设计允许同时使用的专用起重机除外）。

4. 起重作业驾驶员正常操作的“六不得”

1）不得利用极限位置限制器停车。

2）不得利用打反车进行制动。

3）不得带载调整起升、变幅机构的制动器，或带载增大作业幅度。

4）不得在起重过程中进行检查和维修。

5）吊物不得从人头上通过，吊物和起重臂下不得站人。

6）在操作中不得歪拉斜吊。

5. 起重作业过程中不应操作的六种情况

1）起重机结构和零部件有影响安全工作的缺陷及损伤时不应操作。

2）吊载物超载或有超载可能，吊物质量不清时不应操作。

3）吊物被埋置或冻结在地下或被其他物件挤压时不应操作。

4）吊物捆绑不牢或吊挂不稳，被吊重物棱角与吊索之间未加衬垫不应操作。

5）被吊物上有人或浮置物不应操作。

6）作业场所昏暗，看不清场地、吊物情况或者指挥信号时不应操作。

6. 司索工安全操作要求

司索工主要从事地面工作，如准备吊具、捆绑挂钩、摘钩卸载等，多数情况还担任地面指挥任务。司索工的工作质量与整个搬运作业安全关系极大。有关司索工的安全操作如下：

1）如果是目测估算，距离应增大20%来选择吊具。

2）捆绑吊物时应防止超载、清除吊物表面或空腔内杂、将毛刺部位打磨光滑，对于大而重的物体，应加诱导绳。

3）对于挂钩，要坚持“五不挂”：①超重或吊物重量不明不挂；②重心位置不清楚不挂；③尖棱利角易滑工件无衬垫物不挂；④吊具及配套工具不合格或报废不挂；⑤包装松散捆绑不良不挂。起钩时，地面人员不应站在吊物倾翻、坠落可能波及的地方；作业场地为斜面时，应站在斜面上方，但不可站在死角。

4）针对不同吊物种类采取不同措施加以支撑、楔住、垫稳、归类摆放，不得混码、互相挤压、悬空摆放；不允许抖绳摘索，也不许利用起重机抽索。

典型例题

司索工是指在起重机械作业中从事地面工作的人员，负责吊具准备、捆绑、挂钩、摘钩、卸载等，其工作关乎整个吊装作业安全，关于司索工安全操作要求的说法，错误的是（　　）。

A. 捆绑吊物前必须清除吊物表面或空腔内的杂物

B. 可按照吊物质量的120%来准备吊具

C. 如果作业场地是斜面，必须站在斜面上方作业

D. 摘索时，应使用起重机抽索

【答案】D。

六、起重机械的定期检验

《起重机械定期检验规则》（TSG Q 7015—2016）第二条规定，定期检验是指在起重机械使用单位进行经常性维护保养和自行检查的基础上，由国家质量监督检验检疫总局核准的特种设备检验机构，依据本规则对纳入使用登记的在用起重机械按照一定的周期进行的检验。

首次检验是指在起重机械使用单位自检的基础上，由检验机构依据本规则对不实施安装监督检验的起重机械，在投入使用之前进行的检验。

《起重机械定期检验规则》（TSG Q 7015—2016）第四条规定，在用起重机械定期检验周期如下：

1）塔式起重机、升降机、流动式起重机，每年1次。

2）桥式起重机、门式起重机、门座式起重机、缆索式起重机、桅杆式起重机、机械式停车设备，每2年1次，其中涉及吊运熔融金属的起重机，每年1次。

典型例题

根据《起重机械定期检验规则》（TSG Q 7015—2016）的规定，在用起重机械定期检验周期为每年1次的是（　　）。

A. 门座式起重机　　B. 吊运熔融金属的起重机

C. 桅杆式起重机　　D. 机械式停车设备

【答案】B。

第四节　防火防爆安全技术基础

一、火灾爆炸预防基本原则（表2-1）

表2-1　火灾爆炸预防基本原则

项目	基本原则
防火	（1）以不燃溶剂代替可燃溶剂 （2）密闭和负压操作 （3）通风除尘 （4）惰性气体保护 （5）采用耐火建筑材料 （6）严格控制火源 （7）阻止火焰的蔓延 （8）抑制火灾可能发展的规模 （9）组织训练消防队伍和配备相应消防器材
防爆	（1）防止爆炸性混合物的形成 （2）严格控制火源 （3）及时泄出燃爆开始时的压力 （4）切断爆炸传播途径 （5）减弱爆炸压力和冲击波对人员、设备和建筑的损坏 （6）检测报警

典型例题

火灾爆炸预防基本原则中，属于防火基本原则的是（　　）。

A. 通风除尘　　B. 严格控制火源

C. 密闭和负压操作　　D. 惰性气体保护

E. 检测报警

【答案】ABCD。

二、点火源的控制

1. 明火

1）加热用火的控制。加热易燃液体时，应尽量避免采用明火，应采用蒸汽、过热水、中间载热体或电热等；如果必须采用明火，则设备应严格密闭，并定期检查，防止泄漏。工艺装置中明火设备的布置，应远离可能泄漏的可燃气体或蒸汽的工艺设备及储罐区；对于有飞溅火花的加热装置，应布置在上述设备的侧风向；在积存有可燃气体、蒸汽的管沟、深坑、下水道内及其附近，没有消除危险之前，不能进行明火作业。在确定的禁火区内，要加强管理，杜绝明火的存在。

2）维修用火的控制。维修用火主要是指焊割、喷灯、熬炼用火等。在有火灾爆炸危险的厂房内，应尽量避免焊割作业，必须进行切割或焊接作业时，应严格执行动火安全规定；在有火灾爆炸危险的场所使用喷灯进行维修作业时，应按动火制度进行并将可燃物清理干净；对熬炼设备要经常检查，防止烟道串火和熬锅破漏，同时要防止物料过满而溢出。在生产区熬炼时，应注意熬炼地点的选择。

2. 摩擦与撞击

化工生产中，摩擦与撞击也是导致火灾爆炸的原因之一。如机器上轴承等转动部件因润滑不均或未及时润滑而引起的摩擦发热起火、金属之间的撞击而产生的火花等。因此在生产过程中，特别要注意以下方面的问题：

1）设备应保持良好的润滑，并严格保持一定的油位。

2）搬运盛装可燃气体或易燃液体的金属容器时，严禁抛掷、拖拉、振动，防止因摩擦与撞击而产生火花。

3）防止铁器等落入粉碎机、反应器等设备内因撞击而产生火花。

4）防爆生产场所禁止穿带铁钉的鞋。

5）禁止使用铁制工具。

3. 电气设备

保证电气设备的正常运行，防止出现事故火花和危险温度，对防火防爆有着重要意义。要保证电气设备的正常运行，则需保持电气设备的电压、电流、温升等参数不超过允许值，保持电气设备和线路绝缘能力以及良好的连接等。电气设备和电线的绝缘，不得受到生产过程中产生的蒸汽及气体的腐蚀，因此电线应采用铁管线，电线的绝缘材料要具有防腐蚀的性能。在运行中，应保持设备及线路各导电部分连接的可靠，活动触头的表面要光滑，并要保证足够的触头压力，以保证接触良好。固定接头时，特别是铜、铝接头要接触紧密，保持良好的导电性能。在具有爆炸危险的场所，可拆卸的连接应有防松措施。铝导线间的连接应采用压接、熔焊或钎焊，不得简单地采用缠绕接线。电气设备应保持清洁，因为灰尘堆积和其他脏污既降低电气设备的绝缘，又妨碍通风和冷却，还可能由此引起着火。因此，应定期清扫电气设备，以保持清洁。具有爆炸危险的厂房内，应根据危险程度的不同，采用防爆型电气设备。

4. 静电和雷电放电

为防止静电放电火花引起的燃烧爆炸，可根据生产过程中的具体情况采取相应的防静电措施。如以下措施：

1）控制流速。

2）保持良好接地。

3）采用静电消散技术。

4）人体静电防护。

5）其他技术。在具有爆炸危险的厂房内，采用V带传动、安设单独的防爆式电动机。

6）增高厂房或设备内空气的湿度。

5. 化学能和太阳能

1）对于在常温下能与空气发生氧化反应放出热量而引起自燃的物质应保存在水中（液封），避免与空气接触。

2）对于与水作用能够分解放出可燃气体的物质注意采用防潮措施。

3）对于受热升温能分解放出具有催化作用的气体特别注意防热、通风。

4）有爆炸危险的厂房和库房必须采取遮阳措施，窗户采用磨砂玻璃，避免形成点火源。

典型例题

工业生产过程中，存在多种引起火灾和爆炸的点火源，如明火、化学反应热、静电放电火花等。控制点火源对防止火灾和爆炸事故的发生具有极其重要的意义。下列控制点火源措施的要求中，错误的是（　　）。

A. 有飞溅火花的加热装置，应远离可能泄漏易燃气体或蒸气的工艺设备和储罐区，并布置在其侧风向

B. 有飞溅火花的加热装置，应远离可能泄漏易燃气体或蒸气的工艺设备和储罐区，并布置在其上风向

C. 明火加热设备的布置，应远离可能泄漏易燃气体或蒸气的工艺设备和储罐区，并布置在其上风向

D. 明火加热设备的布置，应远离可能泄漏易燃气体或蒸气的工艺设备和储罐区，并布置在其侧风向

【答案】B。

三、爆炸控制技术

1. 系统密闭及负压操作

为了防止可燃气体、蒸气和可燃性粉尘与空气构成爆炸性混合物，应该使设备密闭，对于在负压下生产的设备，应防止空气吸入。为了保证设备的密闭性，对危险物系统应尽量少用法兰连接，但要保证安装维修的方便。输送危险气体、液体的管道应采用无缝管。

负压操作可以防止系统中的有毒或爆炸气体向外逸散。但在负压操作下，要防止设备密闭性差，特别需要注意在打开阀门时，外界空气容易通过孔隙进入系统。

2. 通风置换

采用通风措施时，应当注意生产厂房内的空气，如含有可燃可爆气体则不应循环使用。在有可燃气体的室内，排风设备和送风设备应有独立分开的通风机室，如通风机室设在厂房内，应有隔绝措施。排除或输送温度超过800℃的空气与其他气体的通风设备，应用非燃烧材料制成。排除有燃烧爆炸危险粉尘的排风系统，应采用不产生火花的除尘器。当粉尘与水接触能生成爆炸气体时，不应采用湿式除尘系统。

3. 惰性介质保护

惰性介质保护是指采用惰性介质对具有爆炸燃烧危险的介质、场所、作业及区域进行惰性化处理的过程。工业中常用的惰性介质一般是氮气、二氧化碳、水蒸气及烟道气等。其常用于以下方面：

1）易燃固体物料粉碎、筛选及粉末输送时，采用惰性气体进行覆盖保护。

2）投料前，对易燃易爆的物料系统用惰性气体进行置换。

3）易燃液体利用惰性气体进行充压输送。

4）在危险场所，对有引起火花危险的电器、仪表等采用充氮正压保护。

5）在易燃易爆系统进行动火检修时，用惰性气体进行吹扫和置换。

6）发生跑料事故时，用惰性气体吹赶冲淡；在发生火灾时，用惰性气体进行灭火。

7）对于有可能发生二次燃烧及反应超温的设备，通入惰性气体保护。

8）可燃气体充装系统为防止高压气泄漏着火采用高纯氮气保护。

4. 危险物品隔离储存

1）不准与任何其他类的物品共储，必须单独隔离储存：

爆炸物品，包括苦味酸、梯恩梯、硝化棉、硝化甘油、硝铵炸药、雷汞。

2）不准与其他种类物品共同储存：

①易燃液体：汽油、苯、二硫化碳、丙酮、乙醚、甲苯、酒精、硝基漆、煤油。

②遇水或空气能自燃的物品：钾、钠、电石、磷化钙、锌粉、铝粉、黄磷。

③易燃固体：赛璐珞、电影胶片、赤磷、萘、樟脑、硫黄、火柴。

④能引起燃烧的物质：溴、硝酸、铬酸、高锰酸钾、重硝酸钾。

3）除惰性气体外，不准和其他种类的物品共储：

①易燃气体：乙炔、氢、氯化甲烷、硫化氢、氨。

②氧化剂：能形成爆炸混合物的物品，如氯酸钾、氯酸钠、硝酸钾、硝酸钠、硝酸钡、次硝酸钙、亚硝酸钠、过氧化钠、过氧化氢（30%）。

③有毒物品：光气、三氧化二砷、氰化钾、氰化钠。

4）除惰性气体和有毒物品外，不准与其他物品共储：

助燃气体：氧、氟、氯。

5）除易燃气体、助燃气体、氧化剂和有毒物品外，不准与其他物品共储：

惰性气体：氮、二氧化碳、二氧化硫、氟利昂。

典型例题

充氮保护是抑制爆炸的有效措施。下列利用氮气的措施中，不属于抑制爆炸措施的是（　　）。

A. 气液联动阀的氮气蓄能瓶　　B. 防爆电气采用充氮正压保护

C. 易燃易爆系统检修前氮气吹扫　　D. 处理丁烯储罐时充氮

【答案】A。

四、爆炸危险物质的防爆措施

（一）在爆炸性气体环境中应采取的防止爆炸的措施

《爆炸危险环境电力装置设计规范》（GB 50058—2014）第 3.1.3 条规定，在爆炸性气体环境中应采取下列防止爆炸的措施：

1）产生爆炸的条件同时出现的可能性应减到最小程度。

2）工艺设计中应采取下列消除或减少可燃物质的释放及积聚的措施：

①工艺流程中宜采取较低的压力和温度，将可燃物质限制在密闭容器内。

②工艺布置应限制和缩小爆炸危险区域的范围，并宜将不同等级的爆炸危险区或爆炸危险区与非爆炸危险区分隔在各自的厂房或界区内。

③在设备内可采用以氮气或其他惰性气体覆盖的措施。

④宜采取安全联锁或发生事故时加入聚合反应阻聚剂等化学药品的措施。

3）防止爆炸性气体混合物的形成或缩短爆炸性气体混合物的滞留时间可采取下列措施：

①工艺装置宜采取露天或开敞式布置。

②设置机械通风装置。

③在爆炸危险环境内设置正压室。

④对区域内易形成和积聚爆炸性气体混合物的地点应设置自动测量仪器装置，当气体或蒸气浓度接近爆炸下限值的50%时，应能可靠地发出信号或切断电源。

4）在区域内应采取消除或控制设备线路产生火花、电弧或高温的措施。

（二）在爆炸性粉尘环境中应采取的防止爆炸的措施

《爆炸危险环境电力装置设计规范》（GB 50058—2014）第4.1.4条规定，在爆炸性粉尘环境中应采取下列防止爆炸的措施：

1）防止产生爆炸的基本措施，应是使产生爆炸的条件同时出现的可能性减小到最小程度。

2）防止爆炸危险，应按照爆炸性粉尘混合物的特征采取相应的措施。

3）在工程设计中应先采取下列消除或减少爆炸性粉尘混合物产生和积聚的措施：

①工艺设备宜将危险物料密封在防止粉尘泄漏的容器内。

②宜采用露天或开敞式布置，或采用机械除尘措施。

③宜限制和缩小爆炸危险区域的范围，并将可能释放爆炸性粉尘的设备单独集中布置。

④提高自动化水平，可采用必要的安全联锁。

⑤爆炸危险区域应设有两个以上出入口，其中至少有一个通向非爆炸危险区域，其出入口的门应向爆炸危险性较小的区域侧开启。

⑥应对沉积的粉尘进行有效清除。

⑦应限制产生危险温度及火花，特别是由电气设备或线路产生的过热及火花。应防止粉尘进入产生电火花或高温部件的外壳内。应选用粉尘防爆类型的电气设备及线路。

⑧可适当增加物料的湿度，降低空气中粉尘的悬浮量。

典型例题

根据《爆炸危险环境电力装置设计规范》（GB 50058—2014）的规定，关于爆炸性气体环境中采取的防止爆炸的措施，下列说法正确的有（　　）。

A. 产生爆炸的条件同时出现的可能性应减到最小程度

B. 工艺流程中宜采取较低的压力和温度，将可燃物质限制在密闭容器内

C. 为了防止爆炸性气体混合物的形成，工艺装置宜采取密闭布置

D. 为了缩短爆炸性气体混合物的滞留时间，在爆炸危险环境内应设置正压室

E. 当气体或蒸气浓度接近爆炸下限值的50%时，应能可靠地发出信号或切断电源

【答案】ABDE。

五、防火防爆安全装置及技术

1. 防火隔爆装置及技术

（1）工业阻火器。工业阻火器常用于阻止爆炸初期火焰的蔓延。工业阻火器对于纯气体介质才是有效的。

（2）主动式和被动式隔爆装置。主、被动式隔爆装置只在爆炸发生时才起作用，对气体中含有杂质的输送管道，宜选用主、被动式隔爆装置。

（3）单向阀。单向阀是流体只能沿进水口流动，出水口介质却无法回流。单向阀又称止回阀或逆止阀，用于液压系统中防止油流反向流动，或者用于气动系统中防止压缩空气逆向流动。单

向阀可以避免在燃气或燃油系统中发生液体倒流，也可以避免高压窜入低压造成容器管道的爆裂，或发生回火时火焰倒吸和蔓延等事故。

（4）阻火阀。在正常情况下，阻火阀受环状或者条状的易熔金属的控制，处于开启状态。着火时，温度升高，易熔金属就会熔化，这时阀门会失去控制，受重力作用阀门会自动关闭，将火阻断在阀门一边。

（5）火星熄灭器（防火罩、防火帽）。火星灭火器是防止火星逬出引起失火的器具。通常在可能产生火星设备的排放系统，以防止飞出的火星引燃可燃物料。

（6）化学抑制防爆装置。可用于装有气相氧化剂的可能发生爆燃的气体、油雾或粉尘的任何密闭设备。

2. 防爆泄压装置及技术

生产系统内一旦发生爆炸或压力骤增时，可通过防爆泄压设施或装置将超高压力释放出去，减少巨大压力对设备、系统的破坏或者减少事故损失。防爆泄压装置主要有：安全阀、爆破片、泄爆设施等。

安全阀是启闭件受外力作用下处于常闭状态，当设备或管道内的介质压力升高超过规定值时，通过向系统外排放介质来防止管道或设备内介质压力超过规定数值的特殊阀门。安全阀主要用于锅炉、压力容器和管道上。

爆破片是一种断裂型的安全泄压装置，是防止压力设备发生超压破坏的重要安全装置。其防爆效率取决于其厚度、泄压面积和膜片材料的选择。

对于有爆炸危险的厂房或厂房内有爆炸危险的部位应设置泄压设施。

典型例题

例 1：机动车辆进入存在爆炸性气体的场所，应在尾气排放管上安装（　　）。

A. 火星熄灭器　　B. 安全阀　　C. 单向阀　　D. 阻火阀

【答案】A。

例 2：爆破片也称防爆膜或防爆片，是一种断裂型的安全泄压装置，当设备、容器及系统因某种原因压力超标时，爆破片即被破坏进而泄压，以防止设备、容器及系统受到破坏。决定爆破片防爆效率的因素有（　　）。

A. 环境湿度　　B. 系统压力

C. 膜片厚度　　D. 膜片材质

E. 泄压面积

【答案】CDE。

六、电气防火防爆技术

1. 消除或减少爆炸性混合物

消除或减少爆炸性混合物可以采取的措施包括：设计正压室、安装报警装置、封闭式作业、清理现场积尘、在危险空间填充惰性气体或者不活泼气体、正式作业或采取措施等。

2. 隔离间距

危险性大的设备应分室安装，并在隔墙上采取封堵措施。电动机隔墙传动，照明灯隔玻璃窗照明等都属于隔离措施。变、配电室与爆炸危险环境或火灾危险环境毗邻时，隔墙应用非可燃性材料制成，孔洞、沟道应用非可燃性材料严密封堵，门、窗应开向无爆炸或火灾危险的场所。

变、配电站不应设在容易沉积可燃粉尘或可燃纤维的地方。

3. 消除引火源

1）按爆炸危险环境的特征和危险物的级别、组别选用电气设备和设计电气线路。

2）保持电气设备和电气电路安全运行，电流、电压、温升和温度不超过允许范围。

3）在爆炸危险环境应尽量少用携带式设备和移动式设备；一般情况下不应进行电气测量工作。

4. 保护接地

1）应将所有不带电金属物体做等电位联结。对于从防止电击的角度考虑不需接地（接零）的，在爆炸危险环境下仍应接地（接零）。

2）对于低压接地系统配电，应采用 TN-S 系统，不得采用 TN-C 系统，即在爆炸危险环境应将保护零线与工作零线分开。保护导线的最小截面面积，铜导体不得小于 $4mm^2$、钢导体不得小于 $6mm^2$。

3）对于低压不接地系统配电，应采用 IT 系统，并装有一相接地时或严重漏电时能自动切断电源的保护装置或能发出声、光双重信号的报警装置。

5. 电气灭火

（1）先断电后灭火。如火灾现场尚未停电，应首先切断电源。切断电源时应注意以下方面：

1）切断部位应选择得当，不得因切断电源影响疏散和灭火工作。

2）在可能的条件下，先卸去电路负荷，再切断电源。切忌在忙乱中带负荷拉刀闸。

3）因火烧、烟熏、水浇，电气绝缘程度可能大大降低，因此切断电源时应配用有绝缘柄的工具。

4）应在电源侧的电线支持点附近剪断电线，防止电线断落下来造成电击或短路。

5）切断电线时，应在错开的位置切断不同相的电线，防止切断时发生短路。

（2）带电灭火的安全要求。

1）不得用泡沫灭火器带电灭火，带电灭火应采用干粉、二氧化碳、1211 等灭火器。

2）人及所带器材与电体之间应保持足够的安全距离。干粉、二氧化碳、1211 等灭火器喷嘴至 10kV 带电体的距离不得小于 0.4m；用水枪带电灭火时，宜采用喷雾水枪，水枪喷嘴应接地，并应保持足够的安全距离。

3）对架空电路等空中设备灭火时，人与带电体之间的仰角不应超过 45°，防止导线断落下来危及灭火人员的安全。

4）如有带电导线断落地面，应在落地点周围划半径约 8～10m 的警戒圈，防止发生跨步电压触电。

5）因为可能发生接地故障，为防止跨步电压和接触电压触电，救火人员及所使用的消防器材与接地故障点要保持足够的安全距离：在高压室内距离为 4m，室外为 8m，进入上述范围的救火人员要穿上绝缘鞋。

典型例题

电气防火防爆技术包括消除或减少爆炸性混合物、消除可燃源、隔离和间距、爆炸危险环境接地和接零等。下列爆炸危险环境电气防火防爆技术的要求中，正确的是（　　）。

A. 在危险空间充填清洁的空气，防止形成爆炸性混合物

B. 隔墙上与变、配电室连通的沟道、孔洞等，应使用难燃性材料严密封堵

C. 设备的金属部分、金属管道以及建筑物的金属结构必须分别接地

D. 低压侧断电时，应先断开刀开关，再断开电磁起动器或低压断路器

【答案】B。

第五节　危险化学品安全技术基础

一、危险化学品的分类及主要危险特性

1. 危险化学品的分类

《化学品分类和危险性公示　通则》（GB 13690—2009）按理化危险将化学品分为：爆炸物、易燃气体、易燃气溶胶、氧化性气体、压力下气体、易燃液体、易燃固体、自反应物质或混合物、自燃液体、自燃固体、自热物质和混合物、遇水放出易燃气体的物质或混合物、氧化性液体、氧化性固体、有机过氧货物、金属腐蚀剂。

《化学品分类和危险性公示　通则》（GB 13690—2009）按健康危险将化学品分为：急性毒性、皮肤腐蚀/刺激、严重眼损伤/眼刺激、呼吸或皮肤过敏、生殖细胞致突变性、致癌性、生殖毒性、特异性靶器官系统毒性（一次接触、反复接触）、吸入危险。

《化学品分类和危险性公示　通则》（GB 13690—2009）按环境危险将化学品分为：危害水生环境、急性水生毒性、生物积累潜力、快速降解性、慢性水生毒性。

2. 危险化学品的主要危险特性

危险化学品的主要危险特性有燃烧性、爆炸性、毒害性、腐蚀性和放射性。

典型例题

根据《化学品分类和危险性公示　通则》（GB 13690—2009），按环境危险将化学品分为（　　）等。

A. 急性中毒　　B. 危害水生环境

C. 生物积累潜力　　D. 快速降解性

E. 慢性水生毒性

【答案】BCDE。

二、危险化学品燃烧爆炸的分类

危险化学品燃烧爆炸的分类如图 2-1 所示。

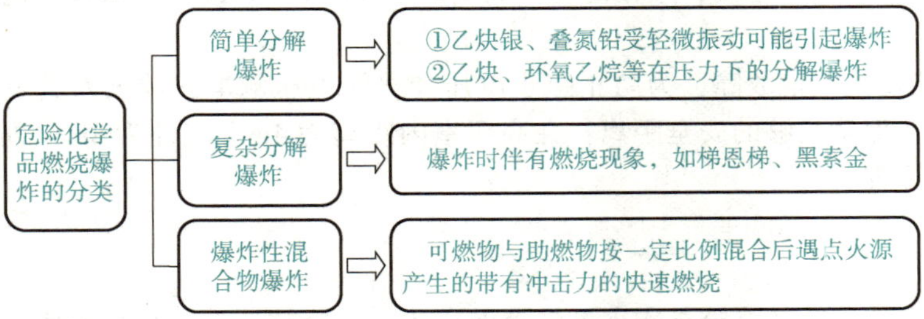

图 2-1　危险化学品燃烧爆炸的分类

典型例题

例 1：危险化学品爆炸按照爆炸反应物质分为简单分解爆炸、复杂分解爆炸和爆炸性混合物爆炸。关于危险化学品分解爆炸的说法，正确的是（　　）。

A. 简单分解爆炸需要外部环境提供一定的热量

B. 复杂分解爆炸物的危险性较简单分解爆炸物高

C. 简单分解爆炸或者复杂分解爆炸不需要助燃性气体

D. 简单分解爆炸一定发生燃烧反应

【答案】C。选项 A 错误，简单分解爆炸所需要的热量是由爆炸物本身分解产生的。选项 B 错误，复杂分解爆炸物的危险性较简单分解爆炸物稍低。选项 D 错误，简单分解爆炸不一定发生燃烧反应。

例 2：危险化学品的爆炸按照爆炸反应物质分类分为简单分解爆炸、复杂分解爆炸和爆炸性混合物爆炸。下列物质爆炸中，属于简单分解爆炸的有（　　）。

A. 乙炔银

B. 环氧乙烷

C. 甲烷

D. 叠氮铅

E. 梯恩梯

【答案】ABD。

三、防止火灾、爆炸事故发生的基本原则

1. 防止燃烧、爆炸系统的形成

防止燃烧、爆炸系统的形成主要有五个方法，即替代、密闭、惰性气体保护、通风置换、安全监测及连锁。

2. 消除点火源

能引发事故的点火源有明火、高温表面、冲击、摩擦、自燃、发热、电气火花、静电火花、化学反应热、光线照射等。具体的做法有：

（1）控制明火和高温表面。

（2）防止摩擦和撞击产生火花。

（3）火灾爆炸危险场所采用防爆电气设备避免电气火花。

3. 限制火灾、爆炸蔓延扩散的措施

限制火灾、爆炸蔓延扩散的措施包括阻火装置、防爆泄压装置及防火防爆分隔等。

典型例题

在防止火灾、爆炸事故发生的基本原则中，消除点火源的具体做法有（　　）。

A. 惰性气体保护

B. 防止摩擦和撞击产生火花

C. 防火防爆分隔

D. 控制明火和高温表面

E. 火灾爆炸危险场所采用防爆电气设备避免电气火花

【答案】BDE。

第三章　道路运输安全技术

学习要求

1）根据道路旅客运输中存在的安全风险、隐患特点，运用客运驾驶员和车辆技术状况及动态监控、运输经营行为等方面的安全技术，针对不同道路旅客运输各环节的危害类型，提出相应的安全技术措施。

2）根据道路货物运输中存在的安全风险、隐患特点，运用运输车辆及装备的安全技术，进行货物运输安全检查和隐患排查，提出相应的安全技术措施。

3）根据道路旅客及货物运输站场作业中存在的安全风险、隐患特点，运用汽车客运站安全技术，查堵危险品，对客车进行安全检查，运用货运站场货物存储及堆放基本安全技术，对货运站场超限超载、禁止装卸国家禁运和限运物品，以及出站车辆进行安全检查。

4）车辆维修、检测安全生产技术。根据车辆维修、检测中存在的安全风险、隐患特点，运用车辆维修、检测安全技术和标准，进行车辆维修和检测作业安全检查和隐患排查，提出相应的安全技术措施。

第一节　道路运输安全基础

一、道路运输中存在的安全风险

道路运输受地理条件、环境因素、道路状况、气候、车辆状况以及驾驶员自身素质和驾驶技能的影响，容易诱发道路交通安全事故和自然灾害事故，严重威胁行车安全和人民生命财产安全。所以，应该对道路运输中存在的安全风险和隐患进行排查与分析，采取有效措施对风险和隐患进行控制。

1. 人的不安全行为

人的不安全行为产生的危险因素及其危险评估见表3-1。

表3-1　人的不安全行为产生的危险因素及其危险评估

危险源	危险因素	危险评估
驾驶员性格及心理缺陷	自信心理	一般危害
	麻痹心理	一般危害
	逞强心理	一般危害
	急躁心理	一般危害
	逆反心理	较大危害
驾驶员生理异常	疲劳	较大危害
	药物不良反应	不可容许危害
	疾病	不可容许危害
	饮酒后行动、思维迟缓	不可容许危害

（续）

危险源	危险因素	危险评估
驾驶员违规驾驶	载客超过核定准载人数	较大危害
	驾车接打手机、吸烟、饮食等妨碍驾驶安全的行为	较大危害
	超过规定速度行车	较大危害
	开带病车或未检验车上路行驶	较大危害
	强行超车	不可容许危害
	随意变更车道	不可容许危害
	逆行	不可容许危害
	闯红灯、抢黄灯通过路口	一般危害
	违法停车	一般危害
	违法倒车	较大危害
	占道行驶	较大危害
	不按规定通过有交通信号或标志控制的交叉路口	一般危害
	不按规定通过无交通信号或标志控制的交叉路口	一般危害
驾驶员操作错误	不按规定通过铁路道口	一般危害
	在湿滑的路面上紧急制动，或车辆侧滑时紧急制动，急打转向盘	较大危害
	车辆转弯时易与其他行驶的车辆和行人相撞	较大危害
	掉头时忽视后面的车辆和行人	一般危害
	超车碰撞和侧滑	较大危害
	会车时忽略视线盲区	较大危害
	倒车发生碰撞	较大危害
	未保持安全车距	较大危害
	有紧急情况时，错把加速踏板当制动踏板	不可容许危害
	变更车道，没有观察后视镜	较大危害
	未注意视觉盲区内的行人、非机动车	较大危害
	转弯时，未注意车辆内外轮差，车轮落入边沟	一般危害
	分道口行驶路线选择错误	一般危害
驾驶员注意力分散	主观原因	较大危害
	客观原因	较大危害
其他交通参与者的不安全行为	违反交通规则	一般危害
	行为不自知、不自觉	一般危害
	专注于其他事物	一般危害
	乘车人违章乘车	较大危害

2. 物的不安全行为

物的不安全行为产生的危险因素及其危险评估见表 3-2。

表 3-2　物的不安全行为产生的危险因素及其危险评估

危险源	危险因素	危险评估
车辆结构存在风险	车体体积庞大，满载总质量较大	一般危害
	车身存在视觉盲区	一般危害
形式特点存在风险	与其他车辆之间存在速度差	一般危害
	内外轮差大	一般危害
	加速性能差	一般危害
	惯性大、制动距离长	较大危害
车辆技术状况不良	制动劣化或失效	较大危害
	转向不良或失效	较大危害
	照明、信号装置故障	一般危害
	侧向稳定性差	较大危害
	车辆悬架、减振系统缺陷	一般危害
	车速表故障	一般危害
	轮胎磨损严重、有裂纹或扎入杂物	较大危害
	汽车轮胎选配不符合要求	不可容许危害
	发动机故障	较大危害
	车辆行驶中临时停车检修	一般危害
	主动安全装置失效	一般危害
	被动安全装置失效	一般危害
行李物品存在风险	放在行李架上的物品掉落	一般危害
	放置在椅子下的行李部分露出	一般危害
	乘客携带危险品上车未被发现	不可容许危害
其他	客车地板、台阶湿滑	一般危害
	座椅损坏	一般危害

3. 典型道路的危险因素

典型道路的危险因素及其危险评估见表 3-3。

表 3-3　典型道路的危险因素及其危险评估

危险源	危险因素	危险评估
山区道路	连续上下坡	较大危害
	路窄弯急	较大危害
	安全防护设施不完善	较大危害
	山体滑坡	较大危害
	云雾缭绕	较大危害

（续）

危险源	危险因素	危险评估
高速公路	进出高速公路	一般危害
	相对封闭、控制出入、单向行驶、无平面交叉、路况好、车速高、车流量大	较大危害
	严重超速行驶或其他违规行为	不可容许危害
	车辆行驶中临时停车检修	一般危害

4. 路面通行的危险因素

路面通行的危险因素及其危险评估见表3-4。

表3-4　路面通行的危险因素及其危险评估

危险源	危险因素	危险评估
施工道路	道路中断或变窄	一般危害
	路面有砂石	一般危害
	施工标志不明显或未设置	一般危害
路障	道路上有掉落或卸载的货物	一般危害
	故障车未及时移开或交通事故车辆停在路中	一般危害
	农作物占道晾晒	一般危害
冰雪路面	对阳光的反射率极高	较大危害
	路面摩擦系数低、平整度差	较大危害
涉水路面	水过深	一般危害
	水下有泥沙	较大危害
	水中有尖锐物	一般危害
	水流速度快	不可容许危害
凹凸路面	路面凹凸不平	一般危害
	路面有较大凸起、深坑等	较大危害

5. 特殊路段的危险因素

特殊路段的危险因素及其危险评估见表3-5。

表3-5　特殊路段的危险因素及其危险评估

危险源	危险因素	危险评估
临时修建道路	建设等级较低、压实度低、沉降不足、平整度差	较大危害
	周边地形复杂及交通情况混乱	一般危害
交叉路口	车辆行人汇集、交通流量大、行驶轨迹交叉	一般危害
隧道	长隧道内照明差	较大危害
	隧道较窄、限制高度	一般危害
	隧道口结冰	较大危害
	隧道出入口明暗变化	较大危害
	出口横风	较大危害

（续）

危险源	危险因素	危险评估
立交桥、环岛	方向多、出口多、车流量大	一般危害
桥涵	路宽限速	较大危害
	限制轴重	较大危害
路旁有高大的建筑、树木的道路	驾驶员视线被遮挡	较大危害
	交通信号灯、标志被遮挡	较大危害
城乡接合部路段	各种交通工具汇聚、人车混杂	一般危害
	交通安全设施不完善	一般危害
	临时市场占道经营	较大危害
	交通参与者安全意识差	较大危害

6. 夜间、特殊天气及自然灾害等行车环境的危险因素

夜间、特殊天气及自然灾害等行车环境的危险因素及其危险评估见表3-6。

表3-6　夜间、特殊天气及自然灾害等行车环境的危险因素及其危险评估

危险源	危险因素	危险评估
夜间	路灯损坏、视线受影响	较大危害
	视线范围变小、视距变短	较大危害
	会车时，其他车辆开远光灯	一般危害
	夜间行驶易疲劳	较大危害
雨天	光线昏暗、能见度低	较大危害
	常伴有雷电、大风	较大危害
	路面湿滑、泥泞	较大危害
	气温低于0℃形成冻雨	较大危害

典型例题

施工道路中出现施工标志不明显，对此产生的危害是（　　）。

A. 一般危害　　B. 较大危害　　C. 重大危害　　D. 不可容许危害

【答案】A。

二、道路交通安全设施

道路交通安全设施对于保障行车安全、减轻潜在事故严重程度，起着重要作用。良好的安全设施系统应具有交通管理、安全防护、交通诱导、隔离封闭、防止眩光等多种功能。

1. 道路交通标志

道路交通标志有警告标志、禁令标志、指示标志、指路标志、旅游区标志、道路施工安全标志、辅助标志等。设置交通标志的目的是给道路通行人员提供确切的信息，保证交通安全畅通。

2. 路面标线

路面标线有禁止标线、指示标线、警告标线，是直接在路面上用涂料喷刷或用混凝土预制块等铺列成线条、符号，与道路标志配合的交通管制设施。路面标线种类较多，有行车道中线、停车线标线、路缘线等。标线有连续线、间断线、箭头指示线等，多使用白色或黄色。

3. 护栏

护栏按地点不同可分为路侧护栏、中央隔离带护栏和特殊地点护栏三种；按结构可分为柔性护栏、半刚性护栏和刚性护栏三类。公路上的安全护栏既要阻止车辆越出路外，防止车辆穿越中央分隔带闯入对向车道，又要具备诱导驾驶员视线的功能。

4. 隔离栅

隔离栅是以金属网片等材料绷紧在支撑结构上的栅栏，用以阻止人畜进入公路界，以及防止非法侵占公路用地。高速公路与一级汽车专用公路两侧均应设隔离栅。

5. 照明设施

道路照明合理设置，可以改善交通条件，减少驾驶疲劳，提高道路通行能力，有效减少交通事故。其质量取决于：①路面照明的亮度，即有足够的强度以保证车辆驾驶员和行人能看清路面上的障碍物、行人、车辆和道路周围的情况；②路面照明的均匀性，即分布应大致均匀；③眩光干扰程度，即有效地控制眩光对车辆驾驶员和行人的有害影响；④照明的引导性，即根据路面状况进行适当的设置，使车辆驾驶员和行人能有效地获得前方道路的方向、倾斜度等信息，这对有许多弯道和交叉口的道路尤为重要。合理应用灯具，能防止眩光。

6. 视线诱导标

视线诱导标按照功能可分为轮廓标、分流或合流诱导标、线行诱导标。

7. 防眩设施

防眩设施的用途是遮挡对向车前照灯的眩光，分防眩网和防眩板两种。防眩网通过网股的宽度和厚度阻挡光线穿过，减少光束强度而达到防止对向车前照灯炫目的目的；防眩板是通过其宽度部分阻挡对向车前照灯的光束。

典型例题

例 1：道路路面标线主要有（　　）三种。

A. 禁止标线、指示标线、警告标线　　B. 禁止标线、导行标线、白色标线

C. 黄色标线、导行标线、警告标线　　D. 黄色标线、指示标线、白色标线

【答案】A。

例 2：公路安全护栏的主要作用是防止车辆越出路外，防止车辆穿越中央分隔带闯入对向车道。公路安全护栏按结构可分为（　　）。

A. 金属护栏、木制护栏、合成树脂纤维护栏

B. 柔性护栏、半刚性护栏、刚性护栏

C. 波形梁护栏、缆索护栏、水泥混凝土护栏

D. 路侧护栏、中央隔离带护栏、护栏端头

【答案】B。

例 3：道路交通安全设施对于保障行车安全、减轻潜在事故严重程度起重要作用，道路交通安全设施包括（　　）。

A. 交通标志　　B. 路面标线　　C. 护栏　　D. 隔离栅

E. 路侧行道树

【答案】ABCD。

三、道路运输安全隐患排查与治理

（一）事故隐患的含义

交通运输安全生产事故隐患是指交通运输生产经营单位违反安全生产法律法规、标准规范和

安全生产管理制度等规定，存在可能导致安全生产事故发生的物的不安全状态、人的不安全行为、管理上的缺陷和环境危险因素的行为或状态。

事故隐患分为重大事故隐患和一般事故隐患两个等级。重大事故隐患是指易导致重大以上安全生产事故，且生产经营单位自身难以排除或需停工停产经过一定时间方能排除的事故隐患。一般事故隐患是指除重大事故隐患外的事故隐患。

（二）事故隐患分析

（1）交通参与者交通安全意识、法制意识淡薄。不能自觉遵章守法，特别是机动车驾驶员忽视交通安全，驾驶员驾驶技术、对危险路段的重视程度和辨别能力都存在差异，驾驶陋习，这些主客观因素都成为引发交通事故的重要原因。很多交通事故都是由于驾驶员超速、超载、无证驾驶、酒后驾驶或机动车性能不良造成的。

（2）交通标志残缺、无安全防护设施。受交通标志标线制作材料的限制，加上常年风吹雨淋日晒，部分交通标志标线没能达到使用期限就被磨损、风化，导致很多事故多发点段、事故隐患点段交通标志、警示牌不能发挥其应有的作用，一旦出现险情，措施不及时而由此发生交通事故。此外，道路规划不够科学、合理，在建设中忽视交通安全设施的配套，致使道路交叉口、信号灯、限速标志、减速带、标牌、标线等安全设施不够完善，不能及时对驾驶员预先警示。

（3）道路工程设计、施工存在缺陷，形成安全隐患。虽然道路交通事业快速发展，但不安全因素仍不同程度地增加，许多新建路在弯度、坡度、宽度等方面存在缺陷。

（4）道路交通管理不到位。主要表现为：无牌无证、超载、超员、车辆技术状况差、报废车辆上路行驶等违法行为。由于警力不足，难以对辖区所有道路管理做到面面俱到。

（三）事故隐患排查方式

1. 日常排查

事故隐患日常排查由生产经营单位基层班组组织，班前、班后开展的例行事故隐患排查，排查范围应覆盖本班次所有生产作业环节。

2. 专项排查

事故隐患专项排查是生产经营单位组织在一定范围、领域开展的针对特定事故隐患的排查，一般包括：

（1）交通运输管理部门有关部署。

（2）季节性、规律性安全生产条件变化。

（3）新材料、新设备、新技术、新业务投入使用对安全生产条件形成的变化。

（4）根据安全生产事故情况，举一反三，开展有针对性的事故隐患排查。

3. 定期排查

事故隐患定期排查是由生产经营单位组织开展涵盖全部生产经营领域、环节的事故隐患排查。定期排查每年应不少于 1 次。

（四）事故隐患排查治理原则

事故隐患排查治理工作应坚持“企业负责、政府督导、分级管理、全员参与、社会监督”的原则。

典型例题

例 1：事故隐患专项排查是生产经营单位组织在一定范围、领域开展的针对特定事故隐患的排查，一般不包括（　　）。

A. 季节性、规律性安全生产条件变化排查

B. 班前、班后开展的例行事故隐患排查

C. 针对性的事故隐患排查

D. 新材料、新设备、新技术、新业务投入使用对安全生产条件形成变化的排查

【答案】B。

例 2：事故隐患排查治理工作应坚持“（　　）”的原则。

A. 企业负责　　B. 政府督导

C. 综合管理　　D. 全员参与

E. 社会监督

【答案】ABDE。

第二节　道路旅客运输安全技术

一、客运驾驶员安全管理

1. 从事客运经营的驾驶人员应符合的条件

《中华人民共和国道路运输条例》（2022 版）［以下简称《道路运输条例》（2022 版）］第九条规定，从事客运经营的驾驶人员，应当符合下列条件：

（1）取得相应的机动车驾驶证。

（2）年龄不超过 60 周岁。

（3）3 年内无重大以上交通责任事故记录。

（4）经设区的市级人民政府交通运输主管部门对有关客运法律法规、机动车维修和旅客急救基本知识考试合格。

2. 客运驾驶员聘用制度

《道路旅客运输企业安全管理规范》第二十条规定，客运企业应当依法建立客运驾驶员聘用制度。统一录用程序和客运驾驶员录用条件，严格审核客运驾驶员从业资格条件、安全行车经历及职业健康检查结果，对实际驾驶技能进行测试。

驾驶员存在下列情况之一的，客运企业不得聘用其驾驶客运车辆：

（1）无有效的、适用的机动车驾驶证和从业资格证件，以及诚信考核不合格或被列入黑名单的。

（2）36 个月内发生道路交通事故致人死亡且负同等以上责任的。

（3）最近 3 个完整记分周期内有 1 个记分周期交通违法记满 12 分的。

（4）36 个月内有酒后驾驶、超员 20% 以上、超速 50%（高速公路超速 20%）以上或 12 个月内有 3 次以上超速违法记录的。

（5）有吸食、注射毒品行为记录，或者长期服用依赖性精神药品成瘾尚未戒除的，以及发现其他职业禁忌的。

3. 客运驾驶员培训制度

《道路旅客运输企业安全管理规范》第二十一条规定，客运企业应当建立客运驾驶员岗前培训制度，培训合格方可上岗。

岗前培训的主要内容包括：道路交通安全和安全生产相关法律法规、安全行车知识和技能、交通事故案例警示教育、职业道德、安全告知知识、交通事故法律责任规定、防御性驾驶技术、伤员急救常识等安全与应急处置知识、企业有关安全运营管理的规定等。

客运驾驶员岗前培训不少于24学时，并应在此基础上实际跟车实习，提前熟悉客运车辆性能和客运线路情况。

《道路旅客运输企业安全管理规范》第二十二条规定，客运企业应当建立客运驾驶员安全教育培训及考核制度。

客运企业对客运驾驶员进行统一培训，安全教育培训应当每月不少于1次，每次不少于2学时，安全教育培训内容应当包括：法律法规、典型交通事故案例、技能训练、安全驾驶经验交流、突发事件应急处置训练等。

客运企业应当组织和督促本企业的客运驾驶员参加继续教育，保证客运驾驶员参加教育培训的时间，提供必要的学习条件。客运企业可依托互联网技术积极创新、改进安全培训教育手段，丰富培训方式。

客运企业应在客运驾驶员接受安全教育培训后，对客运驾驶员教育培训的效果进行统一考核。客运驾驶员安全教育培训考核的有关资料应纳入客运驾驶员教育培训档案。客运驾驶员教育培训档案的内容应包括：培训内容、培训时间、培训地点、授课人、参加培训人员签名、考核人员和安全管理人员签名、培训考试情况等。档案保存期限不少于36个月。

客运企业应当每月分析客运驾驶员的道路交通违法信息和事故信息，及时进行针对性的教育和处理。

《道路运输驾驶员继续教育办法》第九条规定，道路运输驾驶员继续教育以接受道路运输企业组织并经县级以上道路运输管理机构备案的培训为主。不具备条件的运输企业和个体运输驾驶员的继续教育工作，由其他继续教育机构承担。继续教育还包括以下形式：

（1）经许可的道路运输驾驶员从业资格培训机构组织的继续教育。

（2）交通运输部或省级交通运输主管部门备案的网络远程继续教育。

（3）经省级道路运输管理机构认定的其他继续教育形式。

4. 驾驶员诚信考核等级考核与考核内容

根据《道路运输驾驶员诚信考核办法》第七条规定，道路运输驾驶员诚信考核等级分为优良、合格、基本合格和不合格，分别用AAA级、AA级、A级和B级表示。

道路运输驾驶员诚信考核内容包括：

（1）安全生产情况：安全生产责任事故情况。

（2）遵守法规情况：违反道路运输相关法律、法规、规章的有关情况。

（3）服务质量情况：服务质量事件和有责投诉的有关情况。

5. 驾驶员从业行为定期考核制度

《道路旅客运输企业安全管理规范》第二十三条规定，客运企业应当建立客运驾驶员从业行为定期考核制度。

考核内容主要包括：客运驾驶员违法违规情况、交通事故情况、道路运输车辆动态监控平台和视频监控系统发现的违规驾驶情况、服务质量、安全运营情况、安全操作规程执行情况以及参加教育培训情况等。考核周期应不大于3个月。

客运驾驶员从业行为定期考核结果应与企业安全生产奖惩制度挂钩。

6. 驾驶员信息档案管理制度

《道路旅客运输企业安全管理规范》第二十四条规定，客运企业应当建立客运驾驶员信息档案管理制度。客运驾驶员信息档案实行一人一档，及时更新。客运驾驶员信息档案应当包括：客运驾驶员基本信息、体检表、安全驾驶信息、交通事故信息、交通违法信息、内部奖惩、诚信考核信息等。

7. 驾驶员调离和辞退制度

《道路旅客运输企业安全管理规范》第二十五条规定，客运企业应当建立客运驾驶员调离和辞退制度。客运企业发现客运驾驶员具有规定情形的，应当严肃处理并及时调离驾驶岗位；情节严重的，客运企业应当依法予以辞退。

典型例题

例 1：《道路旅客运输企业安全管理规范》规定，客运驾驶员教育培训档案保存期限不得少于（　　）个月。

A. 24　　B. 36　　C. 48　　D. 72

【答案】B。

例 2：关于客运驾驶员安全管理的说法，正确的有（　　）。

A. 从事客运经营的驾驶人员的年龄不得超过 60 周岁

B. 12 个月内发生道路交通事故致人死亡且负同等以上责任的，客运企业不得聘用其驾驶客运车辆

C. 客运企业应当建立驾驶员岗前培训制度，合格后方可上岗

D. 客运驾驶员岗前培训不少于 48 学时

E. 道路运输驾驶员诚信考核等级分为优良、合格、基本合格和不合格

【答案】ACE。

二、车辆技术状况及管理

1. 营运客车整车技术要求

根据《营运客车安全技术条件》（JT/T 1094—2016），客运客车整车应符合以下技术要求：

（1）营运客车车顶不应布置压缩天然气（CNG）、液化天然气（LNG）、液化石油气（LPG）燃气瓶。

（2）营运客车地板下置行李舱净高应不大于 1.2m，行李舱内应设置行李约束装置。

（3）营运客车驾驶区上方不应布置地板。

（4）营运客车应装备电子稳定性控制系统（ESC），总质量不大于 3500kg 的营运客车装备的 ESC 应符合《轻型汽车电子稳定性控制系统性能要求及试验方法》（GB/T 30677—2014）的要求，其他营运客车装备的 ESC 应符合《营运客车安全技术条件》（JT/T 1094—2016）附录 A 的要求。

（5）营运客车应在乘客门附近车身外部易见位置，用高度大于或等于 100mm 的中文及阿拉伯数字标明该车提供给乘员（包括驾驶员）的座位数。

（6）最大设计车速大于 100km/h 的营运客车应具有限速功能，否则应配备符合《车辆车速限制系统技术要求及试验方法》（GB 24545—2019）要求的限速装置，且限速功能或限速装置调定的最大车速不得大于 100km/h。

2. 车辆选用管理

《道路旅客运输企业安全管理规范》第二十八条规定，客运企业应当建立客运车辆选用管理制度。

客运企业应当按照相关法规和标准要求，统一选型、统一车身标识、统一购置符合道路旅客运输技术要求的车辆从事运营。鼓励客运企业选用安全、节能、环保型客车。

3. 车辆技术管理

《道路旅客运输企业安全管理规范》第二十九条规定，拥有 20 辆（含）以上客运车辆的客运企业应当设置车辆技术管理机构，配备专业车辆技术管理人员，提供必要的工作条件。拥有 20 辆以下客运车辆的客运企业应当配备专业车辆技术管理人员，提供必要的工作条件。专业车辆技术管理人员原则上按照每 50 辆车 1 人的标准配备，最低不少于 1 人。

4. 车辆维护、检查与检验管理

《道路旅客运输企业安全管理规范》第三十一条规定，客运企业应当建立客运车辆维护制度。

客运企业应当依据国家有关标准和车辆维修手册、使用说明书等，结合车辆运行状况、行驶里程、道路条件、使用年限等因素，科学合理制订客运车辆维护计划，保证客运车辆按照有关规定、技术规范以及企业的相关规定进行维护。

客运车辆日常维护由客运驾驶员实施，一级维护和二级维护由客运企业按照相关规定组织实施，并做好记录。

《道路旅客运输企业安全管理规范》第三十二条规定，客运企业应当建立客运车辆技术状况检查制度。

客运企业应当配合客运站做好车辆安全例检，对未按规定进行安全例检或安全例检不合格的车辆不得安排运输任务。

对于不在客运站进行安全例检的客运车辆，客运企业应当安排专业技术人员在每日出车前或收车后按照相关规定对客运车辆的技术状况进行检查。对于一个趟次超过 1 日的运输任务，途中的车辆技术状况检查由客运驾驶员具体实施。

客运企业应主动排查并及时消除车辆安全隐患，每月检查车内安全带、应急锤、灭火器、三角警告牌以及应急门、应急窗、安全顶窗的开启装置等是否齐全、有效，安全出口通道是否畅通，确保客运车辆应急装置和安全设施处于良好的技术状况。

客运企业配备新能源车辆的，应该根据新能源车辆种类、特点等，建立专门的检查制度，确保车辆技术状况良好。

客运企业不得要求客运驾驶员驾驶技术状况不良的客运车辆从事运输作业。发现客运驾驶员驾驶技术状况不良的客运车辆时，应及时采取措施纠正。

《道路旅客运输企业安全管理规范》第三十三条规定，客运企业应当按照有关规定建立车辆安全技术状况检测和年度审验、检验制度。严格执行道路运输车辆安全技术状况检验、综合性能检测和技术等级评定制度，确保车辆符合安全技术条件。逾期未年审、年检或年审、年检不合格的车辆禁止从事道路旅客运输经营。

5. 车辆技术档案管理

《道路旅客运输企业安全管理规范》第三十条规定，客运企业应当建立客运车辆技术档案管理制度。按照规定建立客运车辆技术档案，实行一车一档，实现车辆从购置到退出运输市场的全过程管理。

客运车辆技术档案应当包括：车辆基本信息、车辆技术等级评定、客车类型等级评定或者年度类型等级评定复核、车辆维护和修理（含机动车维修竣工出厂合格证）、车辆主要零部件更换、车辆变更、行驶里程、对车辆造成损伤的交通事故等。

客运企业应当逐步建立客运车辆技术信息化管理系统，完善客运车辆的技术管理。

6. 车辆报废管理

《道路旅客运输企业安全管理规范》第三十四条规定，客运企业应当建立客运车辆改型和报废管理制度。

客运车辆改型与报废应当严格执行国家有关规定。对达到国家报废标准或者检测不符合国家强制性要求的客运车辆，不得继续从事客运经营。客运企业应当按规定将报废车辆交售给机动车回收企业，并及时办理车辆注销登记。车辆报废相关材料应至少保存 24 个月。

根据《机动车强制报废标准规定》第四条规定，已注册机动车有下列情形之一的应当强制报废，其所有人应当将机动车交售给报废机动车回收拆解企业，由报废机动车回收拆解企业按规定进行登记、拆解、销毁等处理，并将报废机动车登记证书、号牌、行驶证交公安机关交通管理部门注销：

（1）达到规定使用年限的。

（2）经修理和调整仍不符合机动车安全技术国家标准对在用车有关要求的。

（3）经修理和调整或者采用控制技术后，向大气排放污染物或者噪声仍不符合国家标准对在用车有关要求的。

（4）在检验有效期届满后连续3个机动车检验周期内未取得机动车检验合格标志的。

根据《机动车强制报废标准规定》第五条规定，各类机动车使用年限分别如下：

（1）小、微型出租客运汽车使用8年，中型出租客运汽车使用10年，大型出租客运汽车使用12年。

（2）租赁载客汽车使用15年。

（3）小型教练载客汽车使用10年，中型教练载客汽车使用12年，大型教练载客汽车使用15年。

（4）公交客运汽车使用13年。

（5）其他小、微型营运载客汽车使用10年，大、中型营运载客汽车使用15年。

（6）专用校车使用15年。

（7）大、中型非营运载客汽车（大型轿车除外）使用20年。

（8）三轮汽车、装用单缸发动机的低速货车使用9年，装用多缸发动机的低速货车以及微型载货汽车使用12年，危险品运输载货汽车使用10年，其他载货汽车（包括半挂牵引车和全挂牵引车）使用15年。

（9）有载货功能的专项作业车使用15年，无载货功能的专项作业车使用30年。

（10）全挂车、危险品运输半挂车使用10年，集装箱半挂车使用20年，其他半挂车使用15年。

（11）正三轮摩托车使用12年，其他摩托车使用13年。

对小、微型出租客运汽车（纯电动汽车除外）和摩托车，省、自治区、直辖市人民政府有关部门可结合本地实际情况，制定严于上述使用年限的规定，但小、微型出租客运汽车不得低于6年，正三轮摩托车不得低于10年，其他摩托车不得低于11年。

小、微型非营运载客汽车，大型非营运轿车，轮式专用机械车无使用年限限制。

机动车使用年限起始日期按照注册登记日期计算，但自出厂之日起超过2年未办理注册登记手续的，按照出厂日期计算。

根据《机动车强制报废标准规定》第六条规定，变更使用性质或者转移登记的机动车应当按照下列有关要求确定使用年限和报废：

（1）营运载客汽车与非营运载客汽车相互转换的，按照营运载客汽车的规定报废，但小、微型非营运载客汽车和大型非营运轿车转为营运载客汽车的，应按照规定核算累计使用年限，且不得超过15年。

（2）不同类型的营运载客汽车相互转换，按照使用年限较严的规定报废。

（3）小、微型出租客运汽车和摩托车需要转出登记所属地省、自治区、直辖市范围的，按照使用年限较严的规定报废。

（4）危险品运输载货汽车、半挂车与其他载货汽车、半挂车相互转换的，按照危险品运输载货车、半挂车的规定报废。

距本规定要求使用年限1年以内（含1年）的机动车，不得变更使用性质、转移所有权或者转出登记地所属地市级行政区域。

根据《机动车强制报废标准规定》第七条规定，国家对达到一定行驶里程的机动车引导报废。

达到下列行驶里程的机动车，其所有人可以将机动车交售给报废机动车回收拆解企业，由报废机动车回收拆解企业按规定进行登记、拆解、销毁等处理，并将报废的机动车登记证书、号牌、行驶证交公安机关交通管理部门注销：

（1）小、微型出租客运汽车行驶60万km，中型出租客运汽车行驶50万km，大型出租客运汽车行驶60万km。

（2）租赁载客汽车行驶60万km。

（3）小型和中型教练载客汽车行驶50万km，大型教练载客汽车行驶60万km。

（4）公交客运汽车行驶40万km。

（5）其他小、微型营运载客汽车行驶60万km，中型营运载客汽车行驶50万km，大型营运载客汽车行驶80万km。

（6）专用校车行驶40万km。

（7）小、微型非营运载客汽车和大型非营运轿车行驶60万km，中型非营运载客汽车行驶50万km，大型非营运载客汽车行驶60万km。

（8）微型载货汽车行驶50万km，中、轻型载货汽车行驶60万km，重型载货汽车（包括半挂牵引车和全挂牵引车）行驶70万km，危险品运输载货汽车行驶40万km，装用多缸发动机的低速货车行驶30万km。

（9）专项作业车、轮式专用机械车行驶50万km。

（10）正三轮摩托车行驶10万km，其他摩托车行驶12万km。

典型例题

例1：根据《道路旅客运输企业安全管理规范》，专业车辆技术管理人员配备最低不少于（　　）人。

A. 1　　B. 2　　C. 3　　D. 4

【答案】A。

例2：关于车辆维护、检查与检验管理的说法，正确的有（　　）。

A. 客运车辆日常维护由客运驾驶员实施

B. 对于不在客运站进行安全例检的客运车辆，客运企业应当安排专业技术人员在每日出车前或收车后按照相关规定对客运车辆的技术状况进行检查

C. 对于一个趟次超过1日的运输任务，途中的车辆技术状况检查应不少于2次

D. 应每月检查车内安全带、应急锤、灭火器、三角警告牌以及应急门、应急窗、安全顶窗的开启装置等是否齐全、有效

E. 客运企业应当按照有关规定建立车辆安全技术状况检测和年度审验、检验制度

【答案】ABDE。

例3：根据《机动车强制报废标准规定》，关于各类机动车使用年限的说法，正确的有（　　）。

A. 大、中型非营运载客汽车（大型轿车除外）使用25年

B. 租赁载客汽车使用15年

C. 小型教练载客汽车使用10年

D. 公交客运汽车使用13年

E. 专用校车使用15年

【答案】BCDE。

三、运输经营行为安全技术

（一）运输组织要求

《道路运输条例》（2022 版）规定，道路运输车辆运输旅客的，不得超过核定的人数，不得违反规定载货。

《道路旅客运输企业安全管理规范》第三十七条规定，客运企业在制定运输计划时应当严格遵守通行道路的限速要求，以及客运车辆（9 座以上）夜间（22 时至次日 6 时，下同）行驶速度不得超过日间限速 80% 的要求，不得制定导致客运驾驶员按计划完成运输任务将违反通行道路限速要求的运输计划。

《道路旅客运输企业安全管理规范》第三十八条规定，客运企业在制定运输计划时应当严格遵守客运驾驶员驾驶时间和休息时间等规定：

（1）日间连续驾驶时间不得超过 4h，夜间连续驾驶时间不得超过 2h，每次停车休息时间应不少于 20min。

（2）在 24h 内累计驾驶时间不得超过 8h。

（3）任意连续 7d 内累计驾驶时间不得超过 44h，期间有效落地休息。

（4）禁止在夜间驾驶客运车辆通行达不到安全通行条件的三级及以下山区公路。

（5）长途客运车辆凌晨 2 时至 5 时停止运行或实行接驳运输；从事线路固定的机场、高铁快线以及短途驳载且单程运营里程在 100km 以内的客运车辆，在确保安全的前提下，不受凌晨 2 时至 5 时通行限制。

客运企业不得要求客运驾驶员违反驾驶时间和休息时间等规定驾驶客运车辆。企业应主动查处客运驾驶员违反驾驶时间和休息时间等规定的行为，发现客运驾驶员违反驾驶时间和休息时间等规定驾驶客运车辆时，应及时采取措施纠正。

《道路旅客运输企业安全管理规范》第四十条规定，客运企业应当规范运输经营行为。班线客车应当严格按照许可的或经备案的线路、班次、站点运行，在规定的停靠站点上下旅客，不得随意站外上客或揽客。对于成立线路公司的道路客运班线或者实行区域经营的客运企业，在确保运输安全的前提下，可自主确定道路客运班线途经站点，报原许可部门备案，并提前向社会公布，方便乘客上下车。

（二）客运安全生产操作规程

《道路旅客运输企业安全管理规范》第五十八条规定，客运企业应当根据岗位特点，分类制定安全生产操作规程，推行安全生产标准化作业。

《道路旅客运输企业安全管理规范》第五十九条规定，客运企业应当制定客运驾驶员行车操作规程。操作规程的内容应当包括：出车前、行车中、收车后的车辆技术状况检查，开车前向旅客的安全告知，高速公路及特殊路段行车注意事项，恶劣天气下的行车注意事项，夜间行车注意事项，应急驾驶操作程序，进出客运站注意事项等。

《道路旅客运输企业安全管理规范》第六十条规定，客运企业应当制定客运车辆日常检查和日常维护操作规程。操作规程的内容应当包括：轮胎、制动、转向、悬架、灯光与信号装置、卫星定位装置、视频监控装置、应急设施及装置等安全部件检查要求和检查程序，不合格车辆返修及复检程序等。

《道路旅客运输企业安全管理规范》第六十一条规定，客运企业应当制定车辆动态监控操作规程。操作规程的内容应当包括：卫星定位装置、视频监控装置、动态监控平台设备的检修和维护要求，动态监控信息采集、分析、处理规范和流程，违法违规信息统计、报送及处理要求和程序，动态监控信息保存要求和程序等。

《道路旅客运输企业安全管理规范》第六十二条规定，客运企业配备乘务员的应当建立乘务员安全操作规程。操作规程的内容应当包括：乘务员值乘工作规范，值乘途中安全检查要求，车辆行驶中相关信息报送等。

（三）出车前准备

1. 熟悉行车路线和行车计划

《道路客货运输驾驶员行车操作规范》（JT/T 1134—2017）规定，行车路线和行车计划应符合以下规定：

（1）应提前熟悉高速公路出入口、沿线服务区或其他中途休息场所、备用行车路线等信息。

（2）应按照以下要求提前了解运行路线沿线的道路情况、交通环境和气候特点：

1）沿线道路等级、道路线形及中央隔离带、护栏的设置等情况。

2）沿线桥梁对通行车辆的总质量、轴重等限值，沿线涵洞、隧道对通行车辆的高度和宽度的限值。

3）沿线地区台风、暴雨、暴风、寒潮、沙尘暴、泥石流、山体塌方等天气和地质灾害预警信息。

4）沿线道路容易出现团雾、结冰、横风的路段信息。

（3）根据运行路线沿线的道路交通环境，提前做好以下准备：

1）应根据沿线地区的季节性气候变化情况，及时更换相适应的冷却液、机油、燃油等。

2）冬季行经严寒地区，宜随车携带防滑链、垫木等防滑材料。

3）行经高原地区时，宜提前备好应急药物和器材。

2. 驾驶员生理、心理状况自我检查

《道路客货运输驾驶员行车操作规范》（JT/T 1134—2017）对驾驶员生理、心理状况自我检查做出以下规定：

（1）身体应处于健康状态，精力充沛，有疲劳、头晕、恶心、乏力、幻象等现象时，不应驾驶车辆上道路行驶。

（2）情绪应处于心平气和、不急不躁的状态。情绪不良时，不应驾驶车辆上道路行驶。

（3）宜每年进行一次身体健康检查，按医嘱要求做好行车安全防范措施。

3. 车辆安全技术状况检查

《道路客货运输驾驶员行车操作规范》（JT/T 1134—2017）规定，车辆安全技术状况检查应符合以下规定：

（1）应按照《机动车驾驶员安全驾驶技能培训要求》（JT/T 915—2014）的要求做好出车前检查，并如实填写车辆日常检查表；按照《汽车维护、检测、诊断技术规范》（GB/T 18344—2016）的要求做好车辆日常维护。

（2）安装有卫星定位系统车载终端设备、行车记录设备、视频监控设备等的，确认设备齐全、工作正常。

（3）除满足（1）和（2）的要求，客车驾驶员还应按以下要求做好出车前的安全检查：

1）确认乘客座椅的安全带齐全，能正常调节长度和锁止，无破损。

2）确认应急门、应急窗能正常开启和锁止；安全锤齐全、有效、位置正确；设有撤离舱门的，撤离舱口能正常开启和锁止。

3）确认灭火器齐全、有效，放置于明显、便于取用的位置。

4）车辆起步前，做好以下检查：

①在临时停靠站点，对上车乘客进行实名验票，检查乘客所携带的物品，防范携带、夹带危险或国家规定的违禁物品上车。

②确认乘客行包摆放整齐稳妥，安全出口和通道畅通、无行包物品。

③清点乘客人数，确认无超员情况，督促乘客系好安全带。

④确认行李舱门和车门关闭锁止。

4. 发车前安全告知与安全承诺

《道路客货运输驾驶员行车操作规范》（JT/T 1134—2017）对发车前安全告知与安全承诺做出以下规定：

（1）班线客车和旅游客车驾驶员应口头或通过播放宣传片、在车内明显位置标示等方式，对乘客进行安全告知，告知内容包括：

1）客运公司名称、客车号牌、驾驶员及乘务员姓名和监督举报电话。

2）车辆核定载客人数、行驶线路、经批准的停靠站点、中途休息站点。

3）车辆安全出口及应急出口的逃生方法、安全带和安全锤的使用方法。

4）法律法规规定的其他事项。

（2）客车驾驶员应向乘客进行安全承诺，承诺内容包括：

1）不超速，严格按照道路限速要求行驶。

2）不超员，车辆乘员不得超过核定载客人数。

3）不疲劳驾驶，日间连续驾驶时间不超过4h，夜间22时至凌晨6时连续驾驶时间不超过2h，每次停车休息时间不少于20min。

4）不接打手机，在驾驶过程中保持注意力集中。

5）不关闭动态监控系统，做到车辆运行实时在线。

6）确保提醒乘客系好安全带，全程按要求佩戴使用。

7）确保乘客生命安全，为旅途平安保驾护航。

（四）行车中安全驾驶操作

1. 基本要求

《道路客货运输驾驶员行车操作规范》（JT/T 1134—2017）规定，行车中安全驾驶操作应符合以下基本要求：

（1）应按照《机动车驾驶员安全驾驶技能培训要求》（JT/T 915—2014）的要求规范操作车辆操纵装置；车辆行驶方向、速度等变化时，提前观察内、外后视镜，视线不应持续离开行驶方向超过2s。

（2）应根据道路条件、道路环境、天气条件、车辆技术性能、车辆装载质量等，合理控制行驶速度和跟车距离。行驶速度与跟车距离应满足以下要求：

1）按照道路限速标志、标线标明的速度行驶。

2）在没有限速标志、标线且没有施画道路中心线的城市道路上，最高速度为30km/h；在没有限速标志、标线且只有一条机动车道的城市道路上，最高速度为50km/h。

3）在没有限速标志、标线且没有施画道路中心线的公路上，最高速度为30km/h；在没有限速标志、标线且同方向只有一条机动车道的公路上，最高速度为70km/h。

4）遇有下列情形之一的，及时降低车速，行驶速度不超过30km/h：

①进出非机动车道，通过铁路道口、急弯路、窄路和窄桥时。

②掉头、转弯、下陡坡时。

③遇雾、雨、雪、沙尘、冰雹、能见度在50m以内时；在冰雪、泥泞的道路上行驶时；牵引发生故障的机动车时。

5）在高速公路行驶、车速超过100km/h时，与同车道前车保持100m以上的距离；车速低于100km/h时，与同车道前车保持50m以上的距离。

6）在高速公路上行驶，遇有雾、雨、雪、沙尘、冰雹等能见度较低时，应遵守以下要求：

①能见度小于500m且大于或等于200m时，速度不超过80km/h，与同车道前车保持150m以上的距离。

②能见度小于200m且大于或等于100m时，速度不超过60km/h，与同车道前车保持100m以上的距离。

③能见度小于100m且大于或等于50m时，速度不超过40km/h，与同车道前车保持50m以上的距离。

④能见度小于50m时，速度不超过20km/h，并从最近的出口尽快驶离高速公路。

（3）行车中应遵守道路交通安全法律、法规的规定，不应有以下不安全驾驶行为：

1）车门、行李舱门或车厢未关闭锁止时行车。

2）下陡坡时熄火或空挡滑行。

3）占用应急车道行驶。

4）长时间骑轧车道分界线行驶。

5）在高速公路停车上下乘客。

6）驾驶时聊天、使用手持电话等妨碍安全驾驶的行为。

7）带不良情绪驾驶车辆。

2. 行驶位置和路线选择

《道路客货运输驾驶员行车操作规范》（JT/T 1134—2017）规定，应按照以下要求选择合适的行驶路线，并操控车辆保持正确的行驶位置：

（1）在道路同方向施画有两条以上机动车道的路段行驶时，靠右侧的慢速车道行驶，不得长时间占用左侧的快速车道行驶。

（2）在未施画道路中心线的路段行驶时，靠道路中间偏右位置行驶。

（3）在交叉路口右转弯时，按照以下要求进行操作：

1）通过后视镜观察右侧后轮的行驶轨迹，为右侧后轮与路肩之间预留足够的转弯空间，同时观察两侧盲区内的交通情况，确认安全后，缓慢向右侧转向。

2）在施画两条以上右转弯车道的交叉路口时，选择靠左侧的右转弯车道转弯。

（4）在交叉路口左转弯时，按照以下要求进行操作：

1）靠路口中心点的左侧转向。

2）在施画两条以上左转弯车道的交叉路口时，选择靠右侧的左转弯车道转弯。

（5）在交叉路口转弯需要借用对向车道时，做好让车准备，为对向驶来的车辆预留足够的转弯空间。

（6）通过弯道时，提前降低车速，根据道路曲线的弯度调整转向盘，沿道路右侧行驶，不得借用对向车道行驶；通过急弯路段时，还要注意内侧后轮的行驶轨迹，为内侧后轮与路肩之间预留足够的转弯空间。

3. 上坡路段行驶

《道路客货运输驾驶员行车操作规范》（JT/T 1134—2017）规定，观察到上陡坡标志或上长而陡的坡路时，应按照以下要求操作：

（1）提前预测坡度、坡长，选择右侧的慢车道或爬坡车道行驶。

（2）提前将变速器操纵杆置于合适的低挡位，在坡路时保持加速踏板位置。

（3）当发动机提供的动力不足时，及时降挡。

（4）不定时察看水温表，当冷却液温度超过95℃时，及时选择安全区域停车降温。

（5）在坡路临时停车时，拉紧驻车制动器，挂入低速挡，开启危险报警闪光灯，将车辆前轮适当转向路肩、路侧山体等安全的一侧，并在成斜对角的两侧轮胎的后侧垫三角木，正确摆放危险警告标志。

4. 下坡路段行驶

《道路客货运输驾驶员行车操作规范》（JT/T 1134—2017）规定，观察到下陡坡标志、连续下坡标志或通过陡坡、连续转弯下坡路段时，应按照以下要求操作：

（1）提前检验车辆制动性能是否正常，若制动性能异常，应及时停车检查处理。

（2）离合器保持接合状态，发动机不熄火，视坡度大小将变速器操纵杆置于合适的挡位，坡度越大，挡位越低。

（3）根据速度情况，间歇使用行车制动器制动控制车速；装备有缓速器、排气制动等辅助制动装置的车辆，应充分利用辅助制动装置减速。

（4）不占用对向车道行驶。

（5）通过后视镜观察后侧来车情况，发现后侧来车出现制动失效等异常情况时，及时根据道路情况采取避让措施。

（6）在坡路临时停车时，拉紧驻车制动器，挂入倒车挡，开启危险报警闪光灯，将车辆前轮适当转向路肩、路侧山体等安全的一侧，并在成斜对角的两侧轮胎的前侧垫三角木，正确摆放危险警告标志。

5. 急弯路段行驶

《道路客货运输驾驶员行车操作规范》（JT/T 1134—2017）规定，上急弯路段行驶应符合以下要求：

（1）观察到急弯标志或通过急弯路段时，应提前减速，不占用对向车道行驶，在缓慢驶近弯道的过程中观察并判断弯道内的道路路面、转弯空间等情况，确认安全后低速通过。

（2）通过有视线障碍的急弯路段，无法确认安全时，应按以下要求操作：

1）在入弯道前的安全区域停车，拉紧驻车制动器，必要时在车轮下垫三角木，开启危险报警闪光灯，放置危险警告标志。

2）查看弯道处的转弯空间、路基坚实情况，确认安全后，低速平稳通过弯道，必要时由随车人员指挥通过。

6. 傍山险路行驶

《道路客货运输驾驶员行车操作规范》（JT/T 1134—2017）规定，傍山险路行驶应符合以下要求：

（1）观察到傍山险路标志或通过傍山险路时，应按照以下要求操作：

1）靠近道路中间或靠山体侧低速行驶。

2）遇对向来车时，判断对向来车的车型、速度、装载、拖挂等情况，选择道路较宽、视线良好、无障碍物的路段交会；对向来车不靠山体时，让对向来车先行。

（2）观察到注意落石标志或通过易出现塌方、山体滑坡、泥石流的危险路段时，应按照以下要求操作：

1）靠近道路中间低速行驶。

2）观察前方路侧及山坡的情况，确认安全后迅速通过，不应在该区域停车。

3）观察到以下异常情形时，及时选择安全区域停车：

①山坡土体出现变形、鼓包、裂缝，坡上物体出现倾斜。

②山坡有落石，且伴有树木摇晃。

③动物惊恐异常。

④山坡上出现“沙沙”或“轰轰”等异常声音。

7. 客运站内行驶

《道路客货运输驾驶员行车操作规范》（JT/T 1134—2017）规定，在客运站内行驶应按照以下要求操作：

（1）服从工作人员指挥，按站内限速规定行驶，按规定停放。

（2）关闭车门，确认乘客已坐稳、系好安全带，再起步。

（3）依次有序进出客运站，若出入口为同一个通道，进站车辆让出站车辆先行。

（4）停车后，先确认车辆已停稳，再打开车门。

8. 夜间行驶

《道路客货运输驾驶员行车操作规范》（JT/T 1134—2017）规定，在夜间行驶应按照以下要求操作：

（1）夜间驾驶时，应按照以下要求正确使用车辆灯光：

1）开启示廓灯，在路侧紧急停车时同时开启危险报警闪光灯，放置危险警告标志。

2）在有路灯、照明良好的道路上行驶时，开启近光灯。

3）在没有路灯、照明不良的道路上行驶，速度超过 30km/h 时，开启远光灯；遇以下情况时，及时改用近光灯：

①与同车道前车的距离小于 50m 时。

②与相对方向来车的距离小于 150m 时。

③在窄路、窄桥与非机动车会车时。

4）通过急弯、坡路、拱桥、人行横道或没有交通信号灯控制的路口时，交替使用远、近光灯示意。

（2）夜间驾驶时，应按照要求适当降低车速，加大跟车距离；客车夜间 22 时至凌晨 6 时行驶速度不应超过该路段限速的 80%。

9. 恶劣气象条件下的行驶

《道路客货运输驾驶员行车操作规范》（JT/T 1134—2017）规定，在恶劣气象条件下的行驶应按照以下要求操作：

（1）在雾、雨、雪、沙尘、冰雹等低能见度气象条件下行驶时，应按照以下要求正确使用车辆灯光：

1）开启近光灯、示廓灯。

2）能见度小于 200m 时，同时开启雾灯和前后位灯。

3）能见度小于 100m 时，同时开启雾灯、前后位灯和危险报警闪光灯。

（2）在雾、雨、雪、沙尘、冰雹等恶劣气象条件下行驶时，应按照相关要求适当降低行驶速度，加大跟车距离。

（3）雨天行车时，除满足（1）和（2）的操作要求外，还应按照以下要求操作：

1）根据雨量大小使用刮水器挡位，使用车内空调清除风窗玻璃和车门玻璃上的水雾。

2）遇暴雨时，及时选择空旷、安全区域停车，待雨量变小或雨停后再继续行驶。

3）遇大风时，握稳转向盘，保持低速行驶，在避让障碍物或转弯时缓转转向盘，轻踩制动踏板；若感觉车辆行驶方向受大风影响时，立即选择空旷、安全区域停车。

4）遇连续下雨或久旱暴雨时，不应靠近路侧行驶。

5）遇积水路段，先观察和判断积水的深度、流速等情况，确认安全后，低速平稳通过；通过积水路段后，轻踩制动踏板；遇路段积水严重时，选择其他安全路线行驶。

（4）雾天行车时，除满足（1）和（2）的操作要求外，还应按照以下要求操作：

1）开启车窗，适当鸣喇叭提醒。

2）发现后侧来车的跟车距离过近时，在保持与前车足够的跟车距离的情况下，适当用制动减速提醒后车。

（5）冰雪天行车时，除满足（1）和（2）的操作要求外，还应按照以下要求操作：

1）加速时，轻踩加速踏板；减速时，轻踩制动踏板或利用低速挡减速，不应紧急制动。

2）转向时，缓转转向盘，不应急转向。

3）遇路面被冰雪覆盖时，循车辙行驶，并利用道路两侧的树木、电杆、交通标志等判断行驶路线。

（6）高温天行车时，按照以下要求操作：

1）不定时察看水温表，当冷却液温度超过95℃时，应及时选择阴凉、安全区域停车降温。

2）宜每隔2h或每行驶150km停车检查轮胎压力、温度，发现胎温、胎压过高时，选择阴凉、安全区域停车降温，不可采取放气或泼冷水方式降压、降温。

3）连续频繁使用行车制动器时，宜每行驶3～4km选择阴凉、安全区域停车，检查行车制动器状况，采取自然降温方式降低行车制动器温度。

10. 行车中检查

《道路客货运输驾驶员行车操作规范》（JT/T 1134—2017）规定，行车中检查应按照以下要求操作：

（1）应不定时查看车上各种仪表，察听发动机及底盘声音，辨识车辆是否出现异常状况。出现以下情况时，应立即选择安全区域停车检查：

1）仪表报警灯亮起时。

2）操纵困难、车身跳动或颤抖、机件有异响或有异常气味，冷却液温度异常时。

3）发动机动力突然下降时。

4）转向盘的操纵变得沉重并偏向一侧时。

5）制动不良时。

6）车辆灯光出现故障时。

（2）中途停车时，应逆时针绕车辆一周，按照《机动车驾驶员安全驾驶技能培训要求》（JT/T 915—2014）的要求检查车辆仪表、轮胎、悬架系统、螺栓等重点安全部件是否齐全，技术状况是否正常，车辆有无油液泄漏，尾气颜色是否正常，并如实填写车辆日常检查表。

（3）中途在服务区休息时，在车辆重新起步前，客车驾驶员应清点乘客人数，确认无漏员情况。

（4）货车驾驶员应随时通过后视镜观察货物的捆绑、覆盖情况；中途停车时，应检查货物捆绑、固定是否牢固，覆盖是否严实，货厢栏板锁止机构有无松动。

（五）运输车辆动态监控

《道路旅客运输企业安全管理规范》第五十条规定，客运企业应当建立道路运输车辆动态监控平台建设、维护及管理制度。

客运企业应当按照标准建设道路运输车辆动态监控平台，或者使用符合条件的社会化道路运输车辆动态监控平台，在监控平台中完整、准确地录入所属客运车辆和驾驶员的基础资料等信息，并及时更新。

客运企业应当确保道路运输车辆动态监控平台正常使用，定期检查并及时排除监控平台存在的故障，保持车辆运行时在线。客运企业应当按照相关法律法规规定以及车辆行驶道路的实际情况，在道路运输车辆动态监控平台中设置监控超速行驶、疲劳驾驶的限值，以及核定运营线路、区域及夜间行驶时间。

《道路旅客运输企业安全管理规范》第五十一条规定，客运企业应当配备专职道路运输车辆动态监控人员，建立动态监控人员管理制度。

专职动态监控人员配置原则上按照监控平台每接入100辆车1人的标准配备，最低不少于2人。监控人员应当掌握国家相关法规和政策，熟悉动态监控系统的使用和动态监控数据的统计分析，经企业或者委托具备培训能力的机构培训、考试合格后上岗。

客运企业应当依法对不严格监控车辆行驶状况的动态监控人员给予处理，情节严重的应当调离相应工作岗位。

《道路旅客运输企业安全管理规范》第五十二条规定，客运企业应当建立客运车辆动态信息处理制度。

客运企业应当在客运车辆运行期间对客运车辆和驾驶员进行实时监控和管理。动态监控人员应当实时分析、处理车辆行驶动态信息，及时提醒客运驾驶员纠正超速行驶、疲劳驾驶等违法行为，并记录存档至动态监控台账；对经提醒仍然继续违法驾驶的客运驾驶员，应当及时向企业安全生产管理机构报告，企业安全生产管理机构应当立即采取措施制止；对拒不执行制止措施仍然继续违法驾驶的，企业应当及时报告公安机关交通管理部门，并在事后解聘客运驾驶员。

（六）安全隐患排查治理与风险管控

《道路旅客运输企业安全管理规范》第七十二条规定，客运企业应当根据安全生产需要和特点，采用综合检查、专业检查、季节性检查、节假日检查、日常检查等方式，每月至少开展1次安全生产隐患排查工作，及时发现和消除安全隐患，加强安全隐患的闭环管理和动态管理。

《道路旅客运输企业安全管理规范》第七十四条规定，客运企业应当建立安全隐患排查治理档案，档案应当包括：隐患排查治理日期，隐患排查的具体部位或场所，发现安全隐患的数量、类别和具体情况，安全隐患治理意见，参加隐患排查治理的人员及其签字，安全隐患治理情况、复查情况、复查时间、复查人员及其签字等。安全隐患排查治理档案保存期限应不少于36个月。

《道路旅客运输企业安全管理规范》第七十五条规定，客运企业应当每月对本单位安全隐患排查治理情况进行统计，分析隐患形成的原因、特点及规律，对多发、普发的安全隐患要深入分析，建立安全隐患排查治理长效机制。

《道路旅客运输企业安全管理规范》第七十六条规定，客运企业应当建立安全隐患报告制度，鼓励企业建立有奖举报机制，发动职工发现和排除安全隐患，鼓励社会公众举报。

《道路旅客运输企业安全管理规范》第七十七条规定，客运企业应当积极配合有关部门监督检查人员依法进行的安全隐患监督检查，不得拒绝和阻挠。对相关部门通报抄送的事故及违法问题应当及时落实整改。

《道路旅客运输企业安全管理规范》第七十八条规定，客运企业应当按照相关法规的要求积极推行安全生产风险管理制度，及时开展安全生产风险源辨识和评估，做好风险控制。

客运企业应当每日关注运营客运线路的天气状况和道路通行情况，遇雾、冰冻、雨雪、自然灾害等达不到车辆安全通行条件的，应当按相关规定暂停或者调整客运线路。

（七）安全生产绩效管理

《道路旅客运输企业安全管理规范》第八十条规定，客运企业应当建立安全生产年度考核与奖惩制度。针对年度目标，对各部门、各岗位人员进行安全绩效考核，通报考核结果。

客运企业根据安全生产年终考核结果，对安全生产相关部门、岗位工作人员给予一定的奖惩。对全年无事故、无交通违法记录、无旅客投诉的安全文明驾驶人员予以表彰奖励。

《道路旅客运输企业安全管理规范》第八十一条规定，客运企业应当建立安全生产内部评价机制，每年至少进行1次安全生产内部评价。评价内容应当包括：安全生产目标、安全生产责任制、安全投入、安全教育培训、从业人员管理、客运车辆管理、生产安全监督检查、应急响应与救援、事故处理与统计报告等安全生产制度的适宜性、充分性及有效性等。

客运企业可聘请第三方机构对本企业的安全生产情况进行评估，并根据评估结果，及时修订和完善安全生产制度，持续改进和提高安全管理水平。

典型例题

例1：根据《道路旅客运输企业安全管理规范》的规定，客运企业在制定运输计划时应当严格遵守客运驾驶员驾驶时间和休息时间等规定。下列做法正确的是（　　）。

A. 日间连续驾驶5h

B. 在24h内累计驾驶10h

C. 任意连续7d内累计驾驶48h，期间有效落地休息

D. 禁止在夜间驾驶客运车辆通行达不到安全通行条件的三级及以下山区公路

【答案】D。

例2：根据《道路旅客运输企业安全管理规范》的规定，客运企业应当建立安全生产内部评价机制，每年至少进行（　　）次安全生产内部评价。

A. 1　　B. 2　　C. 3　　D. 4

【答案】A。

例3：关于夜间行驶的表述中，不符合《道路客货运输驾驶员行车操作规范》（JT/T 1134—2017）规定的是（　　）。

A. 夜间驾驶时，开启示廓灯，在路侧紧急停车时同时开启危险报警闪光灯，放置危险警示标志

B. 某客车夜间23时行驶速度最高可为该路段限速的90%

C. 在有路灯、照明良好的道路上行驶时，开启近光灯

D. 通常在照明不良的道路上行驶，速度超过30km/h时，应开启远光灯

【答案】B。

例4：根据《道路客货运输驾驶员行车操作规范》（JT/T 1134—2017）的规定，下列行车中安全驾驶操作正确的有（　　）。

A. 在没有限速标志、标线且没有施画道路中心线的城市道路上，最高速度为30km/h

B. 下陡坡时不应有熄火或空挡滑行的不安全行为

C. 通过急弯路段时，可适当占用对向车道行驶

D. 傍山险路行驶时，应靠近道路中间或靠山体侧低速行驶

E. 在雾、雨、雪、沙尘、冰雹等低能见度气象条件下行驶时，应开启远光灯、示廓灯

【答案】ABD。

例5：根据《道路旅客运输企业安全管理规范》规定，客运企业应当建立道路运输车辆动态监控平台建设、维护及管理制度。下列关于动态监控的说法，正确的有（　　）。

A. 客运企业应当配备专职道路运输车辆动态监控人员，建立动态监控人员管理制度

B. 专职动态监控人员配置原则上按照监控平台每接入100辆车1人的标准配备，最低不少于3人

C. 客运企业应当依法对不严格监控车辆行驶状况的动态监控人员给予处理，情节严重的应当调离相应工作岗位

D. 客运企业应当建立客运车辆动态信息处理制度

E. 客运企业应当在客运车辆运行期间对客运车辆和驾驶员进行实时监控和管理

【答案】ACDE。

第三节　道路货物运输安全技术

一、从事货运经营的驾驶人员应符合的条件

《道路运输条例》（2022 版）第二十二条规定，从事货运经营的驾驶人员，应当符合下列条件：

（1）取得相应的机动车驾驶证。

（2）年龄不超过 60 周岁。

（3）经设区的市级人民政府交通运输主管部门对有关货运法律法规、机动车维修和货物装载保管基本知识考试合格（使用总质量 4500kg 及以下普通货运车辆的驾驶人员除外）。

典型例题

根据《道路运输条例》（2022 版）的规定，从事货运经营的驾驶人员应符合的条件是（　　）。

A. 应当取得相应的机动车驾驶证

B. 年龄不超过 65 周岁

C. 2 年内无交通责任事故记录

D. 经省级人民政府交通运输主管部门对有关货运法律法规、机动车维修和货物装载保管基本知识考试合格

【答案】A。

二、道路货物运输车辆技术管理

1. 道路运输车辆技术的含义、原则及责任主体

《道路运输车辆技术管理规定》第二条规定，道路运输车辆技术管理，是指对道路运输车辆在保证符合规定的技术条件和按要求进行维护、修理、综合性能检测方面所做的技术性管理。

《道路运输车辆技术管理规定》第三条规定，道路运输车辆技术管理应当坚持分类管理、预防为主、安全高效、节能环保的原则。

《道路运输车辆技术管理规定》第四条规定，道路运输经营者是道路运输车辆技术管理的责任主体，负责对道路运输车辆实行择优选配、正确使用、周期维护、视情修理、定期检测和适时更新，保证投入道路运输经营的车辆符合技术要求。

2. 车辆技术管理机构及人员配置

《道路运输企业车辆技术管理规范》（JT/T 1045—2016）规定，危险货物运输企业、拥有 10 辆（含）以上营运车辆的道路旅客运输企业和拥有 30 辆（含）以上营运车辆的普通货物运输企业应设置专门的车辆技术管理机构，配备技术负责人和车辆技术管理人员。

拥有 10 辆以下营运车辆的道路运输企业和拥有 30 辆以下营运车辆的普通货物运输企业应配备车辆技术管理人员。

车辆技术管理人员的配备要求如下：

（1）道路危险货物运输车辆、道路旅客运输车辆每 50 辆车应配 1 人，不足 50 辆的应至少配 1 人。

（2）道路普通货物运输车辆每 100 辆应配 1 人，不足 100 辆的应至少配 1 人。

（3）若企业同时经营道路旅客运输、普通货物运输、危险货物运输中的两种或两种以上业务，配备标准应按照相关标准分别测算。

车辆技术管理的主要职责包括：

（1）贯彻执行国家及地方道路运输有关法律法规、方针政策和标准规范。

（2）制定本单位的车辆技术管理规章制度、标准规范和操作规程。

（3）建立车辆技术管理岗位责任制，明确车辆技术管理人员的职责和权限。

（4）建立车辆技术管理考核体系，制定各类定额标准和技术质量指标。

（5）制定车辆技术管理计划（包括人员培训计划、车辆维护计划等），并定期组织实施。

（6）建立车辆技术管理档案，实时更新档案信息和数据记录。

（7）制作管理台账、原始记录及统计报表，定期统计分析车辆技术管理状况。

（8）推广应用信息化技术以及新产品、新材料、新技术和新工艺。

（9）组织开展各种技术协作、技术交流、技术培训、技能竞赛等活动。

（10）做好运输生产和技术管理的衔接，解决生产过程中出现的车辆技术问题。

3. 车辆技术档案

《道路运输企业车辆技术管理规范》（JT/T 1045—2016）规定，车辆技术档案实行一车一档，由专人负责，妥善保存，未经允许不得随意借出。

档案内容应包括车辆基本信息、车辆技术等级评定、客车类型等级评定或年度类型等级评定复核、车辆维护和修理、车辆主要零部件更换、车辆变更、行驶里程、对车辆造成损伤的交通事故等记录。

典型例题

根据《道路运输企业车辆技术管理规范》（JT/T 1045—2016）的规定，关于车辆技术管理机构及人员配置的说法正确的是（　　）。

A. 拥有 30 辆营运车辆的普通货物运输企业无须设置专门的车辆技术管理机构

B. 拥有 5 辆营运车辆的普通货物运输企业应配备车辆技术管理人员

C. 道路普通货物运输车辆，每 50 辆车应配 1 人

D. 道路普通货物运输车辆不足 150 辆的应至少配 1 人

【答案】B。

三、道路运输车辆维护与检测

《道路运输车辆技术管理规定》第十五条规定，道路运输经营者应当建立车辆维护制度。车辆维护分为日常维护、一级维护和二级维护。日常维护由驾驶员实施，一级维护和二级维护由道路运输经营者组织实施，并做好记录。

《道路运输车辆技术管理规定》第十六条规定，道路运输经营者应当依据国家有关标准和车辆维修手册、使用说明书等，结合车辆类别、车辆运行状况、行驶里程、道路条件、使用年限等因素，自行确定车辆维护周期，确保车辆正常维护。

道路运输经营者不具备二级维护作业能力的，可以委托二类以上机动车维修经营者进行二级维护作业。机动车维修经营者完成二级维护作业后，应当向委托方出具二级维护出厂合格证。

《道路运输车辆技术管理规定》第二十条规定，道路运输经营者应当自道路运输车辆首次取得道路运输证当月起，按照下列周期和频次，委托汽车综合性能检测机构进行综合性能检测和技

术等级评定：

（1）客车、危货运输车自首次经国家机动车辆注册登记主管部门登记注册不满60个月的，每12个月进行1次检测和评定；超过60个月的，每6个月进行1次检测和评定。

（2）其他运输车辆自首次经国家机动车辆注册登记主管部门登记注册的，每12个月进行1次检测和评定。

《道路运输车辆技术管理规定》第二十一条规定，客车、危货运输车的综合性能检测应当委托车籍所在地汽车综合性能检测机构进行。货车的综合性能检测可以委托运输驻在地汽车综合性能检测机构进行。

典型例题

例1：根据《道路运输车辆技术管理规定》的规定，道路运输经营者应当建立车辆维护制度，车辆维护一般不包括（　　）。

A. 日常维护　　B. 一级维护　　C. 二级维护　　D. 三级维护

【答案】D。

例2：依据《道路运输车辆技术管理规定》，客车、危货运输车自首次经国家机动车辆注册登记主管部门登记注册不满60个月的，每（　　）个月进行1次检测和评定。

A. 6　　B. 12　　C. 18　　D. 24

【答案】B。

四、道路运输车辆装备的安全技术

1. 轮胎

根据《机动车运行安全技术条件》（GB 7258—2017），货运车辆的轮胎应符合下列基本要求：

（1）机动车所装用轮胎的速度级别不应低于该车最大设计车速的要求，但装用雪地轮胎时除外。总质量大于3500kg的货车和挂车（封闭式货车、旅居挂车等特殊用途的挂车除外）装用轮胎的总承载能力，应小于或等于总质量的1.4倍。

（2）同一轴上的轮胎规格和花纹应相同，轮胎规格应符合整车制造厂的规定。

（3）乘用车、挂车轮胎胎冠花纹上的花纹深度应大于或等于1.6mm，摩托车轮胎胎冠花纹上的花纹深度应大于或等于0.8mm；其他机动车转向轮的胎冠花纹深度应大于或等于3.2mm，其余轮胎胎冠花纹深度应大于或等于1.6mm。

（4）轮胎胎面不应由于局部磨损而暴露出轮胎帘布层。轮胎不应有影响使用的缺损、异常磨损和变形。

（5）轮胎的胎面和胎壁上不应有长度超过25mm或深度足以暴露出轮胎帘布层的破裂和割伤。

2. 行车制动

根据《机动车运行安全技术条件》（GB 7258—2017），货运车辆的行车制动应符合下列基本要求：

（1）汽车（三轮汽车除外）、挂车（总质量不大于750kg的挂车除外）的所有车轮应装备制动器。

（2）制动器应有磨损补偿装置。

（3）总质量大于3500kg的货车、总质量大于3500kg的半挂车的所有行车制动器应装备制动间隙自动调整装置。

3. 车身反光标识和车辆尾部标志板

《机动车运行安全技术条件》（GB 7258—2017）规定，总质量大于或等于12000kg的货车

（半挂牵引车除外）和货车底盘改装的专项作业车、车长大于8m的挂车及所有最大设计车速小于或等于40km/h的汽车和挂车，应按《车辆尾部标志板》（GB 25990—2010）规定设置车辆尾部标志板；半挂牵引车应在驾驶室后部上方设置能体现驾驶室的宽度和高度的车身反光标识，其他货车（多用途货车除外）、货车底盘改装的专项作业车和挂车（设置有符合规定的车辆尾部标志板的专项作业车和挂车，以及旅居挂车除外）应在后部设置车身反光标识。后部的车身反光标识应能体现机动车后部的高度和宽度，对厢式货车和挂车应能体现货厢轮廓，且采用一级车身反光标识材料时与后反射器的面积之和应大于或等于0.1m^2，采用二级车身反光标识材料时与后反射器的面积之和应大于或等于0.2m^2。

《机动车运行安全技术条件》（GB 7258—2017）规定，所有货车（半挂牵引车、多用途货车除外）、货车底盘改装的专项作业车和挂车（旅居挂车除外）应在侧面设置车身反光标识。侧面的车身反光标识长度应大于或等于车长的50%，对三轮汽车应大于或等于1.2m，对侧面车身结构无连续平面的货车底盘改装的专项作业车应大于或等于车长的30%，对货厢长度不足车长50%的货车应为货厢长度。

4. 货运机动车的特殊要求

《机动车运行安全技术条件》（GB 7258—2017）对货运机动车的特殊要求主要包括：

（1）货厢（货箱）应安装牢固可靠，且在设计和制造上不应设置有货厢（货箱）加高、加长、加宽的结构、装置。

（2）货车和挂车的载货部分不应设置乘客座椅。

（3）货车和挂车的载货部分不应设计成可伸缩的结构，但中置轴车辆运输列车的主车后部的延伸结构除外。

（4）货车驾驶室（区）最后一排座位靠背最上端（前后位置可调座椅应处于滑轨中间位置，靠背角度可调式座椅的靠背角度及座椅其他调整量应处于制造厂规定的正常使用位置）与驾驶室后壁（驾驶区隔板）平面的间距对带卧铺的货车应小于或等于950mm，对其他货车应小于或等于450mm。

（5）仓栅式载货车辆的载货部位应采用仓笼式或栅栏式结构。载货部位的顶部应安装有与侧面栅栏固定的、不能拆卸和调整的顶棚杆；顶棚杆间的纵向距离应小于或等于500mm。

（6）厢式载货车辆的货厢的顶部应封闭、不可开启（翼开式车辆除外），其与侧面的连接应采用焊接等永久固定的方式；货厢的后面或侧面应设有固定位置的车门。

（7）所有集装箱车、集装箱运输半挂车的载货部位应采用骨架式结构。

典型例题

例1：根据《机动车运行安全技术条件》（GB 7258—2017），总质量大于3500kg的货车和挂车（封闭式货车、旅居挂车等特殊用途的挂车除外）装用轮胎的总承载能力，应小于或等于总质量的（　　）倍。

A. 1.0　　B. 1.2　　C. 1.4　　D. 1.6

【答案】C。

例2：依据《机动车运行安全技术条件》（GB 7258—2017），关于货运机动车的特殊要求的表述中，错误的是（　　）。

A. 所有集装箱车、集装箱运输半挂车的载货部位应采用骨架式结构

B. 货车和挂车的载货部分不应设置乘客座椅

C. 仓栅式载货车辆的载货部位必须采用仓笼式结构

D. 通常货车和挂车的载货部分不应设计成可伸缩的结构

【答案】C。

五、道路货物运输安全运行要求

1. 运输组织要求

《道路运输条例》（2022 版）规定，运输货物的，不得运输旅客，运输的货物应当符合核定的载重量，严禁超载；载物的长、宽、高不得违反装载要求。

2. 车辆安全技术状况检查要求

《道路客货运输驾驶员行车操作规范》（JT/T 1134—2017）规定，车辆安全技术状况检查应符合以下规定：

（1）应按照《机动车驾驶员安全驾驶技能培训要求》（JT/T 915—2014）的要求做好出车前检查，并如实填写车辆日常检查表；按照《汽车维护、检测、诊断技术规范》（GB/T 18344—2016）的要求做好车辆日常维护。

（2）安装有卫星定位系统车载终端设备、行车记录设备、视频监控设备等的，确认设备齐全、工作正常。

（3）除满足（1）和（2）的要求外，货车驾驶员还应按以下要求做好出车前的安全检查：

1）确认无擅自改变车辆类型或用途、车辆外廓尺寸、轮胎数量或尺寸、车轴数量、承载限值等情形，无擅自更换车辆燃料类型、发动机、变速器、车架、车桥、悬架、罐车罐体等主要总成部件的情形。

2）确认装载货物包装完好、捆绑固定牢固、无载客、人货混装、超载、超限、装载货物质量分布失衡等现象。

3）冷藏车驾驶员确认车辆的制冷设备、温湿度记录仪正常工作，门封闭严密，车辆保温。

4）罐式车辆驾驶员确认罐式容器内预留膨胀空间。

5）大型物件运输车辆驾驶员确认车辆的标志旗或标志灯齐全、有效、位置合适。

6）车辆起步前，确认车辆关闭锁止，罐式车辆还应确认灌装软管拆除，阀门关闭。

3. 运输车辆的安全要求

车辆满足安全行驶要求是减少交通事故的必要前提。行驶安全性包括主动安全性和被动安全性。主动安全性是指车辆本身防止或减少交通事故的能力，它主要与车辆的制动性、动力性、操纵稳定性、舒适性、结构尺寸、视野和灯光等因素有关；被动安全性是指发生事故后，车辆本身所具有的减少人员伤亡和货物受损的能力。提高机动车被动安全性的措施有：配置安全带、安全气囊，安装安全玻璃，设置安全门，配备灭火器等。

4. 货物运输安全运行要求

道路运输经营者应当根据拥有车辆的车型和技术条件，承运适合装载的货物；运输货物装载量必须在车辆标记核载重量范围之内，超载的货物运输车辆必须就地卸货。危险货物和大型物件运输车辆，应当到当地县级以上人民政府交通行政主管部门办理审批手续。搬运装卸危险货物和大型物件，应当具备相应的设施和防护设备，并到当地县级以上人民政府交通行政主管部门办理审批手续。搬运装卸经营者应当按照有关安全操作规程组织搬运装卸，禁止违章操作。

5. 超限运输车辆行驶相关规定

（1）认定标准。《超限运输车辆行驶公路管理规定》（2021 版）第三条规定，超限运输车辆，是指有下列情形之一的货物运输车辆：

1）车货总高度从地面算起超过 4m。

2）车货总宽度超过 2. 55m。

3）车货总长度超过 18. 1m。

4）二轴货车，其车货总质量超过 18000kg。

5）三轴货车，其车货总质量超过 25000kg；三轴汽车列车，其车货总质量超过 27000kg。

6）四轴货车，其车货总质量超过 31000kg；四轴汽车列车，其车货总质量超过 36000kg。

7）五轴汽车列车，其车货总质量超过 43000kg。

8）六轴及六轴以上汽车列车，其车货总质量超过 49000kg，其中牵引车驱动轴为单轴的，其车货总质量超过 46000kg。

（2）申请流程。《超限运输车辆行驶公路管理规定》（2021 版）第八条规定，大件运输车辆行驶公路前，承运人应当按下列规定向公路管理机构申请公路超限运输许可：

1）跨省、自治区、直辖市进行运输的，向起运地省级公路管理机构递交申请书，申请机关需要列明超限运输途经公路沿线各省级公路管理机构，由起运地省级公路管理机构统一受理并组织协调沿线各省级公路管理机构联合审批，必要时可由交通运输部统一组织协调处理。

2）在省、自治区范围内跨设区的市进行运输，或者在直辖市范围内跨区、县进行运输的，向该省级公路管理机构提出申请，由其受理并审批。

3）在设区的市范围内跨区、县进行运输的，向该市级公路管理机构提出申请，由其受理并审批。

4）在区、县范围内进行运输的，向该县级公路管理机构提出申请，由其受理并审批。

（3）申请材料。《超限运输车辆行驶公路管理规定》（2021 版）第十条规定，申请公路超限运输许可的，承运人应当提交下列材料：

1）公路超限运输申请表，主要内容包括货物的名称、外廓尺寸和质量，车辆的厂牌型号、整备质量、轴数、轴距和轮胎数，载货时车货总体的外廓尺寸、总质量、各车轴轴荷，拟运输的起讫点、通行路线和行驶时间。

2）承运人的道路运输经营许可证，经办人的身份证件和授权委托书。

3）车辆行驶证或者临时行驶车号牌。

车货总高度从地面算起超过 4.5m，或者总宽度超过 3.75m，或者总长度超过 28m，或者总质量超过 100000kg，以及其他可能严重影响公路完好、安全、畅通情形的，还应当提交记录载货时车货总体外廓尺寸信息的轮廓图和护送方案。

护送方案应当包含护送车辆配置方案、护送人员配备方案、护送路线情况说明、护送操作细则、异常情况处理等相关内容。

（4）行驶规定。《超限运输车辆行驶公路管理规定》（2021 版）第二十条规定，经批准进行大件运输的车辆，行驶公路时应当遵守下列规定：

1）采取有效措施固定货物，按照有关要求在车辆上悬挂明显标志，保证运输安全。

2）按照指定的时间、路线和速度行驶。

3）车货总质量超限的车辆通行公路桥梁，应当匀速居中行驶，避免在桥上制动、变速或者停驶。

4）需要在公路上临时停车的，除遵守有关道路交通安全规定外，还应当在车辆周边设置警告标志，并采取相应的安全防范措施；需要较长时间停车或者遇有恶劣天气的，应当驶离公路，就近选择安全区域停靠。

5）通行采取加固、改造措施的公路设施，承运人应当提前通知该公路设施的养护管理单位，由其加强现场管理和指导。

6）因自然灾害或者其他不可预见因素而出现公路通行状况异常致使大件运输车辆无法继续行驶的，承运人应当服从现场管理并及时告知做出行政许可决定的公路管理机构，由其协调当地公路管理机构采取相关措施后继续行驶。

（5）超限运输管理。《超限运输车辆行驶公路管理规定》（2021 版）第三十五条和第三十七条规定如下：

1）公路管理机构可以利用移动检测设备，开展流动检测。经流动检测认定的违法超限运输车辆，应当就近引导至公路超限检测站进行处理。流动检测点远离公路超限检测站的，应当就近引导至县级以上地方交通运输主管部门指定并公布的执法站所、停车场、卸载场等具有停放车辆及卸载条件的地点或者场所进行处理。

2）公路管理机构对车辆进行超限检测，不得收取检测费用。对依法扣留或者停放接受调查处理的超限运输车辆，不得收取停车保管费用。由公路管理机构协助卸载、分装或者保管卸载货物的，超过保管期限经通知当事人仍不领取的，可以按照有关规定予以处理。

典型例题

例 1：运输车辆安全要求包括主动安全性要求和被动安全性要求。被动安全性要求是指发生事故后，车辆本身所具有的减少人员伤亡和货物受损的能力。下列提高车辆安全性的措施中，属于被动安全措施的是（　　）。

A. 提高操纵稳定性　　B. 保证车辆制动性能

C. 配置安全带　　D. 保障车灯性能良好

【答案】C。

例 2：《超限运输车辆行驶公路管理规定》（2021 版）规定，申请公路超限运输许可的，承运人应当提交的材料包括（　　）。

A. 公路超限运输申请表　　B. 承运人的道路运输经营许可证

C. 经办人的身份证件和授权委托书　　D. 车辆行驶证或者临时行驶车号牌

E. 可行性分析报告

【答案】ABCD。

第四节　道路旅客及货物运输站场安全技术

一、汽车客运站的分类

1. 汽车客运站的类型

《汽车客运站级别划分和建设要求》（JT/T 200—2020）规定，汽车客运站（以下简称“车站”）按规模分为：

（1）等级车站：具有一定规模，可按规定分级的车站。

（2）便捷车站：以停车场为依托，具有集散旅客、停发客运车辆功能的车站。

（3）招呼站：在公路与城市道路沿线，为客运车辆设立的旅客上落点。

2. 汽车客运站的级别

《汽车客运站级别划分和建设要求》（JT/T 200—2020）规定，以设施与设备配置、日发量为依据，将等级车站从高到低依次分为一级车站、二级车站、三级车站。

（1）一级车站，设施与设备符合表 3-7 和表 3-8 中一级车站配置要求，且具备下列条件之一：

1）日发量在 5000 人次及以上的车站。

2）日发量在 2000 人次及以上的旅游车站、国际车站、综合客运枢纽内的车站。

（2）二级车站，设施与设备符合表 3-7 和表 3-8 中二级车站配置要求，且具备下列条件之一：

1）日发量在 2000 人次及以上、不足 5000 人次的车站。

2）日发量在1000人次及以上、不足2000人次的旅游车站、国际车站，综合客运枢纽内的车站。

（3）三级车站，设施与设备符合表3-7和表3-8中三级车站配置要求，且日发量在300人次及以上、不足2000人次的车站。

（4）便捷车站，设施与设备符合表3-7和表3-8中便捷车站配置要求的车站。

（5）招呼站，设施与设备不符合表3-7和表3-8中便捷车站配置要求，具有等候标志和候车设施的车站。

表3-7 汽车客运站设施配置表

设施类别与名称				一级车站	二级车站	三级车站	便捷车站
场地设施	换乘设施		公交停靠站	●	●	●	◎
			出租汽车停靠点	●	●	●	—
			社会车辆停靠点	●	◎	◎	—
			非机动车停车场	●	◎	◎	◎
	站前广场			●	◎	◎	—
	停车场（库）			●	●	●	●
	发车位			●	●	●	◎
建筑设施	站房	站务用房	候车厅（室）	●	●	●	●
			母婴候车室（区）	●	●	◎	—
			售票处（厅）	●	●	●	◎
			综合服务处	●	●	◎	—
			小件（行包）服务处	●	●	◎	◎
			治安室	●	●	◎	◎
			医疗救护室	◎	◎	◎	—
			饮水处	●	●	◎	◎
			盥洗室与旅客厕所	●	●	●	●
			无障碍设施	●	●	●	●
			旅游服务处	●	◎	◎	—
			站务员室	●	●	◎	—
			调度室	●	●	◎	—
			智能化系统用房	●	●	◎	—
			驾乘休息室	●	●	●	◎
			进、出站检查室	●	●	●	●
		办公用房		●	●	◎	◎
	辅助用房	生产辅助用房	车辆安全例检台	●	●	◎	◎
			车辆清洁、清洗处	●	◎	◎	—
			车辆维修处	◎	◎	◎	—
		生活辅助用房	驾乘公寓	◎	◎	—	—
			商业服务设施	●	●	◎	—

注：“●”表示应配置；“◎”表示视情配置；“—”表示不做要求。

表 3-8 汽车客运站设备配置表

设备名称		一级车站	二级车站	三级车站	便捷车站
服务设备	售票检票设备	●	●	●	◎
	候车服务设备	●	●	●	●
	车辆清洁清洗设备	●	◎	—	—
	小件（行包）搬运与便民设备	●	●	◎	◎
	广播通信设备	●	●	◎	◎
	宣传告示设备	●	●	●	●
	采暖/制冷设备	●	●	◎	—
安全设备	安全检查设备	●	●	●	●
	安全监控设备	●	●	◎	◎
	安全应急设备	●	●	●	●
信息网络设备	网络售、取票设备	●	●	◎	—
	验票检票信息设备	●	◎	◎	—
	车辆调度与管理设备	●	◎	—	—

注："●"表示应配置；"◎"表示视情配置；"—"表示不做要求。

3. 等级车站站址选择

《汽车客运站级别划分和建设要求》（JT/T 200—2020）规定，等级车站站址选择要求如下：

（1）车站应纳入国土空间规划体系。

（2）车站应与公路和城市道路、其他运输方式场站有效衔接，方便旅客出行换乘。

（3）车站应避开地质灾害区域。

（4）车站应方便与电力网、给水排水网、排污网、通信网等城市公用工程网系衔接。

（5）车站应集约节约用地，宜综合、立体开发。

（6）车站应留有发展用地。

典型例题

例 1：以停车场为依托，具有集散旅客、停发客运车辆功能的车站是（　　）。

A. 一级车站　　B. 便捷车站　　C. 二级车站　　D. 招呼站

【答案】B。

例 2：根据《汽车客运站级别划分和建设要求》（JT/T 200—2020）的规定，以设施与设备配置、日发量为依据，将等级车站从高到低依次分为（　　）。

A. 一级车站　　B. 二级车站　　C. 三级车站　　D. 招呼站

E. 便捷车站

【答案】ABC。

二、汽车客运站安全生产管理职责

1. 汽车客运站的主要负责人的职责

《汽车客运站安全生产规范》（交运规〔2019〕13 号）第十二条规定，汽车客运站的主要负责人对本单位安全生产工作负有下列职责：

（1）严格执行安全生产的法律、行政法规、规章、政策和标准，组织落实管理部门的工作部署和要求。

(2) 建立健全本单位安全生产责任制，组织制订本单位安全生产规章制度和操作规程。

(3) 依法设置安全生产管理机构或者配备专职安全生产管理人员，确定分管安全生产的负责人。

(4) 保证本单位安全生产投入的有效实施。

(5) 督促、检查本单位安全生产工作，及时消除生产安全事故隐患。

(6) 组织制定并实施本单位安全生产教育培训计划。

(7) 组织制定并实施本单位的突发事件应急预案，开展应急演练。

(8) 定期组织分析本单位安全生产形势，研究解决重大安全问题；及时采纳安全生产管理机构和安全生产管理人员提出的预防措施和改进建议，并及时组织落实和整改。

(9) 及时、如实报告生产安全事故，落实生产安全事故处理的有关工作。

2. 安全生产管理机构及安全生产管理人员的职责

《汽车客运站安全生产规范》（交运规〔2019〕13号）第十三条规定，汽车客运站的安全生产管理机构及安全生产管理人员（包括分管安全生产的负责人、专职安全生产管理人员，下同）对本单位安全生产工作负有下列职责：

(1) 严格执行安全生产的法律、行政法规、规章、政策和标准，参与本单位安全生产决策。

(2) 拟定本单位安全生产管理制度、操作规程和应急预案，明确各部门、各岗位的安全生产职责，督促贯彻执行。

(3) 组织或者参与本单位安全生产宣传、教育和培训，并如实记录。

(4) 拟定本单位安全生产投入计划，组织实施或者监督相关部门实施。

(5) 组织或者参与本单位应急救援演练。

(6) 检查本单位的安全生产状况，及时排查生产安全事故隐患，提出改进安全生产管理的建议。

(7) 制止和纠正违章指挥、强令冒险作业、违反操作规程的行为。

(8) 督促落实本单位安全生产整改措施。

(9) 及时、如实向主要负责人报告本单位生产安全事故；组织或者参与本单位生产安全事故的调查处理，承担生产安全事故统计和分析工作。

(10) 其他安全生产管理工作。

典型例题

根据《汽车客运站安全生产规范》（交运规〔2019〕13号）的规定，汽车客运站的主要负责人对本单位安全生产工作负有（　　）职责。

A. 建立健全本单位安全生产责任制，组织制定本单位安全生产规章制度和操作规程

B. 依法设置安全生产管理机构或者配备专职安全生产管理人员，确定分管安全生产的负责人

C. 组织制定并实施本单位的突发事件应急预案，开展应急演练

D. 拟定本单位安全生产投入计划，组织实施或者监督相关部门实施

E. 拟定本单位安全生产管理制度、操作规程和应急预案，明确各部门、各岗位的安全生产职责，督促贯彻执行

【答案】ABC。

三、汽车客运站安全生产管理制度

1. 安全生产责任制度

《汽车客运站安全生产规范》（交运规〔2019〕13号）第六条规定，汽车客运站应当实行全

员安全生产责任制度，落实“一岗双责”。汽车客运站的主要负责人（包括法定代表人、实际控制人，下同）为安全生产的第一责任人，全面负责汽车客运站的安全生产工作；分管安全生产的负责人协助主要负责人履行安全生产职责，对安全生产工作负组织实施和综合管理及监督的责任；其他负责人对各自职责范围内的安全生产工作负直接管理责任。

2. 安全生产检查及事故报告

《汽车客运站安全生产规范》（交运规〔2019〕13 号）第八条规定，汽车客运站经营者应当对进出汽车客运站的人员和行李物品、车辆进行严格检查，确保“三不进站”和“六不出站”。

“三不进站”是指：危险品不进站、无关人员不进站（发车区）、无关车辆不进站。

“六不出站”是指：超载营运客车不出站、安全例行检查不合格营运客车不出站、旅客未系安全带不出站、驾驶员资格不符合要求不出站、营运客车证件不齐全不出站、出站登记表未经审核签字不出站。

《汽车客运站安全生产规范》（交运规〔2019〕13 号）第十条规定，发生生产安全事故后，汽车客运站经营者应当按照《生产安全事故报告和调查处理条例》等有关规定，及时报告相关部门；应当及时对汽车客运站运营和安全生产管理等情况进行倒查，并对有关责任人进行处理。

3. 危险品查堵制度

《汽车客运站安全生产规范》（交运规〔2019〕13 号）第二十六条规定，汽车客运站经营者应当建立危险品查堵制度，采取以下措施防止易燃、易爆和易腐蚀等危险品进站上车：

（1）制订危险品检查工作程序，规范危险品查堵工作。

（2）设立专门的危险品查堵岗位。在进站口等关键环节对进站旅客携带的行李物品和托运行包进行安全检查，对查获的危险品应当进行登记并妥善保管或者按规定处理。

（3）配备必要的检查设备。一级、二级汽车客运站应当配置行包安全检查设备；三级及以下汽车客运站应当积极创造条件配置行包安全检查设备，提高危险品查堵效率和质量。

危险品查堵岗位工作人员上岗前，应当参加常见危险品识别与处置、安全检查设备使用等相关知识和技能的培训，并经汽车客运站经营者考核合格；在岗期间，应当严格遵守岗位工作要求，不得开展与工作无关的活动。

4. 营运客车安全例行检查制度

《汽车客运站安全生产规范》（交运规〔2019〕13 号）第二十七条规定，汽车客运站经营者应当建立营运客车安全例行检查制度，按照《营运客车安全例行检查技术规范》的要求，对本单位始发的营运客车进行安全例行检查，并采取以下措施防止未检的营运客车（因车辆结构原因需拆卸检查的除外）出站运行：

（1）指定专门的安全例行检查人员（以下简称安全例检人员）。安全例检人员应当熟悉营运客车结构、检查方法和相关技术标准，并经汽车客运站考核合格。

（2）设置专门的检查场地，配备必要的设施设备。

（3）严格填写营运客车安全例行检查报告单。安全例检人员应当在完成安全例行检查后，填写营运客车安全例行检查报告单，对经检查合格的营运客车签发营运客车安全例行检查合格通知单，加盖汽车客运站安全例行检查印章。

营运客车安全例行检查合格通知单 24h 内有效。单程运营里程在 800km（含）以上的客运班车和往返运营时间在 24h（含）以上的客运班车，实行每个单程检查一次。

汽车客运站经营者应当建立健全安全例行检查台账并妥善保存，保存期限不少于 3 个月。

5. 出站检查制度

《汽车客运站安全生产规范》（交运规〔2019〕13 号）第二十九条规定，汽车客运站经营者应当建立出站检查制度，配备出站检查工作人员，对出站营运客车和驾驶员的相关情况进行检查，严禁不符合条件的营运客车和驾驶员出站运营。出站检查主要包括以下内容：

（1）检查出站营运客车报班手续是否完备，确保营运客车出站前机动车行驶证、道路运输证、客运标志牌、营运客车安全例行检查合格通知单等单证经客运站查验合格。

（2）核验每一名当班驾驶员持有的从业资格证、机动车驾驶证，确保受检驾驶员与报班的驾驶员一致。

（3）清点营运客车载客人数，确保营运客车不超载出站。如发现营运客车有超载行为，应当立即制止，并采取相应措施安排旅客改乘。

（4）检查旅客安全带系扣情况，确保营运客车出站时所有旅客系好安全带。鼓励汽车客运站经营者在报班、出站环节运用信息化手段开展营运客车、驾驶员有关单证一致性查验，提升查验效率。

经出站检查符合要求的营运客车和驾驶员，汽车客运站出站检查人员应当在出站登记表上进行记录，并经受检营运客车驾驶员签字确认。出站登记表保存期限不少于 3 个月。

6. 生产安全事故隐患排查治理与安全生产监督

《汽车客运站安全生产规范》（交运规〔2019〕13 号）对生产安全事故隐患排查治理与安全生产监督做出如下规定：

（1）汽车客运站经营者应当建立生产安全事故隐患排查治理制度，采用综合检查、专业检查等方式，适时组织开展生产安全事故隐患排查工作。重点检查所属工作人员的安全生产业务操作规程和各项安全生产管理制度的贯彻执行情况。

（2）汽车客运站经营者应当对排查出的生产安全事故隐患进行登记和治理，落实整改措施、资金、责任人、完成时限和预案，及时消除生产安全事故隐患。

（3）汽车客运站经营者应当对本单位生产安全事故隐患排查治理情况进行统计，分析事故隐患形成原因、特点及规律，对多发普发的事故隐患应当深入分析，建立事故隐患排查治理长效机制。

（4）汽车客运站经营者应当积极配合交通运输等相关部门依法进行的生产安全事故隐患监督检查，不得拒绝和阻挠。对相关部门通报抄送的安全问题应当及时落实整改。

（5）汽车客运站经营者应当按照有关规定加强安全生产风险管理，适时开展安全生产风险辨识和评估，做好风险管控。

（6）汽车客运站经营者应当适时组织有关专家或者第三方机构对客运站的安全生产管理体系进行评价，根据评价报告，对生产安全事故隐患和存在的问题及时进行整改和处理，并完善安全生产管理措施。

（7）汽车客运站经营者应当建立安全生产社会监督机制，公开举报电话号码、通信地址、电子邮件信箱等，鼓励通过微信、微博、二维码、智能手机应用程序等多种方式畅通举报途径，鼓励建立有奖举报机制，充分发挥本单位从业人员、旅客、新闻媒体及社会各界对汽车客运站安全生产管理的监督作用。汽车客运站经营者对接到的举报和投诉应当及时予以调查和处理。

典型例题

例 1：根据《汽车客运站安全生产规范》（交运规〔2019〕13 号）的规定，汽车客运站经营者应当对进出汽车客运站的人员和行李物品、车辆进行严格检查，确保“三不进站”和“六不出站”。其中，“三不进站”是指（   ）。

A. 无关货物不进站

B. 危险品不进站

C. 无关人员不进站（发车区）

D. 无关车辆不进站

E. 安全例行检查不合格营运客车不进站

【答案】BCD。

例 2：关于汽车客运站安全生产管理的说法，正确的有（　　）。

A. 汽车客运站经营者应当设立专门的危险品查堵岗位

B. 三级汽车客运站应当配置安全监控设备

C. 汽车客运站经营者应当建立营运客车安全例行检查制度

D. “营运客车安全例行检查合格通知单”48h 内有效

E. 汽车客运站经营者应当建立出站检查制度，严禁不符合条件的营运客车和驾驶员出站运营

【答案】ACE。

四、公路货运站的类型

1. 综合型公路货运站

《公路货运站站级标准及建设要求》（JT/T 402—2016）规定，综合型公路货运站主要业务功能应体现运输和仓储等物流多环节服务的功能，同时符合以下要求：

（1）从事物流多环节服务业务，可以为客户提供运输、货运代理、仓储、配送、流通加工、包装、信息等多种服务，且具备一定规模。

（2）按照业务要求，自有或租用必要的装卸设备、仓储设施及设备。

（3）配置专门的机构和人员，建立完备的客户服务体系，能及时、有效地提供服务。

（4）具备网络化信息服务功能，应用信息系统可对服务全过程进行状态查询和监控。

2. 运输型公路货运站

《公路货运站站级标准及建设要求》（JT/T 402—2016）规定，运输型公路货运站主要业务功能应体现以运输服务为主的中转服务功能，同时符合以下要求：

（1）以从事道路货物运输业务为主，包括公路干线运输和城市配送，并具备一定规模。

（2）可以提供门到站、站到门、站到站的运输服务。

（3）具有一定数量的装卸设备和一定规模的场站设施。

3. 仓储型公路货运站

《公路货运站站级标准及建设要求》（JT/T 402—2016）规定，仓储型公路货运站主要业务功能应体现以道路运输为主的仓储服务功能，同时符合以下要求：

（1）以从事货物仓储业务为主，可以为客户提供货物储存、保管等服务，并具备一定规模。

（2）具有一定规模和数量的仓储设施及设备。

4. 信息型公路货运站

《公路货运站站级标准及建设要求》（JT/T 402—2016）规定，信息型公路货运站主要业务功能应体现以道路运输为主的信息服务功能，同时符合以下要求：

（1）以从事货物信息服务业务为主，可以为客户提供货源信息、车辆运力信息、货流信息及配载信息等服务，并具备一定规模。

（2）具有网络化的信息平台，或为客户提供虚拟交易的信息平台。

（3）具有必要的货运信息交易场所和一定规模的停车场所。

（4）具备网络化信息服务功能，应用信息系统可对交易过程进行状态查询、监控。

典型例题

根据《公路货运站站级标准及建设要求》（JT/T 402—2016）规定，运输型公路货运站主要业务功能应体现以运输服务为主的中转服务功能，还应符合的要求包括（　　）。

A. 可以提供门到站、站到门、站到站的运输服务

B. 具有必要的货运信息交易场所和一定规模的停车场所

C. 具有一定数量的装卸设备和一定规模的场站设施
D. 可以为客户提供货物储存、保管等服务，并具备一定规模
E. 以从事道路货物运输业务为主，包括公路干线运输和城市配送，并具备一定规模
【答案】ACE。

五、公路货运站站级划分

《公路货运站站级标准及建设要求》（JT/T 402—2016）规定，公路货运站以占地面积和处理能力作为站级划分的主要依据。

1. 综合型公路货运站

综合型公路货运站的占地面积和处理能力应符合表 3-9 的要求。

表 3-9 综合型公路货运站分级标准

序号	综合型	一级	二级	三级
1	占地面积/亩①	≥600	≥300	≥150
2	处理能力/（万 t/年）	≥600	≥300	≥100

①1 亩约为 666.67m²。

2. 运输型公路货运站

运输型公路货运站的占地面积和处理能力应符合表 3-10 的要求。

表 3-10 运输型公路货运站分级标准

序号	运输型	一级	二级	三级
1	占地面积/亩①	≥400	≥200	≥100
2	处理能力/（万 t/年）	≥400	≥200	≥100

①1 亩约为 666.67m²。

3. 仓储型公路货运站

仓储型公路货运站的占地面积和处理能力应符合表 3-11 的要求。

表 3-11 仓储型公路货运站分级标准

序号	仓储型	一级	二级	三级
1	占地面积/亩①	≥500	≥300	≥100
2	处理能力②/万 m²	≥20	≥10	≥3

①1 亩约为 666.67m²。
②处理能力为货运站仓储设施的拥有能力，即仓储面积。

4. 信息型公路货运站

信息型公路货运站的占地面积和处理能力应符合表 3-12 的要求。

表 3-12 信息型公路货运站分级标准

序号	信息型	一级	二级	三级
1	占地面积/亩①	≥200	≥100	≥50
2	处理能力②/（次/日）	≥500	≥300	≥100

①1 亩约为 666.67m²。
②处理能力为日均交易次数。

典型例题

例1：《公路货运站站级标准及建设要求》（JT/T 402—2016）规定，一级综合型公路货运站的占地面积应（　　）。

A. ≥600亩　B. ≤300亩　C. >400亩　D. <500亩

【答案】A。

例2：依据《公路货运站站级标准及建设要求》（JT/T 402—2016），三级信息型公路货运站的日均交易次数应达到（　　）。

A. ≥100　B. ≥200　C. ≥300　D. ≥500

【答案】A。

六、公路货运站生产设施构成

（一）库（棚）设施

1. 基本要求

《公路货运站站级标准及建设要求》（JT/T 402—2016）规定，库（棚）设施应符合以下要求：

（1）仓库内货位宽度可取2.5～3m，货位间隔和操作通道宽度应根据货物装卸方式和所用机械的型号、规格而定。

（2）依照《通用仓库及库区规划设计参数》（GB/T 28581—2021）进行仓门设置，每万平方米仓门数量不应少于6扇，仓门设置方式根据仓库处理能力大小而定，处理能力较大仓库的进、出仓门可双向设置或分开设置，仓门宽度不小于3m。

（3）高架库房宜采用载重不大于0.5t的货格，单幢库房内货格数量宜在3000～7000个。货架层数不宜超过6层。

（4）仓库的窗地面积比宜为1∶10～1∶18。窗功能以采光为主的仓库，采用固定窗，窗地面积比取较大值；窗功能以通风为主的仓库，采用中悬窗，窗地面积比取较小值。

（5）仓库屋顶应设置2%～3%的采光带，并依照《建筑照明设计标准》（GB 50034—2013）进行照明设计；宜采用功率较小的节能环保灯具，其中一般照明灯具不大于100W，工作照明灯具不大于400W；灯具应由金属罩或金属网保护。

（6）仓库屋顶和门窗应采用保温、隔热、密闭性材料，并依照《公共建筑节能设计标准》（GB 50189—2015）进行围护结构的热工设计，以及通风和空气调节的节电设计。

（7）货棚与库房的面积比不宜超过20%，其货位宽度、间隔和操作通道宽度按第（1）的规定。

（8）各类仓库应分区设置并与道路衔接，且保持良好作业联系。零担货棚和仓储货棚应与相应仓库位于同一区域。

2. 中转库

《公路货运站站级标准及建设要求》（JT/T 402—2016）规定，中转库应符合以下要求：

（1）中转、换装作业量大的一级、二级综合型、运输型公路货运站，可设置具有监控、传送、分拣设备的中转库。

（2）具有铁路专用线的货运站，中转库一侧宜设铁路装卸站台，宽度不小于13.5m；另一侧或多侧设汽车装卸站台，站台高度1.1～1.45m，宽度不小于3m。

3. 仓储库

《公路货运站站级标准及建设要求》（JT/T 402—2016）规定，仓储库应符合以下要求：

（1）仓储库可按建筑层数分为单层仓储库和多层仓储库。存放外形尺寸较小、单件重量较轻且价值较高货物的仓储库可建成高架库。

（2）仓储库的仓储面积依据日均仓储货物最大处理能力计算。

（3）多层仓储库的楼梯及货梯的位置应处于中央部位，储存货物出入库的水平运输距离应不大于30m。一幢仓储库设置两台货梯时，应集中布置；货梯多于两台时，应分两处设置。多层仓储库除设主楼梯外，还应设置疏散楼梯。

4. 零担库和集装箱拆装箱库

《公路货运站站级标准及建设要求》（JT/T 402—2016）规定，零担库和集装箱拆装箱库的站台宜建成高站台，站台宽度不少于3m，高度取1.1～1.45m，两端设置斜坡。站台装卸货位可设置升降平台。

（二）信息交易中心

《公路货运站站级标准及建设要求》（JT/T 402—2016）规定，信息交易中心是利用互联网、信息交易平台等实现货物运输信息交易的场所，应符合以下要求：

（1）配备信息发布平台和电子显示设备。

（2）配备电子监控设备。

（三）场地设施

1. 集装箱堆场

《公路货运站站级标准及建设要求》（JT/T 402—2016）规定，集装箱堆场应符合以下要求：

（1）集装箱堆场应靠近装箱作业区，并与站内主要通道衔接。

（2）场地地面强度应满足集装箱堆码需要，并有一定坡度以利排水。

（3）堆存量较大的集装箱堆场应划分空箱、重箱及冷藏箱区域并分别堆存。

（4）集装箱堆场内供电设施应符合《冷藏集装箱堆场技术管理要求》（GB/T 13145—2018）的技术要求。

2. 货场

《公路货运站站级标准及建设要求》（JT/T 402—2016）规定，货场应符合以下要求：

（1）货场应与仓储库一同位于仓储作业区内。

（2）货场地面应根据货物性质、荷载大小，结合当地水文地质等条件，考虑就地取材原则，通过技术经济比较确定地面材料类型。

（3）货场排水应与站区总体排水系统衔接。货场应采用有组织排水，其竖向布置尽可能成龟背式以便于向四周分散排水。较小货场也可设计成坡向一侧或坡向两侧，排水沟置于汇水线上。

（4）货场的照明设计应符合《室外作业场地照明设计标准》（GB 50582—2010）的技术要求。

3. 装卸(作业)场

《公路货运站站级标准及建设要求》（JT/T 402—2016）规定，装卸（作业）场应符合以下要求：

（1）各类仓库、货场、铁路专用线一侧或两侧应设置装卸（作业）场，并与主要道路衔接。

（2）铁路专用线装卸场宽度不宜小于13.5m，汽车装卸货场宽度应满足车辆调头、装卸作业要求。

（3）装卸（作业）场地面荷载设计值应满足装卸作业和车辆行驶的承载要求。

4. 停车场

《公路货运站站级标准及建设要求》（JT/T 402—2016）规定，停车场应符合以下要求：

（1）停车场可集中设置，也可在不同作业区域内分别设置，站内自备车辆和外来车辆应分区停放。

（2）停车场宜临近装卸（作业）场布置。

（3）停车场总平面布局、防火间距、消防通道、安全疏散、安全照明、消防给水及电气等建筑标准应符合《汽车库、修车库、停车场设计防火规范》（GB 50067—2014）的要求。

（四）道路及绿化设施

1. 基本要求

《公路货运站站级标准及建设要求》（JT/T 402—2016）规定，道路及绿化设施应符合以下要求：

（1）满足不同类型的公路货运站生产工艺的要求。

（2）公路货运站可依据自身的功能定位、货物处理种类及处理能力、进出站车型及车流量、人员流量等，合理设置路网密度和道路等级。

2. 建设要求

《公路货运站站级标准及建设要求》（JT/T 402—2016）规定，道路及绿化设施建设应符合以下要求：

（1）站内道路宜采用无交叉的环行行驶路线。当道路为尽端路时，尽头应设置车辆掉头用回车场，回车场的面积应根据所使用最大汽车的最小转弯半径和路面宽度确定。

（2）货运站道路宜人车分行，机动车与非机动车分道行驶，并依据《道路交通标志和标线 第 2 部分：道路交通标志》（GB 5768. 2—2022）的技术要求设置道路标志标线。

（3）一级、二级货运站主要道路宽度一般不应低于 15m，次要道路宽度不应低于 9m，道路内缘最小转弯半径以 12～16m 为宜；三级货运站主要道路宽度不应低于 9m，次要道路宽度不应低于 7m，道路内缘最小转弯半径以 8～12m 为宜。

（4）站内道路和停车区域可采用水泥路面或者沥青路面。

（5）货运站应综合考虑车辆出站后流向、站外路网结构特点以及邻近道路交通流量大小，合理设置出入口位置。

（6）货运站出入口应设置在毗邻至少双向四车道的公用道路处，并留有距站外道路边至少 15m 的缓冲路段。

（7）货运站应设置两个以上的独立出入口，并设置在不同位置；有条件的宜将出口、入口分开设置，实行车辆单向行驶；车辆进出在同一出入口的，应在道路中间建立分隔带；同时出入口还应配置自动或手动挡车杆设备。

（8）出入口位置应设置禁鸣标志，并对出入口区域实行不高于 5km/h 的限速管理。

（9）道路绿化配置应符合《城市道路绿化规划与设计规范》（CJJ 75—1997）及地方相关规定。

典型例题

例 1：根据《公路货运站站级标准及建设要求》（JT/T 402—2016）的规定，货棚与库房的面积比不宜超过（　　）。

A. 5%　　B. 10%　　C. 15%　　D. 20%

【答案】D。

例 2：根据《公路货运站站级标准及建设要求》（JT/T 402—2016）的规定，关于道路及绿化设施建设要求的说法，正确的有（　　）。

A. 站内道路宜采用无交叉的环行行驶路线

B. 一级、二级货运站主要道路宽度一般不应低于 15m，次要道路宽度不应低于 9m

C. 站内道路和停车区域可采用水泥路面或者沥青路面

D. 货运站出入口应设置在毗邻至少双向四车道的公用道路处，并留有距站外道路边至少 20m 的缓冲路段

E. 出入口位置应设置禁鸣标志，并对出入口区域实行不高于 10km/h 的限速管理

【答案】ABC。

七、公路货运站设备配备

（一）运输车辆

公路货运站可根据需要配置用于货物配送的运输车辆，车辆类型应根据运输方式、货物种类合理选择。

（二）装卸机械

1. 装卸机械的构成

公路货运站装卸机械包括货场和仓库装卸机械、集装箱堆场和作业区装卸机械等。货场和仓库装卸机械主要包括叉车、堆垛机和输送机等，集装箱堆场和作业区装卸机械主要包括集装箱正面吊运机、集装箱龙门起重机等。

2. 配置要求

《公路货运站站级标准及建设要求》（JT/T 402—2016）规定，装卸机械应符合以下要求：

（1）高度5～7m内的高架库房，宜采用高位叉车存取货物；超过6层或货架高度超过7m时，宜采用巷道堆垛机。较大作业量高架库的储货区与装卸区间可采用皮带输送机。

（2）装卸机械的数量应根据装卸工作情况和采用的装卸工艺方案确定。

（三）计量设备

《公路货运站站级标准及建设要求》（JT/T 402—2016）规定，计量设备应符合以下要求：

（1）公路货运站应配备检定合格的计量设备或器具。

（2）三级以上综合型、运输型、仓储型公路货运站应设置电子自动计量设备，各种电子自动计量设备均应并入公路货运站计算机网络，或预留相关接口。

（四）管理信息系统

三级以上综合型、运输型、仓储型公路货运站以及所有信息型公路货运站应设置管理信息系统。包括：计算机监控系统、无线（有线）通信系统、站内和站间计算机网络系统、信息发布系统等。

（五）维修设备

三级以上综合型、运输型、仓储型公路货运站可根据车辆、装卸机械和集装箱的维修工作量配备符合其工艺要求的维修设备。

（六）安检设备

《公路货运站站级标准及建设要求》（JT/T 402—2016）规定，安检设备应符合以下要求：

（1）公路货运站应结合实际业务情况配备金属探测仪、安检仪等安检设备。

（2）公路货运站应在业务操作场所安装视频监控设备，监控资料应保存不少于90d。

典型例题

例1：根据《公路货运站站级标准及建设要求》（JT/T 402—2016）的规定，高度5～7m内的高架库房，宜采用（　　）存取货物。

A. 巷道堆垛机　　B. 吊运机　　C. 高位叉车　　D. 皮带输送机

【答案】C。

例 2：依据《公路货运站站级标准及建设要求》（JT/T 402—2016），公路货运站应在业务操作场所安装视频监控设备，监控资料应保存不少于（　　）。

A. 30d　　B. 60d　　C. 90d　　D. 180d

【答案】C。

八、公路货运站站内设施配置标准和设备配置要求

1. 公路货运站站内设施配置标准

《公路货运站站级标准及建设要求》（JT/T 402—2016）规定，公路货运站站内设施配置标准见表 3-13。

表 3-13　公路货运站站内设施配置标准

设施类型	设施名称		综合型			运输型			仓储型			信息型		
			一级	二级	三级	一级	二级	三级	一级	二级	三级	一级	二级	三级
办公设施	货运站站房		√	√	√	√	√	√	√	√	√	○	○	○
	生产调度办公室		√	√	√	√	√	√	√	√	√	○	○	○
	信息管理中心		√	√	○	√	√	○	√	√	○	√	√	√
	会议室		√	√	○	√	√	○	√	√	○	√	√	○
	国际联运代理业务办公室	海关	○	○	○	○	○	○	○	○	○	○	○	○
		国检	○	○	○	○	○	○	○	○	○	○	○	○
		税务	○	○	○	○	○	○	○	○	○	○	○	○
生产设施	库（棚）设施与信息交易中心	中转库	√	√	○	√	√	√	○	○	○	○	○	○
		仓储库	√	√	√	○	○	○	√	√	√	○	○	○
		零担库	√	√	√	√	√	√	○	○	○	○	○	○
		信息交易中心	○	○	×	○	○	×	○	○	×	√	√	√
	场地、道路及绿化设施	集装箱堆场	○	○	×	○	○	×	○	○	×	×	×	×
		货场	√	√	√	√	√	√	○	○	○	○	○	○
		装卸（作业）场	√	√	√	√	√	√	√	√	√	○	○	○
		停车场	√	√	√	√	√	√	√	√	√	√	√	√
		道路及绿化	√	√	√	√	√	√	√	√	√	√	√	√
生产辅助设施	维修设施		○	○	×	○	○	×	○	○	×	×	×	×
	动力设施		√	√	√	√	√	√	√	√	√	√	√	√
	供水供热设施		√	√	√	√	√	√	√	√	√	√	√	√
	环保设施①		√	√	√	√	√	√	√	√	√	√	√	√
生活服务设施	浴室、卫生间、食宿设施		○	○	○	○	○	○	○	○	○	○	○	○
	其他服务设施		○	○	○	○	○	○	○	○	○	○	○	○

注：“√”表示必须配置；“○”表示视条件配置；“×”表示无需配置。

①环保设施可包括生活污水处理设施、生产污水处理设施、垃圾处理设施等。

2. 公路货运站设备配置要求

《公路货运站站级标准及建设要求》（JT/T 402—2016）规定，公路货运站设备配置要求见表 3-14。

表 3-14 公路货运站设备配置要求

设备名称	公路货运站											
	综合型			运输型			仓储型			信息型		
	一级	二级	三级	一级	二级	三级	一级	二级	三级	一级	二级	三级
管理信息系统	√	√	○	√	√	○	√	√	○	√	√	√
业务、服务、宣传设备①	√	√	√	√	√	√	√	√	√	√	√	√
计量设备	√	√	○	√	√	○	√	√	○	○	○	○
传送设备	√	○	×	○	○	×	√	○	×	×	×	×
大型装卸设备②	√	○	×	√	○	×	√	○	×	×	×	×
中型装卸设备③	√	√	○	√	√	○	√	√	○	○	○	×
小型装卸设备④	√	√	√	√	√	√	√	√	√	○	○	○
维修设备	○	○	×	○	○	×	○	○	×	×	×	×
货物标签扫描设备	√	√	○	√	√	○	√	√	√	○	○	○
安检设备	√	√	√	√	√	√	√	√	√	√	√	√
安全、消防设备	√	√	√	√	√	√	√	√	√	√	√	√
空调、采暖设备	√	○	○	√	○	○	√	○	○	√	○	○
清洁、卫生设备	√	√	√	√	√	√	√	√	√	√	√	√
充电站	○	○	○	○	○	○	○	○	○	○	○	○

注：“√”表示必须配置；“○”表示视条件配置；“×”表示无需配置。

①业务设备是指与承接货运业务相关的设备，如计算机、打印机等；服务设备是指提供通信服务的通信基站及其他设备等；宣传设备是指宣传栏、宣传广播等。

②大型装卸设备为额定载重量 15t 以上的设备。

③中型装卸设备为额定载重量 3～15t 的设备。

④小型装卸设备为额定载重量小于 3t 的设备。

典型例题

根据《公路货运站站级标准及建设要求》（JT/T 402—2016）的规定，二级综合型公路货运站内必须配置（　　）。

A. 管理信息系统　　B. 传送设备　　C. 计量设备　　D. 采暖设备

E. 维修设备

【答案】AC。

第五节　车辆维修、检测安全技术

一、车辆维修安全生产管理及操作规范

1. 车辆维修企业安全生产管理制度

（1）认真贯彻执行“安全第一、预防为主”的方针政策、国家有关部门制定的安全生产法律

法规，制订适合本单位的安全管理制度。

（2）按照要求设置安全生产管理领导机构，配备专（兼）职安全生产管理人员。

（3）定期进行安全生产教育和安全知识培训。

（4）维修车辆前，应将车辆停、架牢固后方可作业。举升设备应由专人操作，非工作人员不准进入车下，举车时不准检修举升设备。

（5）路试车辆必须由具有驾驶证及技术熟练的试车员进行，并在规定的路段上进行。

（6）有毒、易燃、易爆物品和化学物品，粉尘、腐蚀剂、污染物、压力容器等应有安全防护措施和设施，压力容器及仪表等应严格按有关部门要求定期校验。

（7）根据季节变换切实做好防火、防涝、防冻、防腐及防盗工作。

（8）发生事故要立即向上级主管部门汇报事故情况，并保护好现场，查明事故原因及妥善处理。

2. 电工（空调）安全操作规程

（1）工作前应备齐所需工具，检查是否完好，技术状态是否良好。

（2）在车上进行电工作业应注意保护汽车漆面光泽、装饰、地毯及座位，并保持车辆的整洁。

（3）在装有计算机控制系统的汽车上进行电工作业时，如无必要不要触动电子控制部分的各个接头，以防意外损坏电子元件。

（4）蓄电池充电作业时，要保持室内通风良好。

（5）新蓄电池充电时必须遵守两次充足的规定。在充电过程中要取出蓄电池应先将电源关闭，以免损坏充电机及蓄电池。

（6）进行空调系统作业时，应在通风良好处。排除氟时应缓慢，防止冷冻机油一起冲出，同时不能与明火及炙热金属接触。

（7）添加处理氟操作时要戴护目镜，谨防氟溅入眼内或溅到皮肤，将皮肤冻伤。

（8）装氟钢瓶搬运时严防振动、撞击、避免日光暴晒，同时应储放在通风干燥的库房中。

3. 钣金工安全操作规程

（1）工作前要清理工作场地，检查所用的工具、机具的技术状况。

（2）应正确夹持、固定、牵制，并使用适合的顶杆、拉具及站立位置，谨防物件弹跳伤人。

（3）使用车床、电焊机时，必须事先检查焊机接地情况。

（4）电焊作业时，作业者要戴面罩及劳动保护用品。

（5）油箱焊补时要放净燃油。

（6）氧气瓶、乙炔气瓶要放到离火源较远的地方。

（7）使用专门搬运小车搬运氧气瓶及乙炔气瓶。

（8）进行氧焊点火前，先开乙炔气后开氧气，熄火时先关乙炔气阀，发生回火现象时应迅速卡紧胶管，先关乙炔气阀再关氧气阀。

4. 烤漆工安全操作规程

（1）进入烤漆房作业时，必须备齐所需油漆、天那水及所需器具。

（2）在喷漆车辆进入烤漆房前，应先将底盘翼子板各部泥土、灰尘擦拭干净，严禁在喷漆房内清除灰尘。

（3）喷漆作业时要穿防止静电产生的衣服。

（4）严禁在喷漆间内点火吸烟。

（5）在喷漆间内作业时不得打开喷漆间门。

（6）进行保温烘干作业时，不得将温度调节器设定在80℃以上。

（7）经常清洁进气滤网，以防止阻塞。

（8）供油泵烤炉不得漏油，每月对煤油箱进行一次排水作业。

5. 车体矫正架安全操作规程

（1）使用设备时，应先对设备进行检查。

（2）升降平台之前，应确定设备处于完好状态。

（3）降下平台前，应将车辆挂挡并拉紧手刹。

（4）降低平台前应确认拉塔在平台前部，并锁紧，钩链处于链槽中。

（5）清除台面上的油污，以免造成意外伤害。

（6）严禁液压泵沾水，或其他液体。

（7）拉伸作业时不要靠近拉塔，防止拉链脱落、崩溅、反弹伤人。

（8）使用校正架进行修理作业时，须警告其他人员保持距离。

（9）在牵拉作业时，必须确定拉链与拉塔的连接完全可靠。

（10）校正车身时，严禁使用气焊接触油箱及汽油管、空调管，注意各部导线，以防损坏。

（11）工作完毕，将附件放回原位，切断电源。

（12）未经培训人员不得进行操作。

6. 电焊机安全操作规程

（1）作业时应穿戴必要的防护用品，防止烧伤、灼伤。电焊工作场地内要清除一切易燃易爆物品。

（2）每次作业之前应认真检查电焊机的绝缘和保护接地装置。焊钳应完整无破损、绝缘可靠。

（3）移动电焊机时应切断电源。

（4）电焊机应放置在易散热的地方，当温度过高时应暂停作业。

（5）雨天禁止露天作业，焊机内不得有雨水浸入。

（6）作业完毕后应将焊钳放在线路绝缘的地方，并收好电缆线，切断电源。

7. 轮胎拆装机、平衡机操作规程

（1）轮胎拆装机操作规程：

1）拆装时，轮胎必须放尽余气。

2）工作气压应保持在6～8kPa。

3）所有移动件保持清洁，必要时用汽油清洁，注意润滑，确保拆装器转动灵活。

4）排放气滤中的积水，确保电动机传动皮带松紧适度。

5）安装轮胎时，应在轮胎边上涂上少量润滑油脂或滑石粉，以免断裂轮边。

6）拆装时，应注意定位爪不要紧贴钢圈，以免擦掉钢圈油漆。

（2）轮胎平衡机操作规程：

1）操作时应严格按使用要求进行，应小心挂放车轮，防止中心轴变形，确保机器正常工作，延长使用寿命。

2）进行平衡时应选择与轮胎中心孔相配的定位中心椎。

3）轮胎装夹必须牢固可靠，防止出现松动现象，作业前必须盖上护罩，方可启动。

4）进行平衡时，应检查和输入所测轮胎轮辋直径、轮辋宽度及测量头至轮胎内侧距离。

5）作业完成后切断电源，及时清理现场，保持设备、环境清洁。

8. 空气压缩机安全使用操作规程

（1）应在安全阀限定压力和规定排气量的条件下使用设备。

（2）必须保证空气压缩机使用现场环境的清洁和通风，严禁在空气中尘量过高或有腐蚀性和易燃性气体的场合使用。

（3）空气压缩机严禁断油运行，使用者要经常注意检查机油油位是否正常，要定期更换机油。

（4）在运行过程中，操作者要经常观察压力表指针与安全阀所规定的压力要求是否相符，其运转声是否正常，无异响异样；严禁带病使用。

（5）严禁敲打存有压力的任何设备、管道；调整安全器件，压力表必须按设备安全技术规定要求进行，不得违反，要坚决禁止操作者随意进行调整。

（6）严格遵照国家有关压力容器的监察规程和技术规程的要求执行，严禁超压、失检、安全装置不齐备、不灵敏、失效和压力表不清晰的空气压缩机在设备上作业，以防重大恶性事故发生。

（7）应严格执行压力容器的安全操作规程规定，一定要按规定对压力表、安全阀进行检校，对储气筒（罐）进行受压主要试验和内外部的检验、保护工作。

（8）每日工作结束后，必须旋开储气罐放污阀排出污水，第二日空气压缩机启动前再合上放污阀。

（9）空气压缩机运转时，当停电或临时停机时，需要重新启动，应将储气罐中的压缩空气排放完后再开机。

9. 举升机安全操作规程

（1）举升的车辆不得超过该产品的额定举升重量。

（2）举升过程中严禁车下和车内有人。

（3）非使用人员未经允许不得操作本设备。

（4）当举升机长期停止使用或下班后，应将控制盒电源切断。

（5）应将车辆较重部件置于短托臂上。

（6）举升车辆时，将托臂放到被托汽车合适位置后，再分别转动四只橡胶托盘，使四只托盘距车身位置相等，再按上升按钮，当车离地面10cm左右时，应检查托盘位置，并晃动一下车辆，检查是否安全，确信安全后，方可继续工作。

（7）液压举升上升后，其安全保险锁止手柄必须朝上。

10. 四轮定位仪操作规程

（1）检查车辆悬挂装置、车轮轴承、转向系统等没有不允许存在的间隙和损坏。

（2）一个车轴上的轮胎胎纹深度最多允差2mm。轮胎充气压力符合规定。

（3）车辆装备为全装置重量。定位要求：

1）将车辆安置在定位举升器上，车辆应倒入举升器。车辆中心与举升器和转盘中心重合。

2）检查、必要时更改车辆规格。

3）应严格按定位仪显示步骤进行操作，不允许省略。如应按要求做车轮偏差补偿和轮胎检测。轮胎检测的有关内容应按要求输入仪器。

4）各轮定位参数（前束、外倾角）的调整应符合各车型维修手册的要求，对检测不符合规定要求的均应进行调整（原车不能调整的除外）。

5）各定位参数的调整方法应符合各车型维修手册的要求。

6）定位结果应予以保存和打印。

典型例题

例1：轮胎拆装机、平衡机操作错误的是（　　）。

A. 拆装时，轮胎必须放尽余气
B. 工作气压应保持在 10kPa
C. 所有移动件保持清洁，必要时用汽油清洁，注意润滑，确保拆装器转动灵活
D. 轮胎装夹必须牢固可靠，防止出现松动现象，作业前必须盖上护罩，方可启动
【答案】B。
例 2：关于四轮定位仪操作的表述中，错误的是（　　）。
A. 车辆中心与举升器和转盘中心重合
B. 一个车轴上的轮胎胎纹深度最多允差 3mm
C. 车辆装备为全装置重量
D. 将车辆安置在定位举升器上，车辆应倒入举升器
【答案】B。

二、车辆检测设备操作规程

1. 前轮侧滑检测

前轮侧滑检测操作规程见表 3-15。

表 3-15　前轮侧滑检测操作规程

项目	内容
准备	（1）打开锁止装置，拨动滑板，仪表清零 （2）车辆轮胎气玉、花纹深度符合标准规定，胎面清洁
程序	（1）车辆正直居中驶近侧滑检验台，并使转向轮处于正中位置 （2）以 3～5km/h 车速平稳通过侧滑检验台 （3）测取最大示值
注意事项	（1）不得转动转向盘 （2）不得在侧滑台上制动或停车 （3）应保持侧滑台滑板下部的清洁

2. 制动性能检测

制动性能检测操作规程见表 3-16。

表 3-16　制动性能检测操作规程

项目	内容
准备	（1）检验台滚筒表面清洁 （2）车辆轮胎气压、花纹深度符合标准规定，胎面清洁 （3）将踏板力计装到制动踏板上
程序	（1）车辆正直居中驶入，将被测轮停放在制动台前后滚筒间，变速器置于空挡 （2）降下举升器、起动电动机，保持一定时间，测得阻滞力 （3）检验员在显示屏提示制动后，缓踩制动踏板到底，测得左、右轮制动增长全过程数值；若为驻车，则拉紧驻车制动操纵装置，测得驻车制动力数值 （4）电动机停转，举升器升起，被测轮驶离 （5）按以上程序依次测试其他车轴 （6）卸下踏板力计，车辆驶离

（续）

项目	内容
注意事项	（1）车辆进入检验台时，轮胎不得夹有泥、砂等杂物 （2）测制动时不得转动转向盘 （3）在制动检验时，车轮如在滚筒上抱死，制动力未达到要求时，可换用路试或其他方法检验

3. 平板制动检测

平板制动检测操作规程见表 3-17。

表 3-17　平板制动检测操作规程

项目	内容
准备	（1）平板表面应清洁，没有异物及油污 （2）车辆轮胎气压、花纹深度符合标准规定，胎面清洁
程序	（1）被测车辆以 5～10km/h 车速，正直居中驶向平板制动台，并在接近平板时置变速箱为空挡，使车辆滑上平板制动台 （2）各被测车轮均驶上平板制动台后，急踩制动，测得轮重、制动等各项参数 （3）重新起步，使后轴驶上前板，拉紧驻车制动操纵装置，测得驻车制动力
注意事项	（1）车辆制动时，不得转动转向盘 （2）不得在平板制动台上长时间停放车辆 （3）应保持平板制动台板的清洁，防止锈蚀或阻滞

4. 前轮转向角检测

前轮转向角检测操作规程见表 3-18。

表 3-18　前轮转向角检测操作规程

项目	内容
准备	（1）打开锁止装置，转盘复位，仪器清零 （2）车辆轮胎气压、花纹深度符合标准规定，胎面清洁
程序	（1）车辆正直居中行驶，将前轮驶过轮距尺后停车，等待转盘自动调整位置 （2）转盘自动调整位置完毕后，将前轮驶上转盘 （3）拉紧驻车制动操纵装置，向左转动转向盘到最大转向角度后回零 （4）向右转动转向盘到最大转向角度后回零 （5）读取左、右轮左转、右转最大示值 （6）锁紧设备转盘、松开驻车制动操纵装置，车辆驶离
注意事项	在转盘移动、校准时车轮不得驶上转盘

5. 前照灯测试

前照灯测试操作规程见表 3-19。

表 3-19　前照灯测试操作规程

项目	内容
准备	（1）测试仪受光面应清洁，轨道内无杂物 （2）车辆轮胎气压符合标准规定，前照灯玻璃应清洁

（续）

项目	内容
程序	（1）车辆正直居中行驶，在前照灯离检测灯箱 1m 处（或按出厂规定距离）停车 （2）车辆发动机处于怠速状态，置变速器于空挡，电源处于充电状态，开启前照灯远光 （3）启动前照灯检测仪开始测量，仪器自动搜寻被检前照灯并测量其远光发光强度及远光照射位置偏移值 （4）被检前照灯转换为近光光束，检测仪自动检测其近光光束明暗截止线转角（或中点）的照射位置偏移值 （5）对另一只前照灯按上述（3）和（4）步骤进行检测，完成车辆所有前照灯的检测 （6）在并列的前照灯（四灯制）进行检测时，应将与受检灯相邻的灯遮蔽 （7）检测完毕，前照灯检测仪归位，车辆驶离
注意事项	（1）停车位置要准确，车身纵向中心线要垂直于前照灯受光面 （2）前照灯检测仪正在移动或将要移动时，严禁车辆通过 （3）检测完毕后车辆要及时驶离，车身不得长时间挡住轨道

6. 怠速尾气排放检测

怠速尾气排放检测操作规程见表 3-20。

表 3-20　怠速尾气排放检测操作规程

项目	内容
准备	（1）装上长度等于 5m 的取样软管和长度不小于 600mm 并有插深定位装置的取样探头，插入深度不少于 400mm （2）仪器的取样系统不得有泄漏 （3）受检车辆发动机进气系统应装有空气滤清器，排气系统应装有排气消声器，并不得有泄漏 （4）测量时发动机冷却水和润滑油温度应达到汽车使用说明书所规定的热状态
程序	（1）必要时在发动机上安装转速计 （2）发动机由怠速工况加速至 0.7 额定转速，维持 60s 后降至怠速状态 （3）发动机降至怠速状态后，将取样探头插入排气管中，深度等于 400mm，并固定于排气管上 （4）发动机在怠速状态，维持 15s 后开始读数，读取 30s 内的最高值和最低值，其平均值即为测量结果；若为多排气管时，取各排气管测量结果的算术平均值
注意事项	（1）检验时，发动机怠速应符合规定 （2）检验结束后，抽出取样探头，待仪表回零后再检下一台车 （3）取样探头不用时要吊挂，防止污染受损

典型例题

例 1：关于怠速尾气排放操作的表述中，错误的是（　　）。

A. 装上长度等于 5m 的取样软管和长度不小于 600mm 并有插深定位装置的取样探头，插入深度不少于 400mm

B. 发动机在怠速状态，维持 30s 后开始读数，读取 60s 内的最高值和最低值

C. 仪器的取样系统不得有泄漏

D. 测量时发动机冷却水和润滑油温度应达到汽车使用说明书所规定的热状态

【答案】B。

例2：关于前照灯测试安全操作规程的说法，正确的有（　　）。

A. 车辆正直居中行驶，在前照灯离检测灯箱1m处（或按出厂规定距离）停车

B. 停车位置要准确，车身纵向中心线要垂直于前照灯受光面

C. 前照灯检测仪正在移动或将要移动时，尽量减少车辆通过

D. 检测完毕后车辆要及时驶离，车身不得长时间挡住轨道

E. 车辆发动机处于怠速状态，置变速器于空挡，电源处于充电状态，开启前照灯远光

【答案】ABDE。

第六节　道路运输事故应急处置与救援

一、道路交通事故的类型

《道路交通事故处理程序规定》规定，道路交通事故分为财产损失事故、伤人事故和死亡事故。

财产损失事故是指造成财产损失，尚未造成人员伤亡的道路交通事故。

伤人事故是指造成人员受伤，尚未造成人员死亡的道路交通事故。

死亡事故是指造成人员死亡的道路交通事故。

《道路交通事故处理程序规定》规定，道路交通事故的调查处理应当由公安机关交通管理部门负责。财产损失事故可以由当事人自行协商处理，但法律法规及本规定另有规定的除外。

《道路交通事故处理程序规定》规定，交通警察经过培训并考试合格，可以处理适用简易程序的道路交通事故。

处理伤人事故，应当由具有道路交通事故处理初级以上资格的交通警察主办。

处理死亡事故，应当由具有道路交通事故处理中级以上资格的交通警察主办。

典型例题

根据《道路交通事故处理程序规定》，道路交通事故分为（　　）。

A. 突发事故　　B. 财产损失事故

C. 伤人事故　　D. 死亡事故

E. 频发事故

【答案】BCD。

二、道路运输事故主要类型与预防技术

（一）道路运输事故主要类型

道路运输事故主要包括碰撞、碾压、刮擦、翻车、坠车、爆炸、失火和撞固定物等类别，具体见表3-21。

表3-21　道路运输事故主要类型

事故类型	内容
碰撞	主要发生在机动车之间，机动车与非机动车之间，机动车与行人之间，非机动车之间，非机动车与行人之间，以及车辆与其他物之间。根据碰撞的运动情况，机动车之间的碰撞可分为正面碰撞、迎头碰撞、侧面相撞、追尾相撞、左转弯相撞和右转弯相撞

（续）

事故类型	内容
碾压	作为交通强者的机动车对交通弱者的推碾和压过
刮擦	刮擦与碰撞的判断均从强者着眼，不管弱者，若有强者正面的部分接触即为碰撞
翻车	两个以上的侧面车轮离开地面，在没有发生其他事态的情况下而造成的车辆翻转
坠车	坠车与翻车的区别主要根据车辆驶出路外翻车的全部过程是否始终与地面接触，如果始终与地面接触，不论翻得多深或情况多么严重均属于翻车；如果有离开地面的落体过程，便可认为是坠车
爆炸	在行驶过程中因为振动等原因引起爆炸造成事故。行驶过程中由于轮胎爆炸引起的事故，不应理解为爆炸
失火	车辆在行驶过程中由于人为的、车辆的原因引起的火灾。引起火灾的原因很多，人为原因如吸烟、明火、违反操作规程等；车辆的原因如发动机回火或排气管过热，并且其上有可燃物，电路系统漏电产生火花等
撞固定物	车辆与道路上的作业结构物、路肩上的灯杆、交通标志杆、广告牌杆、建筑物以及路旁的树木等相撞

（二）道路交通安全影响因素分析

1. 人员因素

（1）驾驶员。驾驶员在驾驶车辆过程中，通过感官（主要是眼、耳）从外界接收信息，产生感觉（主要是视觉和听觉），然后经过大脑一系列综合反应产生知觉，在此基础上形成所谓“深度知觉”。驾驶员就是凭借这种“深度知觉”形成判断（如目测距离、估计车速等）。可见，驾驶员的生理、心理素质及反应特性对保障交通安全起着至关重要的作用。

（2）行人。行人的遵章意识、交通行为会对道路交通安全产生明显影响。一些交通事故就是由于行人不遵守交通规则而导致的。加强行人的法律法规教育，规范他们的行为，将会对保障道路交通安全产生重要作用。

（3）乘客。乘客的行为也会对道路交通安全状况产生影响。乘客具备较强的安全意识，一旦事故发生能够采取必要的自救措施，有助于减少事故发生或降低事故的损害程度。

2. 车辆因素

车辆具有良好的行驶安全性，是减少交通事故的必要前提。车辆的行驶安全性包括主动安全性和被动安全性。

3. 道路因素

道路因素具体内容见表3-22。

表3-22 道路因素

类型	内容
路面	为满足车辆的安全运行要求，路面应具有的性能：强度和刚度、稳定性、表面平整度、表面抗滑性、耐久性等
视距	视距是指为了保证行车安全，驾驶员应能看到行车路线前方一定距离的道路，以便超车、错车、发现障碍物或迎面来车时，采取停车、避让等措施，在完成这些操作过程中所必需的最短时间里汽车的行驶路程。在道路平面和纵面设计中应保证足够的行车视距，以确保行车安全

（续）

类型	内容
线形	道路几何线形要素的构成是否合理，线形组合是否协调，对交通安全有很大影响 （1）平曲线。平曲线与交通事故关系很大，曲率越大事故率越高 （2）竖曲线。道路竖曲线半径过小时，易造成驾驶员视野变小，视距变短，从而影响驾驶员的观察和判断，易产生事故 （3）坡度。主要原因是下坡来不及制动或制动失灵 （4）线形组合。交通安全的可靠性不仅与平面线形、纵坡有关，而且与线形组合是否协调有密切的关系，即使线形标准都符合规范，但组合不好仍然会导致事故增加
交叉口特性	当两条或两条以上走向不同的道路相交时便产生交叉口，分立体交叉口和平面交叉口两类。立体交叉口上不同交通流在空间上是分离的，彼此之间不发生冲突，而平面交叉口由于存在不同车流的冲突，易导致交通事故。因此，为保障交通安全，减少事故发生，在车流量较大的交叉口应尽量设置立体交叉口
安全设施	安全设施和道路交通安全有很大关系，交通安全设施包括交通标志、路面标线、护栏、隔离栅、照明设施、视线诱导标、防眩设施等。安全设施一方面能够有效地对驾驶员和其他出行者进行引导及约束，使驾驶员对车辆的操纵安全而规范，使其他出行者与机动车流保持合理的隔离，从而降低事故的发生率；另一方面能够在车辆出现操控异常后，有效地对车辆进行缓冲和防护，尽可能地减少人员伤亡和财产损失

4. 环境因素

环境因素是气象、管理等的总称，其中管理是影响道路交通安全工作的重要因素之一，科学健全和统一高效的道路安全管理体制是减少事故，防患于未然的必要条件。我国道路交通安全的管理目前涉及多个部门，各部门的侧重点不同。其中，公安部门担负道路安全立法、维护交通秩序、处理交通事故及安全宣传教育等职责；交通部门担负道路发展规划、科研设计、建设养护、路政及制定相应标准法规等职责，负责标志、标线等安全设施的设置和监督管理；国家应急管理部门负责宏观安全监管工作；城建管理部门则参与城区道路发展规划、科研设计、建设养护、城市公共交通及制定相应标准法规等工作。

（三）道路运输事故预防技术

1. 人为因素控制

对人为因素的控制与预防包括：提高驾驶员的交通道德水平、思想意识和技术水平；增加非机动车骑行人和行人对自身通行权及违章危险性的认知，加强对非机动车骑行人和行人违章执法的力度，增强非机动车骑行人和行人遵守交通法规的自觉性；强化交通参与者的适应能力；合理调节交通参与者的心理状态；强化和提高交通参与者的安全行为，改变和抑制交通参与者的异常行为。

2. 车辆因素控制

对车辆因素的控制与预防包括：加强车辆安全性能的研究，通过对车辆的主动安全性和被动安全性的研究分析，使车辆的设计充分体现人机性能的匹配。加强车辆的日常维护与技术检查，建立完善的汽车安全检测制度和基于检测的车辆维修制度，出车前应彻底检查转向系和制动系，认真做好车辆的日常修理工作，及时消除隐患，保证车况良好，杜绝带病车上路行驶，严把车辆技术性能关。

3. 道路因素控制

对道路因素的控制与预防包括：加强道路设计的安全性，完善道路安全设施，不断改善道路条件，加强道路交通管理，优化道路交通安全环境；改善和提高道路通行环境，夜间易出事故的路段应增设“凸起路标”和照明设备。

4. 道路交通安全管理

建立和完善道路交通管理法律法规以及规章制度。加大执法力度，使交通参与者认识到不安全行为对道路交通带来的影响和危害。运用高科技手段及时查处违章车辆，排除事故隐患。在事故多发路段，以及在桥梁、急转弯、立交桥、匝道等复杂路面，易积水地点设置警告牌。在雨、雾、雪天等灾害气候条件下应制定交通管制预案，合理控制交通流量，疏导好车辆通行。在城市道路，应实现人车分流，进行合理的交通渠化，科学地控制道路的进、出口。在交通量超过道路通行能力的路段，可以通过限制交通流量的方法来保证交通安全，同时路段的管理者在流量调整阶段，向车辆发布分流信息，提供最佳绕行路线。

5. 智能交通运输系统的使用

充分利用智能交通运输系统与交通安全有关的功能，包括：交通管理系统（在途驾驶员信息、路径诱导、交通控制、突发事件管理、公铁路交叉口管理等）、应急管理系统（紧急事件通告与人员安全、应急车辆管理）、商用车辆运营系统（自动路侧安全监测、车载安全监测、危险品应急响应等）、车辆控制与安全系统等，提高人、车辆、道路环境等的安全水平，减少事故的发生。

典型例题

例 1：在公路运输事故中，相对交通强者的车辆正面部分与他方接触的事故为（　　）事故。

A. 碰撞　　B. 刮擦　　C. 碾压　　D. 翻车

【答案】A。

例 2：在事故多发路段，以及在桥梁、急转弯、立交桥、匝道等复杂路面，易积水地点应设置（　　）。

A. 警告牌　　B. 指示牌　　C. 信号灯　　D. 指路牌

【答案】A。

例 3：道路运输事故预防技术包括人为因素控制、车辆因素控制、道路因素控制、道路交通安全管理和智能交通运输系统的使用。下列采取的预防道路运输事故的技术中，正确的有（　　）。

A. 改变和抑制交通参与者的异常行为

B. 加强车辆检测和维护

C. 在夜间易出事故的路段增设“凹下路标”和照明设备

D. 科学控制道路进、出口

E. 制定灾害气候条件下的交通管制预案

【答案】ABDE。

三、道路运输事故应急处理

（一）事故救援程序

（1）考察现场情况。救援工作开始之前，急救人员应对事故现场进行考察，现场周围如有损坏的电线或有毒气体等，应先将其排除后再进行救援工作。

（2）保护事故现场。在来车方向距事故现场 100m 处设立警告标志，防止其他车辆进入事故现场。尽快将事故车辆固定下来，在车轮前后放上障碍物或将车轮放气，以保证车轮在救援过程中不会移动。

（3）检查和急救受伤人员。救援人员要检查受伤人员的伤势以确定救援工作的速度和方法。

如果汽车被撞变形，受伤人员无法移动，应使用专门的救援工具把汽车部件移动或去除，将车中被困人员救出。如果医疗救护人员未到现场，救援人员应对受伤人员进行必要的急救，如包扎伤口、人工呼吸等。

（4）拨打紧急救援电话。拨打统一的急救电话，拨打电话的人应说清 4 个重要内容：事故地点、事故类型、受伤人数、伤势。

（5）清理现场。当交通警察勘察完现场后，救援人员应拖走事故汽车并清扫路面，协助警察恢复正常的交通秩序。

（二）道路运输突发事件应急预案

1. 道路运输突发事件应急预案体系

道路运输突发事件应急预案体系包括国家道路运输突发事件应急预案、地方道路运输突发事件应急预案及道路运输企业突发事件应急预案。

（1）国家道路运输突发事件应急预案。交通运输部负责制定、发布国家道路运输突发事件应急预案。

（2）地方道路运输突发事件应急预案。省级、市级、县级交通运输主管部门按照交通运输部制定的国家道路运输突发事件应急预案，在本级人民政府的领导和上级交通运输主管部门的指导下，负责编制、发布地方道路运输突发事件应急预案，报本级人民政府和上级交通运输主管部门备案。

（3）道路运输企业突发事件应急预案。道路运输企业根据国家及地方道路运输突发事件应急预案的要求，结合自身实际，负责编制并实施企业道路运输突发事件应急预案，报所属地交通运输主管部门备案。

2. 应急响应

（1）分级响应。道路运输突发事件应急响应分为国家、省、市、县四级部门响应。每级部门应急响应一般可分为Ⅰ级、Ⅱ级、Ⅲ级和Ⅳ级四个等级。

（2）响应程序。国家级部门应急响应启动程序、省市县级部门应急响应启动程序见表 3-23。

表 3-23　国家级部门应急响应启动程序、省市县级部门应急响应启动程序

类型	程序
国家级部门应急响应启动程序	（1）发生Ⅰ级道路运输突发事件或者接到国务院责成处理的道路运输突发事件，交通运输部运输服务司及时核实有关情况，并进行分析研究，第一时间向分管部领导报告有关情况，提出启动Ⅰ级应急响应及成立相关应急工作组的建议 （2）经分管部领导同意后，报请部长核准。由部长或经部长授权的分管部领导宣布启动交通运输部应对××事件Ⅰ级响应 （3）同步成立领导小组，领导小组组长明确应急工作组构成；各应急工作组按照职责开展应急工作，并将启动Ⅰ级应急响应有关信息按规定报中办信息综合室、国务院总值班室和相关部门，抄送应急协作部门，通知相关省级交通运输主管部门
省市县级部门应急响应启动程序	各级交通运输主管部门在启动实施本级应急响应的同时，应将应急响应情况报送上一级交通运输主管部门。各级交通运输主管部门在处理超出本级范围的突发事件，需要上一级交通运输主管部门协调处置时，应及时提出请求，并按照规定及时启动上一级别应急响应

典型例题

例 1：道路运输突发事件应急响应分为（　　）级部门响应。

A. 二　　B. 三　　C. 四　　D. 五

【答案】C。

例 2：道路运输企业根据国家及地方道路运输突发事件应急预案的要求，结合自身实际，负责编制并实施企业道路运输突发事件应急预案，报（　　）备案。

A. 所属地交通运输主管部门　　B. 本级人民政府

C. 省级人民政府　　D. 上级交通运输主管部门

【答案】A。

四、道路运输突发事件的处理方法

1. 遇前方有障碍物

《道路客货运输驾驶员行车操作规范》（JT/T 1134—2017）规定，车辆遇前方有障碍物时，应按照以下要求进行应急处置：

（1）握稳转向盘，立即减速，同时迅速观察车辆前方和两侧的交通情况。

（2）待车速明显降低后，转动转向盘绕过障碍物，或操控车辆向道路情况简单或人员、障碍物较少的一侧避让；转动转向盘的幅度不应过大，转动速度不应过猛。

（3）车辆重心较高或车速较高时，不得采取紧急转向避让措施。

2. 车辆转向失灵

《道路客货运输驾驶员行车操作规范》（JT/T 1134—2017）规定，车辆转向失灵时，应按照以下要求进行应急处置：

（1）立即采取以下强制减速措施，保持车辆平稳减速，并尽快平稳停车：

1）踩踏制动踏板并注意制动强度不要过大，降低挡位。

2）装备有缓速器等辅助制动装置的车辆，同时开启辅助制动装置。

（2）全面观察周边的交通情况，通过开启危险报警闪光灯、交替变换远近光灯、鸣喇叭或打手势，向其他道路交通参与者发出警示信号。

3. 车辆制动失效

《道路客货运输驾驶员行车操作规范》（JT/T 1134—2017）规定，车辆制动失效时，应按照以下要求进行应急处置：

（1）握稳转向盘，控制车辆行驶方向。

（2）降低挡位至最低挡，逐渐拉紧驻车制动器，装备有缓速器等辅助制动装置的车辆，同时开启辅助制动装置，保持车辆平稳减速停车。

（3）观察周边的地形条件，利用紧急避险车道、坡道或用车辆侧面擦碰岩壁、安全护栏等方式减速停车。

（4）全面观察周边的交通情况，通过开启危险报警闪光灯、交替变换远近光灯、鸣喇叭或打手势，向其他道路交通参与者发出警示信号。

4. 车辆爆胎

《道路客货运输驾驶员行车操作规范》（JT/T 1134—2017）规定，车辆发生爆胎时，应按照以下要求进行应急处置：

（1）遇前轮爆胎，立即握稳转向盘，尽量控制车辆直线滑行，不可踩踏制动踏板；若已有方向偏离，控制行驶方向时，不可过度矫正；待车速明显降低后，就近选择安全区域停车。

（2）遇后轮爆胎，立即握稳转向盘，轻踩制动踏板，选择安全区域停车。

5. 车辆侧滑

《道路客货运输驾驶员行车操作规范》（JT/T 1134—2017）规定，车辆发生侧滑时，应按照以下要求进行应急处置，使车辆迅速恢复到正常行驶状态：

（1）发生整车侧滑时，按照以下要求操作：

1）迅速向侧滑的方向小幅转动转向盘，并及时回转转向盘进行调整。

2）若车辆配备防抱制动装置，立即踩踏制动踏板到底；若车辆未配备防抱制动装置，连续踩踏、放松制动踏板。

（2）发生前轮侧滑时，迅速向侧滑的相反方向小幅转动转向盘，并及时回转转向盘进行调整。

（3）发生后轮侧滑时，迅速向侧滑的方向小幅转动转向盘，并及时回转转向盘进行调整。

（4）遇路面湿滑时，除按（1）（2）或（3）的要求操作外，还可同时轻踩加速踏板。

6. 车辆自燃

《道路客货运输驾驶员行车操作规范》（JT/T 1134—2017）规定，车辆发动机舱、车厢、行李舱、轮胎等部位出现冒烟、火苗时，应按照以下要求进行应急处置：

（1）立即选择安全区域停车，打开车门，关闭点火开关、电源总开关。

（2）按照以下要求组织现场人员安全疏散：

1）遇电气开关无法打开车门时，通过操纵设置在车门附近的应急阀手动开启车门或使用安全锤破窗，组织现场人员逃生。

2）将现场人员疏散到来车方向距事故发生地100m以外道路或护栏外侧的安全区域；有人员受伤时，及时采取自救和互救措施。

3）拨打119火警电话，并向所属单位报告。

4）起火初期，按照以下要求采取控制火势的措施：

①灭火时，站在上风位置，将灭火器对准火焰根部喷射，由近及远，左右扫射，快速推进。

②遇发动机舱内冒烟或出现火苗，尽量不要打开发动机罩，从车身通气孔、散热器或车底侧采取灭火措施。

③遇车厢内冒烟或出现火苗，对准起火部位采取灭火措施。

7. 驾驶员突发疾病

《道路客货运输驾驶员行车操作规范》（JT/T 1134—2017）规定，驾驶员突发疾病时，应按照以下要求进行应急处置：

（1）立即开启危险报警闪光灯，尽快选择安全区域停车。

（2）车辆停稳后，拉紧驻车制动器，打开车门并告知现场人员临时停车原因，请他人协助摆放危险警告标志和组织现场人员安全疏散。

（3）及时采取自救措施，若病情不明或病情较严重时，立即拨打120急救电话，同时向所属单位管理人员报告现场情况及车辆停靠位置，请求救援。

8. 乘客突发疾病

《道路客货运输驾驶员行车操作规范》（JT/T 1134—2017）规定，乘客突发疾病时，应按照以下要求进行应急处置：

（1）立即选择安全区域停车，开启危险报警闪光灯，放置危险警告标志。

（2）探查乘客病情，及时采取救助措施。

（3）若病情不明或病情较严重时，立即向车内寻求医务专业人员进行救助，拨打120急救电话或送往就近医院救治，同时向其他乘客做好解释工作。

9. 车内发现可疑爆炸物品

《道路客货运输驾驶员行车操作规范》（JT/T 1134—2017）规定，车内发现可疑爆炸物品时，应按照以下要求进行应急处置：

（1）立即选择安全区域停车，尽量将车辆停靠在远离危险源和人流密集的地方。

（2）迅速组织现场人员安全疏散，关闭电源、燃油总开关，按规定摆放危险警告标志。

（3）拨打 110 报警电话，并向所属单位报告，不应触动可疑爆炸物品。

（4）取下车载灭火器，做好初期火情扑救准备。

10. 收到爆炸威胁信息

《道路客货运输驾驶员行车操作规范》（JT/T 1134—2017）规定，收到爆炸威胁信息时，应按照以下要求进行应急处置：

（1）立即选择安全区域停车，尽量将车辆停靠在远离危险源和人流密集的地方。

（2）迅速组织现场人员安全疏散，关闭电源，燃油总开关，按规定摆放危险警告标志。

（3）拨打 110 报警电话，并向所属单位报告，等待警察抵达现场进行处置。

典型例题

例 1：下列关于道路运输突发事件的处理正确的是（　　）。

A. 车辆在一般路段发生转向失控时，驾驶员应当尽快使用紧急制动减速停车

B. 前轮爆胎时，驾驶员应握紧转向盘，尽量控制车辆方向，并轻踩制动踏板，让汽车缓慢停下

C. 当车辆发生侧滑时，若车辆配备防抱制动装置，立即踩踏制动踏板到底；若车辆未配备防抱制动装置，连续踩踏、放松制动踏板

D. 当车辆重心较高或车速较快时，应采取紧急转向避让措施

【答案】C。

例 2：依据《道路客货运输驾驶员行车操作规范》（JT/T 1134—2017），关于车辆发动机舱出现火苗时的做法，错误的是（　　）。

A. 立即选择安全区域停车，打开车门，关闭点火开关、电源总开关

B. 停车疏散人员后，立即打开发动机罩

C. 将现场人员疏散到来车方向距事故发生地 100m 以外的道路或护栏外侧的安全区域

D. 灭火时，站在上风位置

【答案】B。

五、道路交通事故现场处理

1. 采取安全防范措施

《道路客货运输驾驶员行车操作规范》（JT/T 1134—2017）规定，在事故现场应按照以下要求采取安全防范措施：

（1）及时正确摆放危险警告标志：

1）若在一般道路上，摆放在来车方向距事故车辆 50 ~ 100m 以外的位置；若在城市快速路和高速公路上，摆放在来车方向距事故车辆 150m 以外的位置；夜间摆放的距离应适当增加。

2）若在坡道、弯道、隧道等视线不良的路段，摆放在入坡道、入弯道、入隧道或能更早提醒来车注意的位置。

3）当事故车辆占用对向车道或会影响对向来车正常通过时，在车辆前方和后方的合适位置同时摆放。

（2）若车辆的危险报警闪光灯仍有效，立即开启。

（3）在夜间或雨、雾等视线不良天气条件下，若车辆的示廓灯和前后位灯仍有效，立即同时开启。

2. 组织现场人员疏散

《道路客货运输驾驶员行车操作规范》（JT/T 1134—2017）规定，应按照以下要求组织现场人

员安全疏散：

（1）若在一般道路上，组织现场人员转移到道路以外的安全区域；若在高速公路上，转移到来车方向距车辆100m以外的道路或护栏外侧的安全区域；不应让现场人员滞留在行车道上。

（2）若事故车辆出现起火或与道路危险货物运输车辆发生碰撞产生泄漏等情况时，立即隔离现场，组织现场人员转移至安全区域，采取降温、灭火等措施，必要时设法将车辆驶离现场。

（3）若隧道内事故车辆出现起火或与道路危险货物运输车辆发生碰撞产生泄漏等情况时，立即组织现场人员沿远离事故车辆或从距隧道出入口、安全通道较近的方向逃生。

3. 报警

《道路客货运输驾驶员行车操作规范》（JT/T 1134—2017）规定，应按照以下要求报警：

（1）拨打车辆保险电话和122道路交通事故报警电话，说明报警人姓名和联系方式、事故发生时间和地点、人员伤亡情况、车辆类型、车辆号牌、车辆保险、装载货物情况、是否产生泄漏或起火等信息，同时报告所属单位。

（2）报警时，可利用道路里程牌、道路指示牌、手机导航软件、即时通信软件、门牌号码、电线杆编号等信息，确认事故所在的位置。

4. 参与伤员救助

《道路客货运输驾驶员行车操作规范》（JT/T 1134—2017）规定，参与事故现场伤员救助时，应按照以下要求操作：

（1）对伤员的处境和伤情进行全面检查与判断，确认受伤部位，选择正确的急救方法。

（2）从车体中移出伤员时，动作要轻柔，不应强行拉拽伤员肢体或随意拔出插入伤员体内的异物。

（3）正确搬运伤员，避免因搬运不当对伤员造成二次伤害。

（4）将伤情较轻的伤员疏散到救护车辆易于接近、夜间有照明的安全区域，对伤员进行伤口包扎、固定等处理。

（5）采用向过往车辆求助等方法，将伤情较重的伤员尽快送至医院抢救。

5. 保护事故现场

《道路客货运输驾驶员行车操作规范》（JT/T 1134—2017）规定，应按照以下要求做好事故现场保护工作：

（1）因抢救受伤人员需变动现场时，标记伤员的原始位置。

（2）从车辆前方、侧面和后方的不同角度，对事故车辆的位置、受损部位及受损程度等做好拍摄记录。

（3）遇雨、雪、大风等不良天气条件可能会对事故现场重要痕迹、物证造成破坏时，对现场制动印痕、散落物等进行遮盖。

典型例题

在道路运输过程中，发生有人员伤亡的事故，拨打120急救电话时，需要向医护人员说明（　　）。

A. 事故发生时间和地点　　B. 已采取的救护措施及救护效果

C. 是否产生泄漏或起火　　D. 报警人姓名和联系方式

E. 造成的经济损失

【答案】ABCD。

第四章　安全生产案例分析

案例一　某客车、电动车与洒水车相撞交通事故分析

某年某日，某市A县发生一起交通事故。事故中，林某甲驾驶客车，沿A县B国道由东向西行驶至C镇东南3.5km处时，相继与前方同方向行驶的由高某乙驾驶的两轮电动车、李某丙驾驶的电动三轮车发生碰撞，致两轮电动车、三轮电动车碰撞至同方向右侧正在洒水的大型罐式洒水车，造成两轮、三轮电动车驾乘人员4人死亡，1人重伤的道路交通事故。

经初步调查：该事故中客车驾驶人林某甲驾驶车辆未保持安全距离，导致避让不及；电动三轮车驾驶人李某丙涉嫌车辆违法载人。事故暴露出驾驶员安全意识淡薄，未能遵守道路交通安全法律法规，同时也暴露出辖区交通管理部门对路面管控不力，对电动三轮车违法载人等严重交通违法查处力度不够等问题。

根据以上场景，回答下列问题（1～3题为单选题，4～5题为多选题）：

1. 按照《生产安全事故报告和调查处理条例》（国务院令第493号），该起事故属于（　　）事故。

A. 轻微　　B. 一般　　C. 较大　　D. 重大
E. 特别重大

2. 按照《生产安全事故报告和调查处理条例》（国务院令第493号），该起事故应由（　　）负责调查。

A. 事故发生地县级人民政府　　B. 事故发生地设区的市级人民政府
C. 事故发生地省级人民政府　　D. 事故发生地市级人民政府
E. 国务院

3. 依据《道路运输条例》（2022版），客运经营者需要终止客运经营的，应当在终止前（　　）d内告知原许可机关。

A. 10　　B. 15　　C. 20　　D. 30
E. 45

4. 客运企业应当制定客运车辆日常检查和日常维护操作规程，操作规程的内容应当包括（　　）。

A. 轮胎、制动检查要求　　B. 灯光与信号装置检查程序
C. 视频监控装置的检查要求　　D. 操作使用说明
E. 不合格车辆返修及复检程序

5. 依据《道路运输条例》（2022版），从事客运经营的驾驶人林某甲，应当符合的条件包括（　　）。

A. 1年内无任何交通责任事故记录
B. 取得相应的机动车驾驶证
C. 年龄不超过60周岁
D. 3年内无重大以上交通责任事故记录
E. 经省级人民政府交通运输主管部门对有关客运法律法规、机动车维修和旅客急救基本知识考试合格

答案详解

1. C。《生产安全事故报告和调查处理条例》（国务院令第 493 号）规定，根据生产安全事故（以下简称事故）造成的人员伤亡或者直接经济损失，事故一般分为以下等级：

（1）特别重大事故，是指造成 30 人以上死亡，或者 100 人以上重伤（包括急性工业中毒，下同），或者 1 亿元以上直接经济损失的事故。

（2）重大事故，是指造成 10 人以上 30 人以下死亡，或者 50 人以上 100 人以下重伤，或者 5000 万元以上 1 亿元以下直接经济损失的事故。

（3）较大事故，是指造成 3 人以上 10 人以下死亡，或者 10 人以上 50 人以下重伤，或者 1000 万元以上 5000 万元以下直接经济损失的事故。

（4）一般事故，是指造成 3 人以下死亡，或者 10 人以下重伤，或者 1000 万元以下直接经济损失的事故。

国务院安全生产监督管理部门可以会同国务院有关部门，制定事故等级划分的补充性规定。

注意：所称的“以上”包括本数，所称的“以下”不包括本数。

2. B。按照《生产安全事故报告和调查处理条例》（国务院令第 493 号），重大事故、较大事故、一般事故分别由事故发生地省级人民政府、设区的市级人民政府、县级人民政府负责调查。

3. D。依据《道路运输条例》（2022 版），客运经营者需要终止客运经营的，应当在终止前 30d 内告知原许可机关。

4. ABCE。客运企业应当制定客运车辆日常检查和日常维护操作规程，操作规程的内容应当包括：轮胎、制动、转向、悬架、灯光与信号装置、卫星定位装置、视频监控装置、应急实施装置等安全部件检查要求和检查程序，以及不合格车辆返修及复检程序。

5. BCD。依据《道路运输条例》（2022 版），从事客运经营的驾驶人员，应当符合下列条件：

（1）取得相应的机动车驾驶证。

（2）年龄不超过 60 周岁。

（3）3 年内无重大以上交通责任事故记录。

（4）经设区的市级人民政府交通运输主管部门对有关客运法律法规、机动车维修和旅客急救基本知识考试合格。

案例二　某危险化学品生产及运输企业的爆炸事故分析

某危险化学品生产及运输企业，有北区、中区和南区 3 个厂区，北区有库房等，在南区通过氧化反应生产脂溶性剧毒危险化学品 A，中区为办公区。为扩大生产，计划在北区新建工程项目。2017 年 7 月 2 日，北区库房发生爆炸事故，造成作业人员 9 人死亡，5 人受伤。事故损失包括：医药费 12 万元，丧葬费 5 万元，抚恤赔偿金 180 万元，罚款 45 万元，补充新员工培训费 3 万元，现场抢救费 200 万元，停工损失 800 万元。

根据以上场景，回答下列问题（1～3 题为单选题，4～7 题为多选题）：

1. 该企业要取得安全生产许可证应进行的安全评价为（　　）。

A. 安全预评价　　B. 安全验收评价
C. 安全现状评价　　D. 安全技术评价
E. 安全管理评价

2. 按照以上事故损失明细，此次事故的直接经济损失为（　　）万元。

A. 197　　B. 397　　C. 442　　D. 1197

E. 1200

3. 建立健全本企业的安全生产责任制是（　　）的责任。

A. 该单位主要负责人　　B. 该单位安全管理人员

C. 该单位安全技术人员　　D. 政府安全监管部门

E. 该单位主管部门

4. 按照《安全生产许可证条例》（国务院令第 397 号），该企业要取得安全生产许可证，应该具备的安全生产条件包括（　　）。

A. 建立健全安全生产责任制

B. 安全投入符合安全生产要求

C. 每半年进行一次安全评价

D. 设置安全生产管理机构，配置专职安全生产管理人员

E. 企业技术负责人取得注册安全工程师职业资格

5. 根据产品 A 的性质，下列关于产品 A 的危害和监管的说法，正确的有（　　）。

A. 产品 A 可以经皮肤吸收引起接触人员中毒

B. 因产品 A 为脂溶性的，所以进入人体消化道不能被吸收

C. 生产产品 A 的反应过程失控，有发生爆炸的可能性

D. 产品 A 必须储存在经安监部门批准设置的专门危险化学品仓库中

E. 运输产品 A 时，应当配备必要的押运人员，保证运输的危险化学品处于押运人员的监控之下

6. 为了防止危险化学品爆炸事故再次发生，该企业可以采取的措施有（　　）。

A. 安装安全监控系统　　B. 进行危险源辨识

C. 开展风险评价　　D. 准备充足的医疗救护设备

E. 疏散企业周围的居民

7. 此次事故发生后，应急管理部门和负有安全生产监管职责的有关部门应逐级上报事故情况，报告事故应包括的内容有（　　）。

A. 事故发生单位概况　　B. 事故发生时间

C. 事故所有责任人　　D. 估计的事故直接经济损失

E. 估计的事故间接经济损失

答 案 详 解

1. C。安全现状评价是针对生产经营活动、工业园区的事故风险、安全管理等情况，辨识与分析其存在的危险、有害因素，审查确定其与安全生产法律法规、规章、标准规范要求的符合性，预测发生事故或造成职业危害的可能性及其严重程度，提出科学、合理、可行的安全对策措施建议，做出安全现状评价结论的活动。安全现状评价既适用于对一个生产经营单位或一个工业园区的评价，也适用于某一特定的生产方式、生产工艺、生产装置或作业场所的评价。根据《安全生产许可证条例》（国务院令第 397 号）规定，企业取得安全生产许可证，须依法进行安全评价。这里指的就是安全现状评价。

2. C。直接经济损失的统计范围：

（1）人身伤亡后所支出的费用，包括医疗费用（含护理费用）、丧葬及抚恤费用、补助及救济费用、歇工工资。

（2）善后处理费用，包括处理事故的事务性费用、现场抢救费用、清理现场费用、事故罚款和赔偿费用。

（3）财产损失价值，包括固定资产损失价值、流动资产损失价值。

此次事故的直接经济损失 = (12 + 5 + 180 + 45 + 200) 万元 = 442 万元。

3. A。根据《安全生产法》第五条规定，生产经营单位的主要负责人是本单位安全生产第一责任人，对本单位的安全生产工作全面负责。其他负责人对职责范围内的安全生产工作负责。

《安全生产法》第二十一条规定，生产经营单位的主要负责人对本单位安全生产工作负有下列职责：

（1）建立健全并落实本单位全员安全生产责任制，加强安全生产标准化建设。

（2）组织制定并实施本单位安全生产规章制度和操作规程。

（3）组织制定并实施本单位安全生产教育和培训计划。

（4）保证本单位安全生产投入的有效实施。

（5）组织建立并落实安全风险分级管控和隐患排查治理双重预防工作机制，督促、检查本单位的安全生产工作，及时消除生产安全事故隐患。

（6）组织制定并实施本单位的生产安全事故应急救援预案。

（7）及时、如实报告生产安全事故。

4. ABD。按照《安全生产许可证条例》（国务院令第 397 号）第六条规定，企业取得安全生产许可证，应当具备下列安全生产条件：

（1）建立健全安全生产责任制，制定完备的安全生产规章制度和操作规程。因此，A 选项正确。

（2）安全投入符合安全生产要求。因此，B 选项正确。

（3）设置安全生产管理机构，配备专职安全生产管理人员。因此，D 选项正确。

（4）主要负责人和安全生产管理人员经考核合格。

（5）特种作业人员经有关业务主管部门考核合格，取得特种作业操作资格证书。

（6）从业人员经安全生产教育和培训合格。

（7）依法参加工伤保险，为从业人员缴纳保险费。

（8）厂房、作业场所和安全设施、设备、工艺符合有关安全生产法律、法规、标准和规程的要求。

（9）有职业危害防治措施，并为从业人员配备符合国家标准或者行业标准的劳动防护用品。

（10）依法进行安全评价。

（11）有重大危险源检测、评估、监控措施和应急预案。

（12）有生产安全事故应急救援预案、应急救援组织或者应急救援人员，配备必要的应急救援器材、设备。

（13）法律、法规规定的其他条件。

5. AE。产品 A 是脂溶性剧毒危险品，可以通过人的皮肤吸收，也可以通过人体消化道吸收。因此，A 选项正确，B 选项不正确。题干中只是说北区库房发生爆炸事故，并没有说产生剧毒危险化学品 A 的南区有爆炸可能。因此，C 选项不正确。根据《常用化学危险品贮存通则》（GB 15603—1995），危险化学品必须储存在经公安部门批准设置的专门的危险化学品仓库中，经销部门自管仓库储存危险化学品及储存数量必须经公安部门批准。未经批准不得随意设置危险化学品储存仓库。因此，D 选项错误。通过道路运输危险化学品的，应当配备押运人员，并保证所运输的危险化学品处于押运人员的监控之下。因此，E 选项正确。

6. ABC。危险化学品火灾、爆炸事故的预防措施主要包括以下内容：

（1）防止燃烧、爆炸系统的形成：替代；密闭；惰性气体保护；通风置换；安全监测及连锁。

（2）消除点火源：控制明火和高温表面；防止摩擦和撞击产生火花；火灾爆炸危险场所采用防爆电气设备避免电气火花。

（3）限制火灾、爆炸蔓延扩散的措施：包括阻火装置、防爆泄压装置及防火防爆分隔等。防止危险化学品爆炸事故再次发生，可以采取风险评价、危险源辨识及安装安全监控系统等措施。

7. ABD。报告事故的内容主要包括：事故发生单位概况；事故发生的时间、地点及事故现场情况；事故的简要经过；事故已经造成或者可能造成的伤亡人数（包括下落不明的人数）和初步估计的直接经济损失；已经采取的措施；其他应当报告的情况。

案例三　某亚麻生产及运输企业的厂房火灾事故分析

2018年7月15日，某亚麻生产及运输企业正在生产的梳麻车间、前纺车间和准备车间的联合厂房突然发生亚麻起火。一瞬间，停电停水，477名职工大部分被围困在火海之中。经及时抢救，多数职工脱离了危险区。

该厂的除尘系统采用布袋除尘，金属管道输送亚麻粉尘。事故导致整个除尘系统遭受严重破坏，部分厂房倒塌，地沟盖板和原麻地下库被炸开，车间内的大部分机器和电气设备损坏，企业停产。事故造成死亡35人，重伤5人，轻伤12人，直接经济损失800多万元。

根据以上场景，回答下列问题（1～4题为单选题，5～8题为多选题）：

1. 按照《生产安全事故报告和调查处理条例》（国务院令第493号），该起事故属于（　　）事故。

A. 特别重大　　B. 重大　　C. 较大　　D. 一般

E. 轻微

2. 按照《企业职工伤亡事故分类》（GB 6441—1986），该起事故类别属于（　　）爆炸。

A. 瓦斯　　B. 火药　　C. 其他　　D. 容器

E. 锅炉

3. 该起事故中爆炸起火的粉尘属于（　　）粉尘。

A. 无机　　B. 有机　　C. 金属　　D. 混合

E. 复合

4. 按照《生产安全事故报告和调查处理条例》（国务院令第493号），因该起事故对企业的罚款额度为（　　）。

A. 10万元以上20万元以下　　B. 20万元以上50万元以下

C. 50万元以上200万元以下　　D. 200万元以上500万元以下

E. 500万元以上1000万元以下

5. 该起爆炸事故的起始原因可能有（　　）。

A. 粉尘浓度超标　　B. 布袋除尘器产生静电

C. 厂房内作业人员和设备太多　　D. 金属管道输送粉尘过程中产生火花

E. 车间连体面积过大

6. 预防粉尘爆炸的安全技术措施有（　　）。

A. 降低粉尘浓度　　B. 穿防静电工作服

C. 生产装置接地　　D. 严格执行规章制度

E. 采用防爆厂房

7. 下列关于亚麻粉尘的爆炸危害和后果的说法，正确的有（　　）。

A. 粉尘浓度越大，爆炸威力越大

B. 粉尘分散度越小，爆炸威力越大

C. 爆炸能量与粉尘活性有关

D. 爆炸能量与粉尘粒度无关

E. 爆炸产生的后果与厂房结构有关

8. 该起事故调查报告的内容应包括（　　）。

A. 事故发生单位概况，事故发生经过及救援情况

B. 事故发生的原因和事故性质

C. 恢复生产的要求

D. 事故责任的认定，对事故责任的处理建议及事故防范措施

E. 事故造成的人员伤亡和直接经济损失

答案详解

1. A。《生产安全事故报告和调查处理条例》（国务院令第 493 号）第三条规定，根据生产安全事故（以下简称事故）造成的人员伤亡或者直接经济损失，事故一般分为以下等级：

（1）特别重大事故，是指造成 30 人以上死亡，或者 100 人以上重伤（包括急性工业中毒，下同），或者 1 亿元以上直接经济损失的事故。

（2）重大事故，是指造成 10 人以上 30 人以下死亡，或者 50 人以上 100 人以下重伤，或者 5000 万元以上 1 亿元以下直接经济损失的事故。

（3）较大事故，是指造成 3 人以上 10 人以下死亡，或者 10 人以上 50 人以下重伤，或者 1000 万元以上 5000 万元以下直接经济损失的事故。

（4）一般事故，是指造成 3 人以下死亡，或者 10 人以下重伤，或者 1000 万元以下直接经济损失的事故。

国务院安全生产监督管理部门可以会同国务院有关部门，制定事故等级划分的补充性规定。

注意：所称的“以上”包括本数，所称的“以下”不包括本数。

该起事故造成 35 人死亡，构成特别重大事故。

2. C。《企业职工伤亡事故分类》（GB 6441—1986），综合考虑起因物、引起事故的诱导性原因、致害物、伤害方式等，将企业工伤事故分为 20 类，分别为物体打击、车辆伤害、机械伤害、起重伤害、触电、淹溺、灼烫、火灾、高处坠落、坍塌、冒顶片帮、透水、放炮、火药爆炸、瓦斯爆炸、锅炉爆炸、容器爆炸、其他爆炸、中毒和窒息及其他伤害。该起亚麻粉尘爆炸属于其他爆炸。

3. B。生产性粉尘根据其性质可分为 3 类：

（1）无机性粉尘：①矿物性粉尘，如煤尘、硅石、石棉、滑石；②金属性粉尘，如铁、锡、铝、铅、锰；③人工无机性粉尘，如水泥、金刚砂、玻璃纤维。

（2）有机性粉尘：①植物性粉尘，如棉、麻、面粉、木材、烟草、茶；②动物性粉尘，如兽毛、角质、骨质、毛发；③人工有机粉尘，如有机燃料、炸药、人造纤维。

（3）混合性粉尘，是指上述各种粉尘混合存在。在生产环境中，最常见的是混合性粉尘。

亚麻粉尘属于有机粉尘。

4. D。依据《生产安全事故报告和调查处理条例》（国务院令第 493 号）第三十七条规定，事故发生单位对事故发生负有责任的，依照下列规定处以罚款：

（1）发生一般事故的，处 10 万元以上 20 万元以下的罚款。

（2）发生较大事故的，处 20 万元以上 50 万元以下的罚款。

（3）发生重大事故的，处 50 万元以上 200 万元以下的罚款。

（4）发生特别重大事故的，处 200 万元以上 500 万元以下的罚款。

5. ABD。粉尘爆炸的原因有粉尘浓度达到爆炸极限、存在点火源等，点火源有明火、化学反应热、化工原料的分解自燃、热辐射、高温表面、摩擦和撞击、绝热压缩、电气设备及线路的过热和火花、静电放电、雷击和日光照射等。

6. ABCE。控制产生粉尘爆炸的主要技术措施是缩小粉尘扩散范围，消除粉尘，控制火源，适当增湿。对于产生可燃粉尘的生产装置，可以进行惰化防护，即在生产装置中通入惰性气体，使实际氧含量比临界氧含量低 20%。防止静电产生的火花，如穿防静电工作服、生产装置接地。采取使用抑爆装置等技术措施。D 选项严格执行规章制度是安全管理措施。

7. AE。粉尘爆炸极限不是固定不变的，它的影响因素主要有粉尘粒度、分散度、湿度、点火源的性质、可燃气含量、氧含量、惰性粉尘和灰分等。一般来说，粉尘粒度越细，分散度越高，可燃气体和氧的含量越大，火源强度、初始温度越高，湿度越低，惰性粉尘及灰分越少，爆炸极限范围越大，粉尘爆炸危险性也就越大。粉尘爆炸压力及压力上升速率主要受粉尘粒度、初始压力、粉尘爆炸容器、湍流度等因素的影响。粒度对粉尘爆炸压力上升速率的影响比粉尘爆炸压力大得多。

8. ABDE。报告事故的内容主要包括：事故发生单位概况；事故发生的时间、地点及事故现场情况；事故的简要经过；事故已经造成或者可能造成的伤亡人数（包括下落不明的人数）和初步估计的直接经济损失；已经采取的措施；其他应当报告的情况。

案例四　危险化学品运输罐车自行爆炸事故分析

2017 年 8 月左右，A 市发生一起危险化学品运输罐车自行爆炸事故。这起事故波及周边车辆和行人，共造成 5 人死亡（其中 3 人当场死亡，2 人抢救无效死亡），11 人受伤，直接经济损失约 1100 万元，是一起较大危险化学品违法运输生产安全责任事故。

事故发生后，国务委员、公安部部长，省委书记、省长等相继做出批示，要求全力抢救伤员，妥善做好善后，抓紧组织调查，尽快查明事故原因，依法依规严肃问责，坚决遏制此类事故多发势头。A 市政府成立了由市安监局、监察局、公安局、交通运输局、质监局、总工会、区管委会有关负责同志和人员参加的较大危险化学品违法运输事故调查组，聘请公安、交通、消防、质监、化工等方面的专家，开展事故调查工作。

根据以上情景，回答下列问题（1 ~ 3 为单选题，4 ~ 5 为多选题）：

1. 依据危险货物具有的危险性，或最主要的危险性对其分类，共分为九个类别，其中下列（　　）中类别全部没有分项。

A. 第三类、第六类　　B. 第七类、第九类

C. 第二类、第六类　　D. 第五类、第八类

E. 第二类、第三类

2. 根据《危险货物运输包装通用技术条件》（GB 12463—2009），下列适用于中等危险性的包装类别是（　　）。

A. 0 类包装　　B. Ⅰ类包装　　C. Ⅱ类包装　　D. Ⅲ类包装

E. Ⅳ类包装

3. 根据《道路危险货物运输管理规定》（交通运输部令 2019 年第 42 号），运输爆炸品、强腐蚀性危险货物的罐式专用车辆的罐体容积不得超过（　　）m^3，但符合国家有关标准的罐式集装箱除外。

A. 10　　B. 25　　C. 30　　D. 20　　E. 15

4. 根据《道路运输危险货物车辆标志》（GB 13392—2005），危险货物车辆的标志灯按照安装方法分为（　　）类型。

A. 磁吸式　　B. 顶檐支撑式　　C. 金属托架式　　D. 悬挂式

E. 回转式

5. 道路运输事故调查处理应当坚持（　　）的原则，及时、准确地查清事故经过、事故原因和事故损失，查明事故性质，认定事故责任，总结事故教训，提出整改措施，并对事故责任者依法追究责任。

A. 科学严谨　　B. 依法依规　　C. 实事求是　　D. 注重实效

E. 经济合理

答案详解

1. B。我国铁路、公路、水路、航空运输危险货物都制定了相应的危险货物运输规则，目前危险货物的分类依据《危险货物分类和品名编号》（GB 6944—2012）分为九大类，其中有五大类下分 16 项，四大类下未分项，即第三类、第七类、第八类。第九类完全没有分项。因此，B 选项正确。

2. C。根据《危险货物运输包装通用技术条件》（GB 12463—2009），危险货物包装分成 3 类：

（1）Ⅰ类包装：适用内装危险性较大的货物。

（2）Ⅱ类包装：适用内装危险性中等的货物。

（3）Ⅲ类包装：适用内装危险性较小的货物。

3. D。根据《道路危险货物运输管理规定》（交通运输部令 2019 年第 42 号）第八条规定，申请从事道路危险货物运输经营，应当有符合下列要求的专用车辆及设备：

（1）自有专用车辆（挂车除外）5 辆以上；运输剧毒化学品、爆炸品的，自有专用车辆（挂车除外）10 辆以上。

（2）专用车辆的技术要求应当符合《道路运输车辆技术管理规定》有关规定。

（3）配备有效的通信工具。

（4）专用车辆应当安装具有行驶记录功能的卫星定位装置。

（5）运输剧毒化学品、爆炸品、易制爆危险化学品的，应当配备罐式、厢式专用车辆或者压力容器等专用容器。

（6）罐式专用车辆的罐体应当经质量检验部门检验合格，且罐体载货后总质量与专用车辆核定载重量相匹配。运输爆炸品、强腐蚀性危险货物的罐式专用车辆的罐体容积不得超过 $20m^3$，运输剧毒化学品的罐式专用车辆的罐体容积不得超过 $10m^3$，但符合国家有关标准的罐式集装箱除外。

（7）运输剧毒化学品、爆炸品、强腐蚀性危险货物的非罐式专用车辆，核定载重量不得超过 10t，但符合国家有关标准的集装箱运输专用车辆除外。

（8）配备与运输的危险货物性质相适应的安全防护、环境保护和消防设施设备。

4. ABC。根据《道路运输危险货物车辆标志》（GB 13392—2005），危险货物车辆的标志灯按照安装方法分为磁吸式、顶檐支撑式、金属托架式。

5. ABCD。事故调查工作应遵守的要求：坚持科学严谨、依法依规、实事求是、注重实效的原则，及时、准确地查清事故经过、事故原因和事故损失，查明事故性质，认定事故责任，总结事故教训，提出整改措施，并对事故责任者依法追究责任。

案例五　拼装槽车翻车事故分析

2018年6月，A金矿有限责任公司离职胡某与他人合伙购买了一部拼装槽车。2018年7月，胡某等人与A金矿有限责任公司签订合同，由其为该公司承运液体氰化钠。2019年7月，B省警方经检查后向A金矿有限责任公司下发了隐患整改通知书，停办了A金矿有限责任公司购运液体氰化钠的有关手续，而该公司供应科原科长杨某却擅自安排无危险品准运证的胡某为该公司承运氰化钠20余次。

2019年9月中旬，胡某在杨某的催促下，又私自雇用无运输危险品资格的邓某与其一起到C省拉运氰化钠。张某为C省氰化钠生产公司的销售经理，无视B省警方的整改通知，未对胡某、邓某二人进行审查，就违规批准将10.33t氰化钠交给他们。9月29日，当车行驶到D县境内时，胡某让未经过培训、无危险品运输证的邓某驾驶，终因超载严重加之操作不当，致槽车翻入丹江支流铁河河道，10余吨的剧毒氰化钠全部泄入河道，引起该流域严重污染，直接威胁下游几十万人的生命安全，给国家造成经济损失1188万元。

根据以上场景，回答下列问题（1～3题为单选题，4～5题为多选题）：

1. 通过公路运输危险化学品，必须委托（　　）进行运输。

A. 取得驾驶证的人　　B. 有资质认定的企业

C. 公安部门指派的企业　　D. 经过专门培训的人

E. 有危险化学品运输资质的企业

2. 通过公路运输剧毒化学品的，托运人应当向目的地的县级人民政府公安部门申请办理（　　）。

A. 剧毒化学品准运证　　B. 剧毒化学品通行路线证

C. 剧毒化学品公路运输通行证　　D. 危险化学品公路运输通行证

E. 危险化学品准入证

3. 通过公路运输危险化学品，必须配备（　　），并随时处于该人员的监管之下，不得超装、超载。

A. 押运人员　　B. 副驾驶员　　C. 警卫人员　　D. 消防人员

E. 安全监督人员

4. 造成这起事故的直接原因有（　　）。

A. 胡某无危险品准运证

B. 运输车辆严重超载

C. 氰化钠生产公司违规将10.33t氰化钠交给胡某运输

D. 驾驶员操作不当

E. 驾驶员没有运输危险品资格

5. 因为氰化钠泄漏事故给D县造成了极大的经济损失，该县人民政府可以向法院提起民事诉讼，要求（　　）给予民事赔偿。

A. C省氰化钠生产公司　　B. A金矿有限责任公司

C. 胡某　　D. 拼装槽车的改装厂

E. 当地运输管理部门

答案详解

1. E。《危险化学品安全管理条例》（国务院令第591号）第四十六条规定，通过道路运输危险化学品的，托运人应当委托依法取得危险货物道路运输许可的企业承运。

2. C。根据《剧毒化学品购买和公路运输许可证件管理办法》的要求，通过公路运输剧毒化学品的，托运人应当向运输目的地的县级人民政府公安机关交通管理部门申领剧毒化学品公路运输通行证，并由承运人随车携带。

3. A。《危险化学品安全管理条例》（国务院令第591号）第四十八条规定，通过道路运输危险化学品的，应当配备押运人员，并保证所运输的危险化学品处于押运人员的监控之下。

4. BD。造成这起事故的直接原因是：①物的不安全状态，运输车辆严重超载；②人的不安全行为，驾驶员操作不当。A、C、E三项都属于这起事故的间接原因。

5. ABC。民事赔偿是由平等民事主体之间的侵权引起的民事责任。民事赔偿责任主体、责任性质、适用的赔偿原则、标准和程序与国家法律赔偿制度中的国家赔偿不同，国家机关工作人员以民事主体身份实施的侵权行为属于民事侵权，由此产生的责任是民事赔偿责任。氰化钠泄漏事故给D县造成了极大的经济损失，该县人民政府向法院提起民事诉讼，可以要求该氰化钠生产公司、A金矿有限责任公司、胡某给予民事赔偿。

案例六　客车与货车相撞重大交通事故分析

2013年9月15日，A省达州市渠县发生一起重大交通事故，一辆由渠县三汇镇开往渠县县城的客车（核载24人，实载27人）行至李馥乡境内平桥处，与一辆满载河沙和鹅卵石的货车相撞，导致客车侧翻至河沟内，并被侧翻货车的河沙和鹅卵石掩埋。截至19点20分，现场紧急救出25人（其中客车中24人、货车中1人）。

截至12月3日，事故已造成21人死亡、7人受伤，直接经济损失1069万元。

为查清事故原因，A省政府依法成立了由省安全监管局局长任组长，监察厅、公安厅、交通运输厅、教育厅、省总工会和达州市政府组成的渠县“9·15”重大道路交通事故调查组，并省检察院也参加到事故调查中。

事故调查组按照“四不放过”和“科学严谨、依法依规、实事求是、注重实效”的原则，经现场勘查、调查询问当事人、查阅资料、专家分析鉴定，查明了事故原因，分清了事故责任，明确了整改措施。

调查确认，造成这起重大事故的主要原因是重型自卸货车驾驶人孙某在无道路货物运输从业资格证的情况下，驾驶非法改装、严重超载的货车上路行驶，车辆在长下坡时制动效能降低，转弯时处置不当，致使车辆失控向右侧翻，将右侧正常行驶的客车挤撞翻坠至5.4m高的桥下，货车所载货物倾泻于桥下，将客车中后部掩埋。事故客车超员3人，是事故伤亡后果加重的原因。同时，相关企业还存在安全责任不落实、非法违法经营、安全管理流于形式等问题；相关部门存在道路运输安全管理、路政管理和监督检查工作不到位等问题。

根据以上场景，回答下列问题：

1. 道路交通事故主要类别除了碰撞外，还包括哪些？
2. 结合实际谈谈应如何做好此类重大事故的救治和善后工作。
3. 根据《道路运输条例》（2022版），从事货运经营的驾驶人员，应当符合哪些条件？
4. 在实际行车过程中，为何会出现制动效能恒定性下降的情况？其改善措施有哪些？

答案详解

1. 道路交通事故主要类别除了碰撞外，还包括碾压、刮擦、翻车、坠车、爆炸、失火和撞固定物等。

2. 此类重大事故的救治和善后工作如下：

（1）“一对一”全力抢救受伤人员。采取一名伤者由一个医疗组负责的“一对一”救治方案，确保每名伤员都能得到最好、最及时的治疗。

（2）全力做好善后工作。如组建群众工作组，对死伤者亲属“一对一”做好安抚疏导工作。

（3）认真开展事故调查。迅速调查事故原因，分清事故责任，严肃追究相关责任人员，并提出和抓好整改防范措施的落实。

（4）深刻吸取事故教训，举一反三，立即开展安全生产大检查和整治工作，杜绝类似安全事故再次发生。

3. 根据《道路运输条例》（2022 版），从事货运经营的驾驶人员，应当符合下列条件：

（1）取得相应的机动车驾驶证。

（2）年龄不超过 60 周岁。

（3）经设区的市级人民政府交通运输主管部门对有关货运法律法规、机动车维修和货物装载保管基本知识考试合格（使用总质量 4500kg 及以下普通货运车辆的驾驶人员除外）。

参加道路运输管理机构组织的从业资格考试是其获得道路货物运输从业资格的必要条件。

4. 在实际行车过程中，热衰退现象会造成制动效能恒定性下降，其改善措施有：

（1）在长大下坡连续制动时，应低挡低速行驶，采用发动机或排气辅助制动。

（2）选用耐热性强的制动器摩擦副材料。

（3）改进制动部的结构形式，如采用盘式制动器。

（4）加快制动器的散热速度，如货车制动器强制性淋水。

案例七　大客车侧翻重大交通事故分析

某年 2 月 11 日 17 时 40 分，甲市 A 运输公司驾驶员韩某驾驶“某 ZK”型大客车（此车定员 30 人，当年 1 月 13 日春检合格），载乘 31 人（含一名 6 岁男孩），由甲市去往乙市，行驶至 G306 线 259km + 239. 50m 处时，车辆驶入公路右侧路基下侧翻，造成乘车人王某等 4 人当场死亡的重大交通事故。肇事驾驶员韩某准驾车型 A（大型客车），在甲市 A 运输公司工作，有多年从事客运工作的经验。此车为该运输公司唯一国有车辆，作为春运期间临时加车和转运卸客车辆，没有正式路线和班次。在事故发生前，驾驶员没有疲劳驾驶和酒后驾驶等违章行为，对面方向无来车干扰，车辆也没有任何机械故障。事故车辆是某公司新下线的车型。据检测，此车轮距小，胎面窄，车辆的附着力小，底盘轻，车内人员的座椅高，车辆在转弯时不稳定。

根据以上场景，回答下列问题：

1. 试分析此次事故发生的原因。

2. 客运企业应当依法建立健全全员安全生产责任制，安全生产责任内容应当包括哪些？

3. 客运企业应当制定客运车辆日常检查和日常维护操作规程，操作规程的内容应当包括哪些？

答 案 详 解

1. 此次事故发生的原因：车辆本身存在设计问题，转弯过程中缺乏稳定性；驾驶员韩某麻痹大意，对车辆技术性能不熟，操作及采取措施不当，致使车辆在转弯时失去控制后翻到公路右侧路基下，造成事故的发生。

2. 安全生产责任内容应当包括：

（1）主要负责人的安全生产责任、目标及考核标准。

（2）分管安全生产和运输经营的负责人的安全生产责任、目标及考核标准。

（3）管理科室、分支机构及其负责人的安全生产责任、目标及考核标准。

（4）车队和车队队长的安全生产责任、目标及考核标准。

（5）岗位从业人员的安全生产责任、目标及考核标准。

3. 客运企业应当制定客运车辆日常检查和日常维护操作规程，操作规程的内容应当包括：轮胎、制动、转向、悬架、灯光与信号装置、卫星定位装置、视频监控装置、应急设施装置等安全部件检查要求和检查程序，以及不合格车辆返修及复检程序等。

案例八　大客车翻坠事故分析

某年3月13日12时28分，某县驾驶人甲驾驶一大客车（该车核载35人，实载21人），行至一连续下坡且转弯处，翻坠于垂直高度65m的山沟下，造成2人死亡，6人受伤。

经调查，事发当日，大客车未被安排发班，发车未进站报班，属于私自营运。事发路段设有40km/h的限速标志，据该车车载GPS显示，事发时车速为83km/h，超速100%。该大客车所属公司对严重交通违法行为查处不力，管理松懈，对超速达到50%以上的，才视为“恶意超速”予以停班和罚款处罚，对超速不足50%的一律不处罚。

另外，该起事故发生时驾驶人甲正在接听电话，同时事故还存在非法组织旅游、违规包车等情况。

根据以上场景，回答下列问题：

1. 针对大客车私自营运的做法，简述GPS监控员应采取的应对措施。

2. 简述大客车所属公司对运营车辆的监控责任。

3. 简述驾驶员在车辆驾驶过程中必须做到的事项，并说明背景资料中驾驶人甲违背了其中的哪些事项。

4. 简述包车客运应约定的事项及随车应携带的材料。

答案详解

1. GPS监控员发现客车私自营运的，要及时与车站或公司取得联系，通报情况；给予车辆驾驶人警告并予以纠正，做好监控记录，及时向部门责任人或分管领导报告并制定处理方案，事后严肃处理。

2. 大客车所属公司应当规范卫星定位装置及监控平台的安装、管理、使用工作。履行监控主体责任；应当配备或聘请专业人员负责实时监控车辆行驶动态，记录分析处理动态信息，及时提醒、提示违规行为。

3. 驾驶员在车辆驾驶过程中必须做到“五不”“两确保”。其中，“五不”包括不超速、不超员、不疲劳驾驶、不接打手机、不关闭动态监控系统。“两确保”包括确保乘客系好安全带，全程按要求使用；确保乘客生命安全，为旅途平安保驾护航。驾驶人甲违背了不超速、不接打手机的规定。

4. 包车客运应约定的事项有：时间、起始地、目的地和线路等。随车应携带的材料有：包车客运标志牌、包车票或包车合同等。

案例九　某集团公交公司应急管理案例分析

总部位于A省的某集团公交公司在B省有甲、乙、丙三家下属企业，为加强和规范应急管理工作，该集团公交公司委托某咨询公司编制应急救援预案，咨询公司通过调查、分析集团公交公司及下属企业的安全生产风险，完成了应急救援预案的起草工作，提交给集团公交公司会议进行评审。

评审时，集团公交公司领导的意见是：①集团公交公司和甲、乙、丙三家企业的应急救援预案在应急组织指挥结构上应保持一致。②集团公交公司有自己的职工医院和消防队，应急救援时伤员救治要依靠职工医院，抢险要依靠集团公交公司的消防队。③周边居民安全疏散，应由集团公交公司通知地方政府有关部门，由地方政府组织实施。④应急救援预案中因部分内容涉及集团公交公司的商业秘密，应急救援预案不对企业全体员工和外界公开，只传达到各企业中层以上干部。应急救援预案只报A省应急管理部门备案。

近期，该集团公交公司完成了一套应急救援预案的演练计划，该计划设计的演练内容为：①打开液氨储罐阀门，将液氨排到储罐的围堰内。②参演人员在规定的时间内关闭阀门，将围堰内的液氨进行安全处置。③救出模拟中毒人员。

2019年3月6日，集团公交公司在甲企业进行了应急救援实战演练，演练地点设在甲企业的液氨储罐区，为保障参演人员、控制人员和观摩人员的安全，集团公交公司事先调来乙企业全部空气呼吸器、防毒面具、防爆型无线对讲机和检测仪器，同时调来集团公交公司消防队的所有水罐车、泡沫车和职工医院的救护车辆。演练从10时开始，按照事先制定的演练计划进行，10时20分氨气扩散到厂区外，由于演练前未组织周边群众撤离，扩散的氨气导致2名群众中毒，10时30分，抢救完中毒群众后，演练继续按计划进行。

根据以上场景，回答下列问题：

1. 指出应急救援预案评审时，集团公交公司领导意见中的不妥之处，说明正确的做法。

2. 指出本案例应急救援演练中存在的问题。

3. 结合本案例，简述事故应急救援的基本任务。

答案详解

1. 应急救援预案评审时，集团公交公司领导意见中的不妥之处有以下四点：

（1）“伤员救治要依靠职工医院，抢险要依靠集团公交公司的消防队”不符合实际情况，该集团位于A省，而下属三家企业位于B省，集团公交公司的职工医院和消防队在应急救援时“远水解不了近渴”，三家企业应就近和当地的医院、消防队签订救援协议。

（2）应急救援预案只传达到各企业中层以上干部不正确，预案应让全体员工知晓。

（3）“应急救援预案只报A省应急管理部门备案”不妥，应急救援预案不仅要报A省应急管理部门备案，还应报B省应急管理部门备案。

（4）“周边居民安全疏散，应由集团公交公司通知地方政府有关部门”不妥，应由发生事故企业直接通知地方政府或直接通知周边群众。

2. 本案例应急救援演练中存在的问题主要有：

（1）演练地点设在甲企业的液氨储罐区不正确，应远离生产及储存区，不应设在可能造成事故的区域。

（2）调来所有的救援器材和消防车辆不正确，根据演练要求配足即可。

（3）演练时使用真的氨气是不正确的，应使用无毒的替代品。

（4）本次应急救援演练未及时通知周边群众。

（5）出现2名群众中毒时，未立即终止演练。

3. 事故应急救援的基本任务有：

（1）立即组织营救受害人员，组织撤离或者采取其他措施保护危害区域内的其他人员。抢救受害人员是应急救援的首要任务。在应急救援行动中，快速、有序、有效地实施现场急救与安全转送伤员，是降低伤亡率、减少事故损失的关键。

（2）迅速控制事态，并对事故造成的危害进行检测、监测，测定事故的危害区域、危害性质及危害程度。及时控制住造成事故的危险源是应急救援工作的重要任务。

（3）消除危害后果，做好现场恢复。针对事故对人体、动植物、土壤、空气等造成的现实危害和可能的危害，迅速采取封闭、隔离、洗消、监测等措施，防止对人的继续危害和对环境的污染。及时清理废墟和恢复基本设施，将事故现场恢复至相对稳定的状态。

（4）查清事故原因，评估危害程度。事故发生后应及时调查事故的发生原因和事故性质，评估出事故的危害范围和危险程度，查明人员伤亡情况，做好事故原因调查，并总结救援工作中的经验和教训。

案例十　道路行驶车辆连环追尾事故分析

2014年12月20日18时，66号高速公路因降雪封闭，21日7时重新开放。9时该高速公路Y路段车流量逐渐增加，开始出现通行缓慢情况。9时40分，在66号高速公路Y路段M隧道内距入口20m处，一辆以60km/h速度自西向东行驶的空载货车，与前方缓行的运输甲醇的罐车发生追尾碰撞，罐车失控前冲碰撞隧道内同方向行驶的小客车，造成连环追尾事故。

事故发生后，甲醇罐车押运员甲从右侧车门下车，走到车后，发现甲醇罐车尾部防撞设施损坏，卸料管断裂，甲醇泄漏，为关闭卸料管根部球阀防止甲醇进一步泄漏，甲要求驾驶员乙向前移动车辆，该车重新启动向前移动1m后停止，驾驶员乙熄火下车走到车身左侧罐体中部时，发现地面的泄漏甲醇已经起火燃烧，并形成流淌火，迅速引燃前后车辆，事发时受气象和地势影响，隧道内气流由西向东流动，且隧道东高西低，形成烟囱效应，甲醇和车辆燃烧产生的高温有毒烟气迅速在隧道内向东蔓延，继而在隧道内引发大火和浓烟，事故烧毁隧道内车辆12辆，造成25人死亡，6人受伤，隧道受损严重。

事故调查发现：甲醇罐车由轻型货车改装而成，车辆整备质量2.76t，核定载重量2.24t，实际装载甲醇3.7t，驾驶员乙持大货车驾驶证，驾驶证在有效期内；押运员甲为临时用工人员，空载货车为D物流运输公司零担货车，车辆和驾驶员手续齐全，均在有效期内，事发时，因长时间封路等待，零担货车驾驶员丙疲劳驾驶，未及时注意到前方路况变化，导致追尾碰撞。

甲醇罐车隶属E公司，该公司自2014年6月开始一直使用改装车运输甲醇。

E公司为危险化学品经营企业，危险化学品经营许可证在有效期内，无危险化学品道路运输资质。该公司共有员工15名，其中安全生产管理人员1名，由公司出纳兼任。该公司实际控制人为丁，丁上一次接受安全生产培训时间为2012年12月。

E公司安全生产管理制度不健全，相关员工从未接受过危险化学品道路运输事故应急培训。

根据以上场景，回答下列问题：

1. 根据《危险化学品安全管理条例》（国务院令第591号），指出E公司哪些人员应通过有关主管部门对其安全生产知识和管理能力的考核。

2. 简述甲醇罐车被追尾碰撞后，甲、乙应采取的应急处置措施。

3. 根据《生产安全事故报告和调查处理条例》（国务院令第493号），简要说明该起事故调查报告应包括的主要内容。

4. 指出E公司在安全管理方面存在的问题。

答案详解

1. 根据《危险化学品安全管理条例》（国务院令第 591 号），E 公司下列人员应通过有关主管部门对其安全生产知识和管理能力的考核：

（1）驾驶人员、装卸管理人员、押运人员、申报人员、集装箱装箱现场检查员。

（2）公司主要负责人、安全管理人员、特种作业人员。

2. 甲醇罐车被追尾碰撞后，甲、乙应采取的应急处置措施：

（1）驾驶员乙将车辆立即熄火并关闭汽车电源总开关。

（2）押运员甲立即告知前后车辆的驾驶员熄火和关闭自己车辆的电源，要求驾驶员和乘客禁止烟火和使用打火机，要求其他驾驶员和车辆乘客立即疏散到安全地带（向上风向转移），并协助警戒，阻止其他车辆和人员进入危险地带。

（3）驾驶员乙在事故车辆前后设置警示标志，提醒后面车辆停车熄火并关闭电源开关。

（4）押运员甲远离泄漏位置拨打 110、119 电话报警，并详细告知实际情况。

（5）如果车上配有防护眼镜、自给式呼吸器、消防服、防毒面具、防护手套等劳动防护用品，甲、乙佩戴好劳动防护用品后，尝试关闭卸料管根部球阀，如无法关闭，利用车上防爆堵漏工具进行堵漏；如果没有劳动防护用品和堵漏工具，在确保安全的情况下，利用车上的水雾型灭火器喷水雾减少蒸发，用沙土吸收泄漏的甲醇，处理过程中，禁止明火、防静电、不使用容易产生火花的工具。

（6）如果没有劳动防护用品和处理工具，撤离现场，在安全位置等待消防等部门前来处理，做好配合工作。

3. 根据《生产安全事故报告和调查处理条例》（国务院令第 493 号），该起事故调查报告应包括的主要内容：

（1）事故发生单位概况：甲醇罐车隶属 E 公司，该公司自 2014 年 6 月开始一直使用改装车运输甲醇。E 公司为危险化学品经营企业，危险化学品经营许可证在有效期内，无危险化学品道路运输资质。

（2）事故发生经过和事故救援情况：2014 年 12 月 21 日 9 时 40 分，在 66 号高速公路 Y 路段 M 隧道内距入口 20m 处，一辆以 60km/h 速度自西向东行驶的空载货车，与前方缓行的运输甲醇的罐车发生追尾碰撞，罐车失控前冲碰撞隧道内同方向行驶的小客车，造成连环追尾事故。甲醇罐车尾部防撞设施损坏，卸料管断裂，甲醇泄漏。押运员甲意图关闭卸料管根部球阀，让驾驶员乙重新启动车辆，向前移动，结果起火燃烧。

（3）事故造成的人员伤亡和直接经济损失：事故烧毁隧道内车辆 12 辆，造成 25 人死亡、6 人受伤，隧道受损严重。

（4）事故发生的原因和事故性质：该起事故是一起责任事故。事故原因：零担货车驾驶员丙疲劳驾驶，导致追尾，甲醇泄漏；押运员甲和驾驶员乙违规操作，重启汽车，导致起火；甲醇车辆系轻型货车改装，超载，驾驶员乙和押运员甲未经危险化学品安全培训，驾驶员乙无危险化学品运输驾驶员证；E 公司无危险化学品道路运输资质，无专职安全管理人员，主要负责人没有按时接受再教育。

（5）事故责任的认定以及对事故责任者的处理建议：驾驶员乙、丙，押运员甲是造成事故的直接责任者，E 公司实际控制人丁是造成事故的领导者和主要责任者；依据《安全生产法》《刑法》等法规对 E 公司进行罚款；驾驶员乙、丙，押运员甲，控制人丁由司法机关根据法律规定，给予刑事责任处理。

（6）事故防范和整改措施：为防止类似事故再次发生，要求E公司办理危险化学品道路运输资质，使用合格车辆运输，建立健全安全管理制度，主要负责人按时参加安全再教育，提高安全意识，配置专职安全管理人员，对押运员、驾驶员等进行危险化学品安全教育，并制定应急预案，定期演练。

4. E公司在安全管理方面存在的问题：

（1）违反危险化学品安全法规。无危险化学品道路运输资质。使用改装车辆运输甲醇，并超载。

（2）违反安全培训法律法规。公司实际控制人丁没有每年参加安全再教育。丁上一次接受安全生产培训时间为2012年12月。相关员工从未接受过危险化学品道路运输事故应急培训。导致驾驶员乙和押运员甲安全意识淡薄，缺乏安全应急知识，违规操作。驾驶员乙持大货车驾驶证，没有参加过危险品运输培训，取得相应证书。

（3）违反《安全生产法》，安全管理制度不健全，没有配备专职的安全管理人员，安全生产管理人员1名，由公司出纳兼任。

（4）未完善应急预案或未加强演练，安全投入不足。

案例十一　货车运输烟花爆竹爆炸事故分析

2013年2月1日8时57分许，某大桥发生一起运输烟花爆竹爆炸事故，导致大桥部分坍塌，车辆坠落桥下，造成13人死亡，9人受伤，直接经济损失7362万元。事故发生后，当地相关政府立即组织事故调查组，开展事故调查工作。道路运输企业收到事故通知后，立即启动事故应急预案，并协助相关部门进行调查。

经调查，货运车辆驾驶员石某使用不具有危险货物运输资质的故障货车进行运输，且中途行车时曾操作困难，但石某未进行停车检查。爆炸物发生爆炸的原因是由于多次撞击、摩擦。

根据相关机构检验，认定货车上所装载的物品主要为高氯酸盐和硝酸盐类火药，参考现场爆炸破坏情况，确定爆炸物品是货车上运输的烟火药剂爆炸物（土地雷）。

据调查，烟花爆竹制造公司违法经营，超标准、超范围违法生产，大量使用不具备从业资格的人员从事危险工序作业，假冒注册商标，曾违法装载、运输烟火药剂爆炸物和烟花爆竹。

根据以上场景，回答下列问题：

1. 简述应急预案的编制顺序。
2. 简述桥梁行车的安全注意事项。
3. 典型交通事故现场组织人员现场疏散有哪些措施？
4. 当出现哪些情况时，应立即选择安全区域停车检查？
5. 承运人的基本职责主要包括哪些？

答案详解

1. 应急预案的编制顺序：

（1）成立应急预案编制工作组。

（2）资料收集。

（3）事故风险评估。

（4）应急资源调查。

（5）应急预案编制。

（6）推演论证。

（7）应急预案评审。

2. 桥梁行车的安全注意事项：

（1）遇横风首先减速，其次行驶方向偏离时及时修正。超车要谨慎果断，避免长时间并行。

（2）冬季雨雪天，减速通过桥梁。

（3）货运车辆要捆牢货物，禁止超长、超高、超宽，其余车辆注意与货车保持车距。

3. 典型交通事故现场组织人员现场疏散有下列措施：

（1）一般道路上，组织现场人员转移到道路以外的安全区域；高速公路上，转移到来车方向距车辆100m以外的道路或护栏外侧的安全区域。

（2）若车辆出现起火或与危货车辆碰撞产生泄漏等情况时，立即隔离现场，组织现场人员转移至安全区域，采取降温、灭火等措施，必要时设法将车辆驶离现场。

（3）隧道内车辆出现起火或与危货车辆发生碰撞产生泄漏等情况时，立即组织人员沿远离事故车辆或从距隧道出入口、安全通道较近的方向逃生。

4. 当出现下列情况时，应立即选择安全区域停车检查：

（1）仪表报警灯亮起时。

（2）操纵困难、车身跳动或颤抖、机件有异响或有异常气味、冷却液温度异常时。

（3）发动机动力突然下降时。

（4）转向盘的操纵变得沉重并偏向一侧时。

（5）制动不良时。

（6）车辆灯光出现故障时。

5. 承运人的基本职责主要包括：

（1）确认承运的货物允许进行道路运输。

（2）确认托运人已提供了危险货物相关的所有信息。

（3）确认随车携带了规定的单据和证件。

（4）确认车辆技术状况良好，货物无明显的缺陷、泄漏、遗撒、破碎等情况。

（5）确认罐体检验日期在有效期内。

（6）确认车辆不超载。

（7）确认车辆按要求粘贴或悬挂菱形标志牌、矩形标志牌和标记。

（8）确认应急处理器材和安全防护设备与危险货物相适应。

案例十二　大型客车道路行驶失控与护栏碰撞事故分析

1. 事故经过

一高速公路某处，一辆大型普通客车在行驶过程中，失控与中央护栏刮擦、碰撞后起火燃烧，造成8人死亡，13人受伤。

2. 事故原因

（1）经调查，驾驶员刘某事发前连续多日未充分休息，睡眠严重不足，身体过度疲劳影响安全驾驶，当日驾驶车辆行驶至事发路段时注意力不集中，造成车辆失控，与高速公路中央护栏发生碰撞后，导致车辆油箱破损、燃油泄漏。燃油起火的原因是，事故车辆高压导线的绝缘层老化，高压电击穿绝缘层，从而短路产生电火花引燃燃油。

（2）据事故车辆所属公司出具的相关资料表明，事故车辆已达到国家规定的车辆报废标准。

（3）事故车辆所属公司未有效落实驾驶员休息制度和防疲劳驾驶制度，未按规定开展车辆动态监控和应急管理各项工作。

根据以上场景，回答下列问题：

1. 客运车站发车前应对乘客进行安全告知，请简述安全告知的内容。
2. 道路运输车辆动态监督管理的车辆类型主要有哪些？
3. 已注册机动车有哪些情况应当强制报废？
4. 简述车辆行驶中失火的防护措施。
5. 道路运输企业应急预案的编制应当符合哪些基本要求？

答案详解

1. 客运车站发车前应对乘客进行安全告知，安全告知的内容如下：

（1）客运公司名称、客车号牌、驾驶员及乘务员姓名和监督举报电话。

（2）车辆核定载客人数、行驶线路、经批准的停靠站点、中途休息站点。

（3）车辆安全出口及应急出口的逃生方法、安全带和安全锤的使用方法。

（4）法律法规规定的其他事项。

2. 道路运输车辆动态监督管理的车辆类型主要有：

（1）载客汽车。

（2）危险货物运输车辆。

（3）半挂牵引车。

（4）重型载货汽车（总质量为12t及以上的普通货运车辆）。

3. 已注册机动车有下列情况应当强制报废：

（1）达到规定使用年限的。

（2）经修理和调整后，仍不符合机动车安全技术国家标准对在用车有关要求的。

（3）经修理和调整或者采用控制技术后，向大气排放污染物或者噪声仍不符合国家标准对在用车有关要求的。

（4）在检验有效期届满后连续3个机动车检验周期内未取得机动车检验合格标志的。

4. 车辆行驶中失火的防护措施如下：

（1）马上停车熄火，切断油源，关闭油箱开关，并立即设法离开驾驶室。

（2）载客车辆要及时打开车门，组织乘客迅速下车。

（3）如果着火范围比较小，可用车上现有物品覆盖或用灭火器灭火，防止火情扩大。

（4）如果货车起火危及车上货物时，应在扑救的同时迅速卸货。

（5）无论何种情况，都必须做好油箱的防火防爆工作。

5. 道路运输企业应急预案的编制应当符合下列基本要求：

（1）有关法律、法规、规章和标准的规定。

（2）本企业的安全生产实际情况。

（3）本企业的危险性分析情况。

（4）应急组织和人员的职责分工明确，并有具体的落实措施。

（5）有明确、具体的应急程序和处置措施，并与其应急能力相适应。

（6）有明确的应急保障措施，满足本企业的应急工作需要。

（7）应急预案基本要素齐全、完整，应急预案附件提供的信息准确。

（8）应急预案内容与相关应急预案相互衔接。

案例十三　两车相撞较大道路交通事故分析

2019 年 9 月 15 日，A 市 B 城区白沙大道发生一起两车相撞较大道路交通事故，造成 4 人死亡，8 人受伤，直接经济损失 232.3 万元。事故发生后，A 市人民政府依法组织对事故进行了调查。

一、事故发生经过

2019 年 9 月 15 日凌晨 4 时 40 分许，林某驾驶一轻型仓栅式货车沿 G234 线由北往南行驶至 A 市 B 城区白沙大道“乡村农家”饭店路段时，偏头伸手拿矿泉水导致车辆失控，冲越中心隔离护栏，驶向对面车道，与曾某驾驶的由南往北行驶的一小型面包车（核载 7 人，实载 12 人）发生碰撞，造成面包车驾驶员曾某和 1 名乘车人当场死亡，另 2 名乘车人送往医院经抢救无效死亡，8 名乘车人不同程度受伤，两车及道路中心隔离护栏受损。

二、事故发生原因及性质

（一）直接原因

（1）林某夜间驾驶货车，在行驶过程中，偏头伸手去拿矿泉水导致方向失控，冲越中心隔离护栏与对向车道车辆发生碰撞，是导致事故发生的直接原因。

（2）曾某驾驶小型面包车上路行驶，所驾车辆不符合《机动车运行安全技术条件》（GB 7258—2017），超过限定载客人数，超载 71.4%，是导致事故伤亡人数扩大的原因。

（二）间接原因

（1）××物流有限公司对运输车辆的源头管理不到位，对驾驶人员缺乏必要的安全教育培训，没有及时发现和督促整改所租用肇事轻型仓栅式货车在运输过程中存在的事故安全隐患。

（2）长春镇交通安全管理站、农村交通安全劝导站交通安全宣传不到位，没有对肇事小型面包车车主曾某进行“逐人逐车见面”安全宣传，存在履职不到位的问题。

（3）B 城区道路运输服务中心打击、整治非法经营的措施和力度不够，没有排查出肇事小型面包车从事非法营运的行为并进行查处，存在履职不到位的问题。

（4）B 城区交警大队长春中队对辖区内超员交通违法行为查处不够，存在履职不到位的问题。

（三）事故性质

经调查认定，这是一起较大生产安全责任事故。

根据以上场景，回答下列问题：

1. 行车中应遵守道路交通安全法律、法规的规定，不应有哪些不安全驾驶行为？

2. 安全隐患的处理程序包括哪些？

3. 客运企业对驾驶员进行统一培训，安全教育培训每月培训次数、学时是怎样规定的？安全教育培训内容应当包括哪些？

4. 驾驶员行车安全防护措施包括哪些？

答案详解

1. 行车中应遵守道路交通安全法律、法规的规定，不应有以下不安全驾驶行为：

（1）车门、行李舱门或车厢未关闭锁上时就行车。

（2）下陡坡时熄火或空挡滑行。

（3）占用应急车道行驶。

（4）长时间骑轧车道分界线行驶。

（5）在高速公路停车上下乘客。

（6）驾驶时聊天、使用手持电话等妨碍安全驾驶的行为。

（7）带不良情绪驾驶车辆。

2. 安全隐患的处理程序包括：

（1）隐患的登记。

（2）隐患的整改处理。

（3）整改复查。

（4）销案。

3. 客运企业对驾驶员进行统一培训，安全教育培训应当每月不少于1次，每次不少于2学时。安全教育培训内容应当包括：法律法规、典型交通事故案例、技能训练、安全驾驶经验交流、突发事件应急处置训练等。

4. 驾驶员行车安全防护措施包括：

（1）驾驶员必须严格考核，持证上岗，遵守交通法规，服从安全管理，严禁“三超”（超速、超载、超疲劳）。

（2）发车前对随车携带证照、标志、车辆燃油、冷却液、润滑油、制动液、轮胎气压、机件润滑、各部件螺钉紧固程度、消防器材进行自检。

（3）配合安检员对营运车辆进行安检，安检合格方可出车。

（4）严禁私自越线（改线、绕道）行驶，严禁私自将车交与他人驾驶。

（5）驾驶人员连续驾驶时间不得超过4h，驾驶员一次连续驾驶4h应休息20min以上，24h内实际驾驶车辆时间累计不得超过8h。

（6）驾驶员在行车时必须严格遵守《道路交通安全法》《道路交通安全法实施条例》和安全操作规程。

案例十四　大客车碰撞重型半挂汽车特别重大道路交通事故分析

2019年9月28日7时许，长深高速公路在无锡段发生一起大客车碰撞重型半挂汽车的特别重大道路交通事故，造成36人死亡、36人受伤，直接经济损失7100余万元。

事故发生后，党中央、国务院高度重视，要求全力做好受伤人员救治和伤亡者家属安抚等工作，尽快查明事故原因，依法严肃追究责任，各地区和有关部门要深刻吸取事故教训，进一步深入排查各类安全隐患，坚决遏制重特大事故发生。应急管理部、公安部、交通运输部、全国总工会等单位有关负责同志迅速率领工作组赶赴现场，指导事故应急救援、伤员救治、事故调查和善后处置等工作。

依据《安全生产法》《生产安全事故报告和调查处理条例》（国务院令第493号）等有关法律法规的规定，国务院批准成立了由应急管理部牵头，公安部、交通运输部、全国总工会以及省人民政府为成员单位的国务院特别重大道路交通事故调查组，同时聘请有关专家参与事故调查工作。

经调查，事故的直接原因是驾驶员李某驾驶一大客车在高速行驶过程中左前轮轮胎发生爆破，导致车辆失控，两次与中央隔离护栏碰撞，冲入对向车道，与对向正常行驶的大货车相撞。经专业机构检验检测和专家综合分析论证，认为轮胎爆破与轮胎气压过高、车辆高速行驶、车辆重载引起轮胎气密层与内衬层脱层有关。排除大客车左前轮轮胎爆破系碰撞碾压路面异物所致。大客车上大部分乘员未系安全带，在事故发生时脱离座椅，被挤压或甩出车外，加重了事故伤亡后果。

国务院事故调查组认定，事故企业未申请道路运输经营许可，所属车辆使用伪造的道路运输经营许可证、道路运输证、包车客运标志牌，非法从事道路客运经营活动。公司未建立安全生产管理相关规章制度，企业安全投入、安全管理人员配备、驾驶员安全培训、车辆维修保养、动态监控等日常安全管理关键环节严重缺失。

根据以上场景，回答下列问题：

1. 车辆轮胎爆裂时的防护措施包括哪些？

2. 客运企业应当保障安全生产投入，依据相关规定，按照不低于上一年度实际营业收入1.5%的比例提取，设立安全生产专项资金。简述安全生产专项资金的应用范围。

3. 根据《道路旅客运输企业安全管理规范》的规定，客运企业的安全生产管理机构、专职安全管理人员配备如何设置？

4. 客运企业应当配备专职道路运输车辆动态监控人员，建立动态监控人员管理制度。其中，客运企业的专职监控人员配备原则是什么？

答案详解

1. 车辆轮胎爆裂时的防护措施包括：

（1）若是后轮胎突爆，车辆会出现较大颤动，但轮胎倾斜度不会太大，方向也不会出现大的摆动。这时，只要轻踩制动踏板，让汽车缓缓停下，就不会出现意外。

（2）若前轮胎突爆，车辆则立即出现跑偏或严重摇摆。此时，不要惊慌，应双手用力控制住转向盘，放松油门踏板，让汽车沿原行驶方向继续行驶一段路程，使之自行停车。切忌紧急制动，否则会酿成翻车等事故。

2. 安全生产专项资金主要用于：

（1）完善、改造、维护安全运营设施和设备支出。

（2）道路运输车辆动态监控平台与视频监控系统的建设、运行、维护和升级改造，以及具有行驶记录功能的卫星定位装置与视频监控装置的购置、安装和使用等支出。

（3）配备、维护、保养应急救援器材、设备和开展应急演练支出。

（4）开展安全风险监控和事故隐患排查、评估、监控和整改支出。

（5）安全生产检查、评价、咨询和安全生产标准化建设支出。

（6）配备和更新现场作业人员安全防护用品支出。

（7）安全宣传、教育、培训和安全奖励等支出。

（8）安全生产适用的新技术、新标准、新工艺、新装备的推广应用支出。

（9）安全设施设备检测检验支出。

（10）其他与安全生产直接相关的支出。

3. 根据《道路旅客运输企业安全管理规范》第七条规定，拥有20辆（含）以上客运车辆的客运企业应当设置安全生产管理机构，配备专职安全管理人员，并提供必要的工作条件。拥有20辆以下客运车辆的客运企业应当配备专职安全管理人员，并提供必要的工作条件。

专职安全管理人员配备数量原则上按照以下标准确定：对于300辆（含）以下客运车辆的，按照每30辆车1人的标准配备，最低不少于1人；对于300辆以上客运车辆的，按照每增加100辆增加1人的标准配备。

4. 客运企业专职监控人员配备原则：按照监控平台每接入100辆车设置1人的标准配备，最低不少于2人。

案例十五　危险化学品运输车辆爆燃事故分析

2018年3月，Z市某运输有限公司院内发生一起危险化学品运输车辆爆燃事故，在行驶过程中，由于车辆制动系统失效，最终发生事故，导致1人死亡，烧毁及部分烧毁车辆16台，直接经济损失200余万元。

事故发生后，根据《安全生产法》和《生产安全事故报告和调查处理条例》（国务院令第493号）有关规定，区政府成立了由区安监局、区监委、公安分局、运管站、区总工会组成的事故调查组，同时聘请了2名安全专家参与事故调查工作。事故调查组根据实际需要设立了技术组、管理组、综合组分别开展工作。通过现场勘验、调查取证、检测鉴定和专家论证，查明了事故发生的经过、原因、人员伤亡和直接经济损失情况，认定了事故性质和责任。同时，针对事故暴露出来的问题，提出了事故防范措施建议。

根据以上场景，回答下列问题：

1. 事故调查工作应遵守哪些要求？

2. 当发生生产安全事故后，道路运输企业可以采取哪些应急救援措施？

3. 事故发生后，事故报告应当遵循哪些要求？

4. 请简述车辆制动失效时，应当采取的应急处置措施。

5. 事故发生后的后期处置内容有哪些？

答案详解

1. 事故调查工作应遵守下列要求：

（1）事故调查处理应当坚持科学严谨、依法依规、实事求是、注重实效的原则，及时、准确地查清事故经过、事故原因和事故损失，查明事故性质，认定事故责任，总结事故教训，提出整改措施，并对事故责任者依法追究责任。

（2）县级以上人民政府应当严格履行职责，及时、准确地完成事故调查处理工作。

（3）事故发生地有关地方人民政府应当支持、配合上级人民政府或者有关部门的事故调查处理工作，并提供必要的便利条件。

（4）参加事故调查处理的部门和单位应当互相配合，提高事故调查处理工作的效率。

（5）工会依法参加事故调查处理，有权向有关部门提出处理意见。

（6）任何单位和个人不得阻挠和干涉对事故的报告及依法调查处理。

（7）对事故调查处理中的违法行为，任何单位和个人有权向应急管理部门、监察机关或者其他有关部门举报，接到举报的部门应当依法及时处理。

2. 当发生生产安全事故后，道路运输企业可以采取下列应急救援措施：

（1）迅速控制危险源，组织抢救遇险人员。

（2）根据事故危害程度，组织现场人员撤离或者采取可能的应急措施后撤离。

（3）及时通知可能受到事故影响的单位和人员。

（4）采取必要措施，防止事故危害扩大和次生、衍生灾害发生。

（5）根据需要请求邻近的应急救援队伍参加救援，并向参加救援的应急救援队伍提供相关技术资料、信息和处置方法。

（6）维护事故现场秩序，保护事故现场和相关证据。

（7）法律法规规定的其他应急救援措施。

3. 事故发生后，事故报告应当遵循下列要求：

（1）事故发生后，事故现场有关人员应当立即向本单位负责人报告；单位负责人接到报告后，应当于1h内向事故发生地县级以上人民政府应急管理部门和负有安全生产监督管理职责的有关部门报告。情况紧急时，事故现场有关人员可以直接向事故发生地县级以上人民政府应急管理部门和负有安全生产监督管理职责的有关部门报告。

（2）对于在旅客运输过程中发生的生产安全事故，客运驾驶员和乘务员应当及时向事发地的公安部门及所属客运企业报告，并迅速按本企业应急处置程序规定进行现场处置。客运企业应当按规定的时间、程序、内容向事故发生地和企业所属地县级以上的应急管理、公安、交通运输等相关部门报告事故情况，并启动生产安全事故应急处置预案。

4. 车辆制动失效时，应当采取下列应急处置措施：

（1）把握转向盘，控制车辆行驶方向。

（2）降低挡位至最低挡，逐渐拉紧驻车制动器，装备有缓速器等辅助制动装置的车辆，同时开启辅助制动装置，保持车辆平稳减速停车。

（3）观察周边的地形条件，利用紧急避险车道、坡道或用车辆侧面擦碰岩壁、安全护栏等方式减速停车。

（4）全面观察周边的交通情况，通过开启危险报警闪光灯，交替变换远近光灯，鸣喇叭或打手势，向其他道路交通参与者发出警示信号。

5. 事故发生后的后期处置内容有：

（1）污染物处理。

（2）受伤人员处理。

（3）事故后果影响消除和生产运输秩序恢复。

（4）善后赔偿。

（5）事故经过、原因和应急处置工作经验教训报告。

（6）应急预案的更新。

案例十六　重型厢式货车与路基、路牌碰撞事故分析

2018 年 3 月 11 日 22 时 55 分许，张某驾驶一重型厢式货车行驶至东深二线凤岗镇凤德岭桥路段时，与路基、路牌发生碰撞，造成驾驶员张某受伤送医院抢救无效于当天死亡与车辆受损、路牌受损的交通事故，初步估算，事故造成直接经济损失约 113 万元（包括医疗费用、丧葬及抚恤费用、补助费用、歇工工资、财产损失费用）。

接到事故报告后，A 市政府迅速组织相关单位成立事故调查组对案件进行调查，同时邀请 A 市第三市区人民检察院参与调查。

经调查，事故发生直接原因是张某驾驶机动车上路行驶至东深二线凤岗镇凤德岭桥路段时，与路基、路牌发生碰撞。间接原因是张某驾驶机动车上路行驶时没有遵守道路交通安全法律、法规的规定，没有按照操作规范、文明驾驶。

经调查组调查认定，这是一起一般道路交通生产安全责任事故。

根据以上场景，回答下列问题：

1. 事故调查组应履行哪些职责？
2. 道路交通事故主要类型包括哪些？
3. 客运驾驶员行车操作规程包括哪些内容？

答 案 详 解

1. 事故调查组应履行下列职责：

（1）查明事故发生的经过、原因、人员伤亡情况及直接经济损失。

（2）认定事故的性质和事故责任。

（3）提出对事故责任者的处理建议。

（4）总结事故教训，提出防范和整改措施。

（5）提交事故调查报告。

2. 道路交通事故主要类型包括：碰撞、碾压、刮擦、翻车、坠车、爆炸、失火和撞固定物等类别。

3. 客运驾驶员行车操作规程包括：出车前、行车中、收车后的操作规范，开车前向旅客的安全告知，各类路段行车注意事项，恶劣天气下的行车注意事项，夜间行车注意事项，应急驾驶操作程序，进出客运站注意事项等。

案例十七　4 车追尾相撞交通事故分析

（1）时间：2015 年 1 月 16 日 17 时 40 分许。

（2）地点：荣乌高速烟台莱州段 305km 处。

（3）经过：一辆小型面包车因桥面结冰侧滑失控，与路中心护栏碰撞。后方驶来的一辆重型罐式货车行至事故路段采取避让措施时车辆侧滑失控，右前部与小型面包车左后部相撞后，又与路中心护栏碰撞后斜停在快车道内。后方同向驶来的大型普通客车也侧滑失控，右前部与重型罐式货车左后部相撞，导致重型罐式货车后下部防护装置及卸料管损坏，所载汽油发生泄漏，在重型罐式货车驾驶员下车手工操作关闭罐体紧急切断装置时，泄漏的汽油起火燃烧并顺桥面向西南方向蔓延。此时，后方同向驶来的一辆小型越野客车（核载 5 人，实载 2 人）制动不及与大型客车左侧中前部碰撞后，反弹至火场中。

（4）后果：事故造成 12 人死亡，6 人受伤。

（5）暴露问题：

1）重型罐式货车上路行驶前没有关闭紧急切断阀，导致发生追尾碰撞事故后大量汽油泄漏。

2）重型罐式货车核载 16.23t，实载 19.5t，超载运输。

3）××运输有限公司危险货物运输安全管理制度形同虚设，对挂靠车辆挂而不管，对挂靠车辆驾驶员未进行安全教育培训，致使肇事重型罐式货车长期存在重大安全隐患。

4）××公司未取得强制性产品认证，非法生产并销售肇事重型罐式货车罐体，且罐体实际容积大于公告的容积，属“大罐小标”。

5）××集团有限公司装卸管理人员不具备从业资格，未严格落实危险化学品充装查验制度，违规为肇事重型罐式货车超载充装汽油。

根据以上场景，回答下列问题：

1. 按照《生产安全事故报告和调查处理条例》（国务院令第 493 号），判断该起事故等级。

2. 车辆碰撞时的防护措施有哪些？

3. 紧急切断阀按操作方式的不同，可分为哪些类别？目前在液化石油气槽车上应用非常广泛的紧急切断阀有哪几种？

4. 道路货物运输驾驶员的岗前培训包括哪些内容？

答 案 详 解

1. 按照《生产安全事故报告和调查处理条例》（国务院令第 493 号），该起事故等级为重大事故。

2. 车辆碰撞时的防护措施有：

（1）发生正面碰撞时，应迅速判断可能撞击的方位和力量。

1）若撞击的部位不在驾驶员一侧或撞击力量较小时，应手臂稍弯曲，紧握转向盘，以免碰撞时造成肘关节脱位。两腿向前蹬直，身体向后倾斜，紧靠座椅后背，以克服惯性，避免头部撞击风窗玻璃或胸部撞击转向盘造成损伤。

2）若撞击的部位临近驾驶座位或碰撞力较大时，极易造成驾驶室变形，转向盘后移，驾驶员应迅速避离转向盘，同时两腿抬起，或倒卧在侧座上，以免身体受到挤压伤害。

（2）发生侧面碰撞时，汽车在移动的同时，可能旋转，驾驶室门也有可能脱开，驾驶员可能在碰撞力的作用下被甩出车外。因此，驾驶员应极力避免侧面碰撞，在保证安全的前提下，可立即改变方向，努力使侧撞变为相剐撞，同时身体向驾驶室一侧倾斜，并用力拉住转向盘，稳住身体，以免甩出车外。

（3）发生追尾碰撞时，应把腿稍稍弯曲一些，用脚抵住车底，身体前倾至能感觉到安全带的程度。缩起头，胳膊抵住仪表盘或转向盘。

3. 紧急切断阀按操作方式的不同，可分为机械（或手动）牵引式、油压操纵式、气压操纵式和电动操纵式等。

目前在液化石油气槽车上应用非常广泛的紧急切断阀有：机械（或手动）牵引式和油压操纵式。

4. 道路货物运输驾驶员的岗前培训可以从理论培训和实际驾驶操作两方面来开展。其中，理论培训主要结合岗位职责和工作特点，根据实际情况开展，但也不局限于如下的培训内容，包括：

（1）有关安全法律、法规、规章及标准。

（2）职业道德教育。

（3）企业常运货物的基本特点及其对运输操作的要求。

（4）本企业运输生产特点、企业安全生产管理制度以及安全生产基本知识。

（5）防御性驾驶技术等安全行车知识。

（6）交通事故法律责任规定。

（7）安全设备设施、劳动防护用品（器具）及消防器材的类型、使用、维护保养方法。

（8）典型事故案例的警示教育。

（9）事故预防和职业危害防护的主要措施及应注意的安全事项。

（10）应急处置知识和应急设置与设备操作使用常识。

（11）岗位主要危险因素、岗位责任制、岗位安全操作规程等。

实际驾驶操作培训以熟悉车辆性能、车辆日常检查维护、驾驶操作以及服务要求等为主要内容，包括：车辆构造常识、操纵装置及其操作方法、主要安全装置及其操作方法、应急安全装置及其操作方法等。

案例十八　高速隧道两车追尾引燃引爆事故分析

（1）时间：2019 年 3 月 1 日 14 时 45 分许。

（2）地点：晋济高速山西晋城段岩后隧道内 9km + 605m 处。

（3）经过：两辆运输甲醇的半挂货车发生追尾相撞，碰撞致使后车前部与前车尾部铰合在一起，造成前车尾部的防撞设施及卸料管断裂、甲醇泄漏，后车正面损坏。为关闭主卸料管根部球阀，前车向前移动 1.18m 后停住。此时后车发生电气短路，引燃地面泄漏的甲醇，形成流淌火迅速引燃了两辆事故车辆（后车罐体没有泄漏燃烧）及隧道内的其他车辆。

（4）后果：事故共造成 40 人死亡、12 人受伤和 42 辆车烧毁，直接经济损失 8197 万元。

（5）暴露问题：

1）两辆事故危险化学品罐式半挂车实际运输介质均与设计充装介质、公告和合格证签注的运输介质不相符。

2）不同介质化学特性有差异，在计算压力、卸料口位置和结构、安全泄放装置的设置要求等方面均存在差异，不按出厂标定介质充装，造成安全隐患。

3）两辆事故危险化学品罐式半挂车未按国家标准要求安装紧急切断装置，属于不合格产品。

4）被追尾碰撞车辆未经过检验机构检验销售出厂，不符合《危险化学品安全管理条例》（国务院令第591号）的规定。

5）被追尾碰撞车辆罐体壁厚为4.5mm，不符合国家标准《道路运输液体危险货物罐式车辆 第1部分：金属常压罐体技术要求》（GB 18564.1—2019）的规定，属于不合格产品。

6）肇事车辆（后车）行车记录仪有故障不能使用。

7）两辆事故车辆都存在明显安全缺陷，但相关检验机构违规出具“允许使用”的检验报告。

8）××物流有限公司对从业人员安全培训教育制度不落实，驾驶员和押运员习惯性违章操作，罐体底部卸料管根部球阀长期处于开启状态。

9）肇事车辆在行车记录仪发生故障后，仍然继续从事运营活动。

10）××汽车运输有限责任公司仍然存在“以包代管”问题。

根据以上场景，回答下列问题：

1. 隧道行车安全注意事项包括哪些？

2. 道路运输隐患在不同的载体上体现出不同的表现形式，其载体包括人、车、法、物、环五个方面。其中，人的隐患表现包括哪些？物的隐患表现包括哪些？

3. 危险化学品火灾、爆炸事故的预防措施包括哪些？

4. 危险货物运输车型限制要求包括哪些？

答案详解

1. 隧道行车安全注意事项包括：

（1）提前减速。建议进入隧道前100m时减速，隧道入口处往往会有提示标志。

（2）保持车距。刚进隧道时光线骤然变暗，很多人会下意识地制动减速，此时容易追尾。因此，最好拉开足够的安全距离。

（3）正确使用灯光。进入隧道开启车灯，但不要开远光灯，光线较暗的环境下远光灯可能使驾驶员视觉瞬间致盲，容易出现危险。

（4）禁止超车，不得变更车道。由于隧道内特别是隧道口内外光照亮度相差较大，且通常只有两条车道，请务必按照所在车道行驶，不要超车。

（5）防止疲劳。隧道内环境单调，驾驶员容易出现疲劳诱发事故。此外，隧道洞口的道路断面可能会出现突变，要时刻警醒，防止在进入洞口时因疲劳撞上洞壁。

2. 人的隐患表现包括：

（1）不遵守安全操作规程，违章作业。

（2）技术水平、身体状况等不符合岗位要求的人员上岗作业。

（3）对习惯性违章操作不以为然，对隐患的存在抱有侥幸心理。

（4）不正确佩戴个人安全防护用品或放弃不用等。

（5）不积极参加安全培训。

物的隐患表现包括：

（1）车辆自身的安全防护装置缺少、不全或长期损坏待修。

（2）车辆的设计存在缺陷，容易导致事故。

（3）危险品运输车辆安全防护装置的质量存在缺陷，起不到防护作用。

（4）车辆缺乏定期维护，没有维护记录或记录不全。

（5）车载消防器材不合格或已过期，特种设备已过检验期或未检验使用。

3. 危险化学品火灾、爆炸事故的预防措施包括：

（1）防止燃烧、爆炸系统的形成：替代、密闭、惰性气体保护、通风置换、安全监测及连锁。

（2）消除点火源：能引发事故的点火源有明火、高温表面、冲击、摩擦、自燃、发热、电气火花、静电火花、化学反应热、光线照射等。具体的做法有：控制明火和高温表面；防止摩擦和撞击产生火花；火灾爆炸危险场所采用防爆电气设备避免电气火花。

（3）限制火灾、爆炸蔓延扩散的措施：包括阻火装置、防爆泄压装置及防火防爆分隔等。

4. 危险货物运输车型限制要求包括：

（1）禁止使用报废的、擅自改装的、检测不合格的、车辆技术等级达不到一级的和其他不符合国家规定的车辆从事道路危险货物运输。

（2）除铰接列车、具有特殊装置的大型物件运输专用车辆外，严禁使用货车列车从事危险货物运输。

（3）倾卸式车辆只能运输散装硫黄、萘饼、粗蒽、煤焦沥青等危险货物。

（4）禁止使用移动罐体（罐式集装箱除外）从事危险货物运输。

案例十九　装载可燃液体小货车与大客车追尾爆炸燃烧事故分析

2014年7月19日2时57分，A省B市境内沪昆高速公路，一辆自东向西行驶运载乙醇的小货车，与前方停车排队等候大客车发生追尾碰撞，小货车运载的乙醇瞬间大量泄漏起火燃烧，造成54人死亡、6人受伤（其中4人因伤势过重医治无效死亡）。

1. 事故经过

运载乙醇的小货车追尾大客车：货车驾驶员刘某驾驶一轻型货车在位于A省C县的某原料有限公司土桥仓库充装6.52t乙醇，以85km/h的速度与前方排队等候通行的大客车发生追尾碰撞，致乙醇瞬间大量泄漏燃烧。

乙醇燃烧后，造成多车起火：可燃物泄漏后引燃小货车、大客车及前方快车道上排队的小型越野车、右侧行车道上排队的重型厢式货车和挂铰接列车。

事故伤亡情况：事故造成大客车52人死亡、4人受伤，小货车2人死亡，重型厢式货车和小型越野车各1人受伤，5辆车被烧毁以及公路设施受损。

2. 事故原因分析

直接原因：小货车追尾大客车致乙醇泄漏燃烧。刘某驾驶严重超载的小货车，未按操作规范安全驾驶，忽视交警的现场示警，未注意观察和及时发现停在前方排队等候的大客车，未采取制动措施，致使小货车以85km/h的速度撞上大客车，其违法行为是导致车辆追尾碰撞的主要原因。

次要原因：大客车未按交通标志指示在规定车道通行。贾某驾驶大客车未按交通标志指示在规定车道通行，遇前方车辆停车排队等候时，作为本车道最末车辆未按规定开启危险报警闪光灯，其违法行为是导致车辆追尾碰撞的次要原因。

起火燃烧和造成大量人员伤亡的原因：小货车高速撞上前方停车排队等候的大客车尾部，车厢内装载乙醇的聚丙烯材质罐体受到剧烈冲击，导致焊缝大面积开裂，乙醇瞬间大量泄漏并迅速向大客车底部和周边弥漫，小货车车头右前部由于碰撞变形造成电线短路产生火花，引燃泄漏的乙醇，火焰迅速沿地面向大客车底部和周围蔓延将大客车包围。

根据以上场景，回答下列问题：

1. 按照《生产安全事故报告和调查处理条例》（国务院令第 493 号），判断该起事故等级。

2. 汽车驾驶员对交通标志的设置要求包括哪些？

3. 道路客货运输驾驶员在行车过程中发生交通事故时，在事故现场应按照哪些要求采取安全防范措施？

4. 简述危险货物道路运输事故现场的处置要求。

答案详解

1. 按照《生产安全事故报告和调查处理条例》（国务院令第 493 号），该起事故等级为特别重大事故。

2. 汽车驾驶员对交通标志的设置要求包括：标志应设在从车内最容易看见的地方；在一个地点不应设置多个交通标志；标志之间不应有矛盾和重复；必要的地方应设置预告标志；标志的附近不应存在干扰因素；在道路环境复杂的地方，标志的设置不应增加驾驶员的视觉负荷等。

3. 道路客货运输驾驶员在行车过程中发生交通事故时，在事故现场应按照下列要求采取安全防范措施：

（1）及时正确摆放危险警告标志。

1）若在一般道路上，摆放在来车方向距事故车辆 50～100m 以外的位置；若在城市快速路和高速公路上，摆放在来车方向距事故车辆 150m 以外的位置；夜间摆放的距离应适当增加。

2）若在坡道、弯道、隧道等视线不良的路段，摆放在入坡道、入弯道、入隧道或能更早提醒来车注意的位置。

3）当事故车辆占用对向车道或会影响对向来车正常通过时，在车辆前方和后方的合适位置同时摆放。

（2）若车辆的危险报警闪光灯仍有效，立即开启。

（3）在夜间或雨、雾等视线不良天气条件下，若车辆的示廓灯和前后位灯仍有效，立即同时开启。

4. 危险货物道路运输事故现场的处置要求：①采取个体防护措施；②采取初期应急处置措施；③放置警告标志，设置警戒，协助疏散人员；④实施现场保护方案；⑤配合政府部门开展应急救援的要求。

案例二十　大型普通客车制动失效造成的道路交通事故分析

1. 事故发生经过

2017 年 1 月 15 日早上 6 时 40 分许，驾驶员王某驾驶一大型普通客车由穆棱矿驶往平岗矿下联合楼途中，当车辆行驶至平岗企业路配电所甲线 212025 号线杆附近时，因车辆制动失效，驾驶员王某将车辆驶入行驶方向左侧边沟与电线杆和树木相剐撞，导致车上平岗矿通勤人员于某死亡，王某、曲某、翟某、徐某等人受伤住院治疗。经调查，事故发生时车内共有 34 人，所有车内人员均到医院进行检查，其中 27 人经检查身体无碍，未接受治疗。

2. 现场救援及处置情况

事故发生后，驾驶员王某立即安排下车人员拨打 120 急救电话及 119 火警电话，并及时通知公司领导，肇事车主江某及时拨打了报警电话，梨树区交警大队接到报警后，立即向支队领导潘某汇报，之后支队领导潘某带领梨树区大队民警立即赶赴现场，组织力量救治伤员，安抚家属，事故现场勘查工作稳步开展。

3. 善后处理情况

事故发生后，A市某出租车客运有限责任公司和平岗煤矿积极做好善后处理工作，责成专人对遇难者家属和受伤家属及时进行了安抚和善后赔偿工作，当时尚有2名伤者住院接受治疗。

4. 直接原因

根据该起道路交通事故的调查取证及相关检验鉴定结论，能够确认：事故车辆在超期未检验的情况下违规运营，对已存在的车辆技术隐患未检修，肇事大型普通客车制动系统不合格，导致制动失效，在限速30km/h的道路上超速行驶是引发该起事故的直接原因。

5. 间接原因

（1）A市某出租车客运有限责任公司安全生产主体责任不落实，规章制度不健全。

（2）A市某出租车客运有限责任公司对安全培训重视不足，未建立安全培训教育制度和培训计划，未建立从业人员培训档案。

（3）A市某出租车客运有限责任公司未建立隐患排查制度，无隐患排查档案、台账及任何记录，不能及时掌握和解决车辆存在的隐患。

（4）A市某出租车客运有限责任公司未对车辆的年检情况进行认真的核查，导致车辆在未年检而且存在安全隐患的条件下进行营运。

（5）交通运管部门对车辆营运企业主体责任落实监管不到位。

（6）交警部门对未检验车辆上路行驶监管不到位。

6. 事故性质

经调查认定，该起道路交通事故是一起生产安全责任事故。

根据以上场景，回答下列问题：

1. 简述制动系统的分类。
2. 车辆制动器失效时的防护措施包括哪些？
3. 客运企业作为营运车辆技术管理工作的责任主体，设立的车辆技术管理机构主要职责有哪些？
4. 客运驾驶员教育培训档案的内容应包括哪些内容？
5. 造成重大道路交通事故的车辆技术故障主要包括哪些？

答案详解

1. 制动系统按作用可分为行车制动系统、驻车制动系统、应急制动系统、辅助制动系统。

2. 车辆制动器失效时的防护措施包括：

（1）汽车在高速公路上行驶，如果制动失灵，则驾驶员应马上向紧急停车道变道。进入紧急停车道后，可以将变速器抢挂低速挡，然后将发动机熄火，这样可利用发动机的制动作用使车速下降，当车速低于30km/h后再用驻车制动将汽车停住。如果是自动变速器汽车，则应稳住转向盘，并将自动变速器变速杆置于L位，再慢慢收油，让汽车慢慢地自行降速，最后用驻车制动将汽车停住。

（2）汽车在普通的平坦道路上行驶，如果制动失灵，则驾驶员应把稳转向盘，保持对车辆行走方向的控制，以便躲避碰撞，并迅速将变速器挡换入1挡，依靠发动机的阻力作用降低车速，然后再拉紧驻车制动。这里要注意的是，以防用力过大崩断驻车制动拉索，且应当不断地用喇叭、灯光警示，并使汽车急速停靠在公路旁。

（3）汽车在下坡过程中，如果制动失灵，则驾驶员应首先抢挂低速挡，利用发动机制动和驻车制动；若仍无法控制车速，汽车面临下滑、翻车或碰撞危险时，驾驶员应果断地利用道路上的路坎、行道树、栏栅、挡护板、草堆、土堆等天然障碍物，给汽车造成阻力，以消耗汽车的惯性力，迫使汽车减速停车。在山区情况紧急时，可将汽车靠向山边一侧，利用车厢侧面与山崖的擦碰，强制汽车减速停车，避免恶性事故发生。

（4）在进入弯道或转弯之前制动失灵时，驾驶员应先控制住方向并快速地抢入低挡，利用发动机制动，可视情况决定是否利用驻车制动。进入弯道前，可配合使用驻车制动将车速降下来；进入弯道后，如果是急转弯行车，则不要拉紧驻车制动，否则会造成车辆甩尾，从而导致更大的车祸。

3. 车辆技术管理机构主要职责如下：

（1）做好营运车辆购置前有关车辆综合性能要求、车辆燃料消耗量达标、客车类型等级、车辆与道路的适应性评估和论证。

（2）根据国家标准及车辆的结构性能、使用条件等因素，科学合理制定营运车辆技术管理定额标准，包括各主要营运车型的定期维护周期、作业项目及燃料消耗量定额，以及轮胎行驶里程定额等。

（3）制定营运车辆定期维护计划及计划的组织实施；定期组织进行车辆技术检测和年审；负责营运车辆技术档案的建立和记录填写，保证营运车辆技术档案的完整和准确；做好车辆的一级维护和车辆安全技术检查。

（4）开展营运车辆燃料消耗量考核监管工作和安全行车、节能降耗、车辆维护等业务培训、技术竞赛活动；定期开展车辆维护与使用的相关培训。

（5）营运车载安全应急设备的领用与监管。

（6）车辆的报废和转出。

（7）推广使用新技术、新能源、新材料、新结构的车辆。

（8）开展油料、轮胎等易耗材料的定额考核。

4. 客运驾驶员教育培训档案的内容应包括培训内容、培训时间、培训地点、授课人、参加培训人员签名、考核人员和安全管理人员签名、培训考试情况等。

5. 造成重大道路交通事故的车辆技术故障主要包括：制动系统故障、转向系统故障、轮胎缺陷（轮胎质量不符合要求、前轮使用翻新轮胎、轮胎异常磨损）等。

案例二十一　两车追尾事故分析

2019 年 2 月 1 日，A 市境内连霍高速公路（G30）东行线 1552km + 194m（B 县通安驿镇路段）处发生一起较大道路交通事故，造成 3 人死亡。事故发生后，市委、市政府领导高度重视，分别做出重要批示，要求迅速通报全市，举一反三，吸取教训，采取有力措施，全力做好春运期间道路交通安全管理工作。根据《安全生产法》《道路交通安全法》《生产安全事故报告和调查处理条例》（国务院令第 493 号）等有关法律法规和市领导批示精神，市政府成立了由分管副市长任组长，市应急、公安、交通等部门组成的事故调查组（下设技术组和管理组），依法开展事故调查工作。

经调查，事故经过是 2019 年 2 月 1 日凌晨 4 时 45 分许，赵某驾驶一小型轿车，搭载妻子李金某、妻弟李某山和儿子赵某，由 A 市驶往 B 县通安驿镇回家途中，行至连霍高速马家山隧道下坡路段时，车辆发生故障（发电机皮带断裂），后行至距通安驿镇收费站匝道口 50m 处时车辆无法继续行驶，由李金某、李某山下车在车尾推行，被后方王某驾驶的一小型客车追尾相撞，致李金某、李某山当场死亡，赵某受伤经医院抢救无效死亡，两车及路产不同程度损坏，造成一起较大道路交通事故。

经调查，事故原因是：驾驶员赵某交通安全意识淡薄，疏于对车辆的日常维护和保养，行车前未进行车辆安全性能检查，在高速公路行驶途中发生故障后采取应急处置措施不当，未将车辆停放在应急车道并摆放警示标志，也未将车上人员迅速转移到右侧路肩或者应急车道，而是心存侥幸，意图将故障车辆推出匝道。驾驶员王某夜间驾驶逾期未检验车辆超速行驶，且对道路情况疏于观察，临危采取措施不当。

经调查认定，连霍高速较大道路交通事故是一起由于驾驶员交通安全意识淡薄、高速公路行驶中遇车辆发生故障后采取应急处置措施不当、超速行驶造成的非生产经营性较大道路交通责任事故。

根据以上场景，回答下列问题：

1. 客运企业应建立客运车辆技术档案管理制度，车辆技术档案包括哪些内容？

2. 根据《营运客车安全技术条件》（JT/T 1094—2016），客运车辆关键部件中的行驶系部件应满足哪些要求？

3. 道路客货运输驾驶员在行车过程中发生交通事故时，应及时采取正确的应急处置措施包括哪些？

4. 根据《机动车安全技术检验项目和方法》（GB 38900—2020）和《道路旅客运输企业安全管理规范》，客运车辆应急处理器材、安全防护设施设备的配管与管理应遵守哪些要求？

答案详解

1. 车辆技术档案包括车辆基本信息、车辆技术等级评定、客车类型等级评定或者年度类型等级评定复核、车辆维护和修理（含机动车维修竣工出厂合格证）、车辆主要零部件更换、车辆变更、行驶里程、对车辆造成损伤的交通事故等。

2. 根据《营运客车安全技术条件》（JT/T 1094—2016），客运车辆关键部件中的行驶系部件应满足的要求：

（1）营运客车应装用无内胎子午线轮胎。

（2）营运客车安装单胎的车轮应安装胎压监测系统或胎压报警装置，并能通过仪表台向驾驶员显示相关信息。

（3）车长大于9m的营运客车前轮应安装符合相关规定的爆胎应急安全装置，并能通过仪表台向驾驶员显示。

3. 道路客货运输驾驶员在行车过程中发生交通事故时，应及时采取正确的应急处置措施包括：

（1）采取安全防范措施。

（2）组织现场人员疏散。

（3）报警。

（4）参与伤员救助。

（5）保护事故现场。

4. 根据《机动车安全技术检验项目和方法》（GB 38900—2020）和《道路旅客运输企业安全管理规范》，客运车辆应急处理器材、安全防护设施设备的配管与管理应遵守以下要求：

（1）汽车（无驾驶室的三轮汽车除外）应配备三角警告牌，三角警告牌的外观、形状应符合《机动车用三角警告牌》（GB 19151—2003）的要求。

（2）2018 年 1 月 1 日起出厂的汽车（无驾驶室的三轮汽车除外）应配备 1 件汽车乘员反光背心。

（3）2018 年 1 月 1 日起出厂的车长大于或等于 6m 的客车和总质量大于 3500kg 的货车，应装备至少 2 个停车楔（如三角垫木）。

（4）注册登记安全检验和在用机动车安全检验时，客车、危险货物运输车辆及 2018 年 1 月 1 日起出厂的旅居车应按照《机动车运行安全技术条件》（GB 7258—2017）等相关标准的规定配备灭火器，配备的灭火器在使用有效期内，不应有欠压失效等情形。道路运输爆炸品和剧毒化学品的车辆驾驶室内应配备一个干粉灭火器，在车辆两边应配备与所装载介质性能相适应的灭火器各一个。灭火器应固定牢靠，取用方便。

（5）注册登记安全检验时，专用校车的驾驶人附近应配置 1 具质量不少于 2kg 的 ABC 干粉灭火器，专用校车至少一个照管人员附近应配置 1 具质量不少于 2kg 的 ABC 干粉灭火器，2018 年 1 月 1 日起出厂的其他类型载客汽车的手提式灭火器配置应符合《客车灭火装备配置要求》（GB 34655—2017）的规定。

（6）客运企业应主动排查并及时消除车辆安全隐患，每月检查车内安全带、应急锤、灭火器、三角警告牌，以及应急门、应急窗、安全顶窗的开启装置等是否齐全、有效，安全出口通道是否畅通，确保客运车辆应急装置和安全设施处于良好的技术状况。

案例二十二　某大型货车与小汽车相撞交通事故分析

某年 6 月 1 日，61 岁的甲驾驶大型货车在 A 市 B 区行驶，当行驶至 C 国道某处借道超车时，与对向左转弯停车等候由乙驾驶的小型汽车相撞后，又与丙驾驶的小型汽车相撞，造成三车损坏的交通事故，并造成 3 人重伤。当事人甲驾驶机动车越中心实线，且甲已经连续驾驶 7h，经 A 市 B 区交管大队依法认定，甲负全部责任；乙、丙无责任。

根据以上场景，回答下列问题：

1. 依据《生产安全事故报告和调查处理条例》（国务院令第 493 号），判定该起交通事故的等级。

2. 依据《道路运输条例》（2022 版），从事货运经营的驾驶人员应当符合哪些条件？

3. 依据《道路运输条例》（2022 版），若申请从事危险货物运输经营的，还应当具备哪些条件？

4. 依据《道路运输条例》（2022 版），驾驶人甲连续驾车时间限制是多久？

5. 依据《道路运输条例》（2022 版），货运经营者应当制订有关交通事故、自然灾害以及其他突发事件的道路运输应急预案。应急预案应当包括哪些内容？

答 案 详 解

1. 该事故属于一般事故。《生产安全事故报告和调查处理条例》（国务院令第 493 号）规定，一般事故，是指造成 3 人以下死亡，或者 10 人以下重伤，或者 1000 万元以下直接经济损失的事故。

2. 依据《道路运输条例》（2022 版），从事货运经营的驾驶人员，应当符合下列条件：

（1）取得相应的机动车驾驶证。

（2）年龄不超过 60 周岁。

（3）经设区的市级人民政府交通运输主管部门对有关货运法律法规、机动车维修和货物装载